高等学校摄影测量与遥感系列教材

普通高等教育测绘类规划教材

近景摄影测量

——物体外形与运动状态的摄影法测定

冯文灏　编著

WUHAN UNIVERSITY PRESS
武汉大学出版社

图书在版编目(CIP)数据

近景摄影测量:物体外形与运动状态的摄影法测定/冯文灏编著.—武汉：
武汉大学出版社,2002.2(2019.1 重印)
普通高等教育测绘类规划教材
ISBN 978-7-307-03445-7

Ⅰ.近… Ⅱ.冯… Ⅲ.近景摄影测量 Ⅳ.P234.1

中国版本图书馆 CIP 数据核字(2002)第 002269 号

责任编辑:王金龙 责任校对:黄添生 版式设计:支 笛

出版发行:**武汉大学出版社** (430072 武昌 珞珈山)
(电子邮件:cbs22@whu.edu.cn 网址:www.wdp.com.cn)
印刷:武汉图物印刷有限公司
开本:787×1092 1/16 印张:14.75 字数:353 千字
版次:2002 年 2 月第 1 版 2019 年 1 月第 8 次印刷
ISBN 978-7-307-03445-7/P·32 定价:30.00 元

版权所有,不得翻印;凡购买我社的图书,如有质量问题,请与当地图书销售部门联系调换。

内 容 提 要

  本书系统而全面地阐述近景摄影测量的基本原理、设备方法与应用。主要内容包括:近景摄影测量的理论基础,近景摄影测量的摄影设备与摄像设备,近景摄影测量的摄影技术与控制,基于共线条件方程式的各种解析处理方法的原理与分析,直接线性变换解法的原理与分析,其他具有特点的近景摄影测量解析处理方法以及与近景摄影(摄像)机检校有关的理论与方法。全书理论系统完整,联系实际应用,内容丰富,充分反映当代近景摄影测量的水平。本书可作为测绘工程专业本科生的基础教材,也可供本专业的研究生、研究人员以及相关的其他专业工作者参考使用。

前　言

近景摄影测量是通过摄影(摄像)和随后的图像处理和摄影测量处理以获取被摄目标形状、大小和运动状态的一门技术。凡可摄取其影像的目标,均可作为近景摄影测量的对象,以获得目标上点群的三维空间坐标,以及基于这些三维空间坐标的长度、面积、体积、等值线(剖面线)等。在同时记载时间信号的情况下,还可获取运动目标的运动状态,即获取运动目标(点)的速度、加速度和运动轨迹等。

与其他测量手段相比,近景摄影测量的优点在于它兼有非接触性量测手段,不伤及被测物体,信息容量高,信息易存储,可重复使用信息,精度高,速度快,特别适用于测量容有大批量点位的目标,躲蔽危险环境而远离摄影对象等众多优点。

数十年来世界各国的研究与实践表明,几乎所有民用或军用部门均使用过近景摄影测量技术。目前此技术已广泛应用于各类建筑工程、机械制造、航空航天技术、船舶制造、汽车制造、城市区域规划、地质、采矿、冶金、化工、医学、生物、古建筑与古文物研究、考古乃至音乐器材、美术作品研究等国民经济部门。

需要测量其外形的摄影目标,可以是石窟雕刻、考古现场、飞机外形、水轮机叶片形状、车祸现场、人体或其器官的外形、细胞和花粉的几何结构、船体乃至风帆的形状、汽车或集装箱牌号的快速识别等。相比较地,需要测量其运动状态的摄影目标,可以是优秀运动员各关节的运动轨迹与分析、机器人(手)运动的跟踪、材料的冲击与拉伸试验、金属切削过程研究、可控的各类工业爆炸过程的记录、焊接机理研究以及枪炮弹出膛及运动状态的分析等。

1985年出版的教科书《非地形摄影测量》基本上是1980年原武汉测绘学院出版的教材《非地形摄影测量》的"复印本"。20年来此学科已得到飞跃发展,我们也积累了更多的教学经验并取得了很多科研成果,现今为大学本科生和研究生重新编著的本书取名为"近景摄影测量",一是适应当前国际的习惯称呼;二是在内容与结构上已有非常明显的质变。本书力求达到内容丰富、反映当前世界先进技术水平、注重系统性、用黑体给出重要专业术语定义、理论结合实际等教科书应具备的种种特点,同时也希望本著作能成为近景摄影测量工作者和相关的其他专业工作者的专业参考文献。为了增强其他专业人员对本学科的了解,书中补充了摄影测量的一些基本概念与知识。

本教材共分两册,这里先行出版的是上册。下册共有十三章,另行出版,其内容包括模拟法近景摄影测量的应用、解析法近景摄影测量的应用、数字近景摄影测量与其应用、激光扫描系统与其应用、含CCD的多传感器系统、高速影像的三维测量处理、X射线影像的三维摄影测量处理、水下摄影测量、光学与电子显微摄影测量、镜面摄影测量、结构光摄影测量与其应用、莫尔条纹影像的图像处理与摄影测量处理,以及动态目标轨迹的摄影测量记录等。使用本书作为教学资料时,教师可依学时和需要自由摘选适宜的章节内容。

感谢 20 余年来与我从事近景摄影测量教学与研究的各方人士的支持与帮助。感谢李欣副教授为本书精心绘制了插图。本人专业水平有限,诚挚地欢迎读者指正。

冯文灏

2001 年 5 月

目　　录

2

第一章　绪　　论

§1.1　概　　述

一、近景摄影测量的定义

近景摄影测量是摄影测量与遥感(Photogrammetry and Remote Sensing)学科的一个分支。**通过摄影手段以确定(地形以外)目标的外形和运动状态的学科分支称为近景摄影测量(Close-range Photogrammetry)。**包括工业、生物医学、建筑学以及其他科技领域中的各类目标是此学科分支的研究对象。

也有人认为,把摄影距离大约小于100m的摄影测量应称之为近景摄影测量。

二、近景摄影测量目标的多样性

近景摄影测量,即各类物体外形和运动状态的摄影测量,已广泛应用于科学技术的各个领域。原则上说,凡是可获取其影像的各类目标,都可以使用近景摄影测量的相关技术,以某种精度测定它的形状、大小和运动参数。此技术已用于工业、生物医学和建筑学的众多基础研究和应用研究的各个方面。据世界各国的应用情况表明,现几乎找不到未使用近景摄影测量技术的行业。

三、近景摄影测量较之其他三维测量手段有如下的一些优点

(1)它是一种瞬间获取被测物体大量物理信息和几何信息的测量手段。作为信息载体的像片或影像容有被测目标最大的信息(可重复使用的信息,容易存贮的信息),特别适用于测量点众多的目标。

(2)它是一种非接触性量测手段,不伤及测量目标,不干扰被测物自然状态,可在恶劣条件下(如水下、放射性强、有毒缺氧以及噪音)作业。

(3)它是一种适合于动态物体外形和运动状态测定的手段,是一种适用于微观世界和较远目标的测量手段。

(4)它是一种基于严谨的理论和现代的硬软件,可提供相当高的精度与可靠性的测量手段,随处理方法以及技术手段和资金投入大小不同,测量精度有所变化,可提供千分之一至百万分之一的相对精度。

(5)就当前发展而言,它是一种基于数字信息和数字影像技术以及自控技术的手段,使实时近景摄影测量正日益广泛地深入工业生产流程中,成为工业产品分类、导向、监测、装配和自动化生产的重要组成。

（6）可提供基于三维空间坐标的各种产品,包括各类数据、图形、图像、数字表面模型以及三维动态序列影像等。

四、近景摄影测量的缺陷

像所有测量技术一样,近景摄影测量也有它的不足与缺陷:

（1）技术含量较高,需要较昂贵的硬设备投入和较高素质的技术人员,设备的不足以及技术力量的欠缺均会导致不良的测量成果。

（2）对所有测量对象不一定是最佳的技术选择:衡量一个技术的适用性,至少要从提供成果的质量、速度精度、所需的投入（包括硬软设备投入、技术人员投入和资金投入）等几个方面予以审度。因此,当被测目标是如下一些类型时,就不一定选择近景摄影测量方案。

①不能获取质量合格的影像:被测目标纹理匮乏,不尽适宜的摄影环境,难以寻得适宜的摄影机或摄像机;

②目标上待测点为数不多,可用其他简易测量方法实施。

五、现有各类三维测量方法的比较

除近景摄影测量外,对物体进行三维测量的方法还有多种,它们各有优点和缺陷。

1. 基于测距测角的工程测量

基于测距和测角的工程测量技术,在理论、设备和应用诸方面都已相当成熟。市场上较好的全站仪,其方向测角精度达到 $\pm 0.5''$,测距精度达到 $\pm (0.5\text{mm} + 1\text{ppm} \times D)$,而且可以多机联机、自动改正多种系统误差以至自动跟踪单个动态目标点。加之最小明视距离可达到 $1.0 \sim 2.0\text{m}$,所以可用于工业目标的高精度测量,它也是近景摄影测量中实施控制测量的主要手段。

本方法特别适用于稀疏目标点的高精度测量,但不适用于目标点密集的物体,更不适合于目标点众多且处于运动状态的物体,也不能用于水下目标、微观目标的测量。

2. 大型三维坐标量测设备

一些大型精密机床厂、轿车厂配备有三维坐标量测设备,这种设备的核心部分是能在三个坐标轴（导轨）方向运动并记载三维坐标的量测头。例如,量测小型目标的日本 Mitutoyo 公司生产的 BEYOND 710 型三维坐标量测机,如图 1 - 1 - 1,是一种手工操作坐标量测装置,量测范围 $700\text{mm} \times 1\,000\text{mm} \times 600\text{mm}$,分辨率为 $0.5\mu\text{m}$,实际精度为 $\pm (4 + 5L/1000)\mu\text{m}$。又如,量测大型目标的日本 Mitutoyo 公司生产的 CHN 1612 型联机坐标量测机,量测范围 $3\,000\text{mm} \times 4\,000\text{mm} \times 5\,000\text{mm}$,分辨率 $1\mu\text{m}$,实际精度为 $\pm (40 + 50L/1000)\mu\text{m}$,如图 1 - 1 - 2。此等设备精密,原理简单,现代型号者大多与计算机直接相联,因而后续数据处理规范、合理先进。而设备昂贵、仅能测量小于它的静态物体、测量费用较高以及工作效率较低是其明显缺陷。

3. 基于光干涉原理的测量设备

基于光干涉（Moiré）原理的等值条纹的生成过程异常简易,特别适用于动态对象的快速连续记录。例如动物体表的形状变化、机床震动记录以及音响设计中喇叭膜的震动记录等。投影法莫尔条纹的生成更为自由,适应性更强。但是,此方法仅适于表面起伏不明显的平缓目标,而且对被测物表面色调的一致性有较高的要求。

图 1 - 1 - 1   BEYOND 710 型三维坐标量测机

图 1 - 1 - 2   CHN 1612 型三维坐标量测机

牛顿环是一种干涉条纹,常用以检验光学元件的表面加工质量。当以单色光源垂直照射光学元件和衬托它的平面玻璃时,则在它们中间的空气薄层上形成以接触点为中心的中央稀疏边缘绸密的圆环条纹——牛顿环。以显微镜量测此圆环条纹的间距后,依据相当简易的关系式,可以计算元件不同部位的加工精度,精确到 $0.01\mu m$。牛顿环法精度高,设备简易,但仅适用于纵深不大的小部件(如光学元件)的测量。

4. 全息技术(Holography)

全息技术是一种同时记录光波的振幅(光强)信息和相位信息并使光波重现的技术。

普通单张感光片只能记录光波的振幅(光强),不能记录相位,因而所得底片不能真实地重现原来的物光波,单张图像无立体感。用全息技术制作的全息底片同时记录了光波的全部信息——振幅和相位,故能真实地重现原来的物光波,图像有极强的立体感。为使只能记录光强的感光片能把相位信息记录下来,通常用干涉法达此目的。图1-1-3是制作全息底片的一种装置。从激光器发出的相干光波经分束器后分成两束,一束经扩束后用来照明物体A,从A上发出的漫反射光成为物光波,照到全息感光片上;另一束经扩束和准直后也照到感光片上,称为参考光波。物光波和参考光波进行相干叠加,在全息感光片上形成干涉条纹。感光片记录下来的干涉图样称为全息图,经显影处理后得全息底片。由于干涉条纹很密,必须采用高分辨率感光片。全息底片记录下来的只不过是一些需在显微镜下才能看清的复杂干涉条纹,毫无原物的形象,但却包含了原物光波的全部信息,适当条件下可把物光波重现出来,称为波前重现。

当把原来所用的参考光波照射全息底片时,照明光将在组成全息图的干涉条纹上产生衍射,产生彼此分离的三束衍射光,如图1-1-4。第一束为直射光,第二束是重现的物光波,在原来物的位置上将观察到原物的虚像,它毫无像差,且有很强的立体感,就像观察真实物体一样。第三束是共轭物光波,形成原物的三维实像,通常有很大像差。

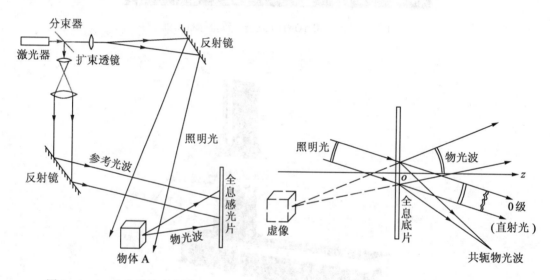

图1-1-3 全息底片生成原理 　　　　图1-1-4 基于全息底片的三维影像生成原理

制作全息底片有多种方式,全息技术除用上述全息照相外,在干涉计量、信息存储、光学滤波和光学模拟计算等方面均有广泛应用。生成全息底片以及立体影像重现,需要极稳定的平台与环境,未能得到各类目标三维测量的广泛应用的原因也在于此。

5. 光截面摄影测量

借用激光经纬仪,借助显微状态下的有限清晰距离原理以及借助某种生成截面的缝光源(Slit Light)设备,均可在被测物体上生成等深(或等远)的截面,以摄影方法记录这些截面影像并设法测定第三坐标的技术可统称为光截面摄影测量。光截面摄影测量技术以原理清晰,特别适合于缺乏纹理目标和微观目标为其明显优点。但本方法仅适用于照度低的目标。

6. 基于磁力场的三维坐标量测设备

美国POLHEMUS公司生产的三维数字化器(3 SPACE DIGITIZER),如图1-1-5,是利用电磁转换技术（Electro-magnetic Transducing Technology），在被测物体周围生成磁场，借一手工操作的触杆，可逐点量测非金属目标的三维空间坐标，如图 1 - 1 - 6。测量目标最大尺寸 1.5m，坐标量测精度 ±0.8mm，采样频率最高为 60 点/秒。数据可直接进入计算机。此仪器用于人体体积测量、关节角度关系测量以及生物等值线生成等方面。该公司的另一型号产品三维跟踪仪（3SPACE TRACKER），利用多个传感触头联接到动态目标的不同部件，用于动态监测，如头部运动跟踪、步态与四肢运动分析等。使用此技术，不必保持被测点与仪器间明确的"视线"，也不受声音与激光设备的影响。在生物医学界和航天领域可得到应用。

此类设备操作简易，设备价位相对低廉，但仅用于非金属的小型目标，且精度有限。

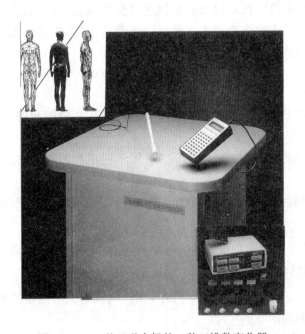

图 1 - 1 - 5　基于磁力场的一种三维数字化器

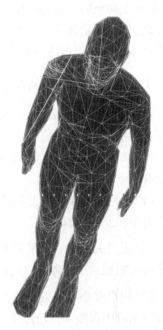

1 - 1 - 6　一种三维数字化成果

六、物体运动状态的摄影测量原理

现代科技的发展，使人们逐渐关注物体的运动状态。现列举一些实例：

(1)枪炮弹出膛的速度；

(2)导弹运动的轨迹；

(3)试验水池中舰艇模型的运动轨迹；

(4)呼吸引起的人体腹腔外表面运动状态；

(5)机器人众关节运动状态的记录及与设计参数差异的测定；

(6)空中加油时两架飞机油嘴相对位置的测定；

(7)晶体生成全过程的记录；

(8)机械部件震动过程的测定；

(9)电火花运动轨迹的测定；

（10）爆炸全过程的定量记录；

（11）昆虫起跳过程的详尽记载；

（12）优秀运动员动作的动态分析；

（13）咀嚼过程的摄影测量记录；

（14）伞兵着陆前某时段运动过程的测定。

物体运动状态的测定，以摄影（摄像）测量的方法最为适宜和直观，其资金与人员的投入也相对较低。

物体运动状态摄影测量测定的关键技术，是影像获取瞬间准确时刻的确定，以及立体像对两影像（甚至是多重覆盖影像）获取时刻的同步技术的保证。时间记录技术、频闪照明技术（包括主动照明与被动照明技术）、同步快门技术以及各类快速乃至高速摄影机（含高速摄像机）的使用是保证曝光时刻记录和同步的主要技术。满足以上要求，动态物体影像的摄影测量处理与静态物体影像的处理并无原则区别。

七、近景摄影测量的精度

某种近景摄影测量方法所能提供的精度是近景摄影测量工作者应准确知晓的问题，更是用户特别关心的问题。

衡量精度的基本指标是被测点的坐标中误差(m_X, m_Y, m_Z)。依不同用户的需要，指标可能有以下几种变化：

（1）用户关心某一个坐标方向的坐标中误差，如m_X或m_Y或m_Z，或关心某一方向的点位相对中误差，如m_Z/Z。

（2）用户关心某一个平面上点位的平面位置中误差m_S，例如$m_S = (m_X^2 + m_Y^2)^{\frac{1}{2}}$。或者关心平面位置相对中误差$m_S/S$，这里$S$是被测物的平面尺寸。

（3）用户关心点位空间位置中误差m_T，这里$m_T = (m_X^2 + m_Y^2 + m_Z^2)^{\frac{1}{2}}$，或者关心点位的空间位置相对中误差$m_T/T$，这里$T$是被测物的空间尺寸。

统计近景摄影测量的精度，应从估算精度、内精度和外精度三个方面进行。

估算精度是在现场工作之前，在近景摄影测量网的设计阶段，根据摄影、控制、网形、设备和一些设计参数的具体情况，按理论的精度估算式获得。

内精度则是在摄影测量的数字处理阶段，按解算未知数的方程组的健康程度，直接计算而得。内精度的容易获取是经常使用此种方法的原因，但内精度在极大程度上仅与摄影测量网形有关，即仅与解算未知数的线性方程组的构成有关，它不能客观地反映测量成果的质量，大多数情况下其精度指标好于实际精度。

外精度检查方法是一种能给出客观精度的指标方法。最常用的方法是使用较大量的多余控制，包括多余控制点或多余相对控制。依据控制点的"实测坐标"，使之与近景摄影测量坐标相比较，并据以统计坐标中误差和坐标误差的分布。这里，常将控制点的"实测坐标"认作真值。"实测坐标"是根据精度高一等级的测量方法获得。这些控制点的数量应足够多，且应分布在被测目标各个有代表性的部位。多余相对控制，也可用于检查精度。例如，物方布置的多条已知长度，即是常用的一种既简易又比较客观的检验方法。这些多条已知长度应尽量长，应布置在坐标轴的不同方向。近景摄影测量中布置多余控制点或多余相对控制是相对容易的,它不同于航空(航天)摄影测量那样困难。

八、近景摄影测量与航空摄影测量的比较

一方面,近景摄影测量与常规航空摄影测量在基本理论方面,不论是在模拟处理方法、解析处理方法以及数字影像处理方法方面,还是在某些摄影测量仪器的使用方面,均有很多相通之处。另一方面,与常规的以测制地形图为主要目的的航空摄影测量相比较,近景摄影测量又存在自身的一些特点:

(1)以测定目标物之形状和大小为目的,而不注重目标之绝对位置;

(2)目标物的大小,目标物距摄影机的距离以及目标物的测定精度等方面差别悬殊;

(3)产品形式多种多样;

(4)对特定目标有特定的物空间坐标系以及特定控制方式的选择,包括各种相对控制的应用;

(5)控制点的布局可能有特殊要求,控制点和待定点大多是人工标志点,为系统误差的消除提供了有利条件;

(6)各类非量测用摄影机的应用,以及相应的特殊的理论与处理方法;

(7)测量动态目标,包括快速运动目标,运动状态的测定;

(8)目标物纵深尺寸与摄影距离的比值可能很大;

(9)不少测量目标以单个像对为处理单位,但也有一些测量目标是以"航线"或"区域网"为处理单位,甚至需要环绕目标物进行"包围"摄影并进行后续的摄影测量处理;

(10)有时采用交向摄影、倾斜摄影等大角度大重叠度的多重摄影方式;

(11)完成任何一种近景摄影测量任务,几乎无一例外地需要近景摄影测量工作者与该任务相关的学科专业人员的协商与通力合作;

(12)通常需要近景摄影测量工作者完成从优化设计、控制、摄影机选择、摄影到图像处理和摄影测量处理的全部工作。

概括以上的比较,特别是对近景摄影测量的自身特点进行分析之后,我们认识到:在近景摄影测量的理论方面以及实际作业中都有一系列特殊问题值得注意与研究。

九、影响近景摄影测量精度的因素

对某项工程的精度要求,由近景摄影测量工作者与工程的负责人协商而定。

影响近景摄影测量精度的主要因素很多,主要有:

(1)影像获取设备(摄影机或摄像机)的性能,包括它的检校水准,焦距与视场角的大小,安置、记录或测定其外方位元素的性能,摄影机所用底片的质量,摄像机的分辨率等;

(2)摄影方式,包括摄影比例尺,摄站的数量与分布,摄影基线的长短,交会角的大小,对被测点的摄影覆盖次数等;

(3)控制的质量,包括控制点的数量与分布,控制点自身的精度,相对控制的应用情况等;

(4)被测物体的照明状态,标志的设计与使用,被测物体表面处理的水准等;

(5)后续处理硬软件的性能,包括图像处理方法和摄影测量处理方法的选择、摄影测量仪器的性能、数据解析处理方法的选择等。

还可以从另一个角度简要地讨论影响近景摄影测量精度的因素：

（1）像点坐标的质量，即形成影像的摄影机性能和它的检校水准，像点坐标的质量，系统误差的改正程度；

（2）摄影条件、摄影方式与控制方式；

（3）图像处理及摄影测量处理的硬软件性能。

十、近景摄影测量的发展现状

近景摄影测量的发展，在国际上已有五六十年的历史。国际摄影测量与遥感协会（International Society for Photogrammetry and Remote Sensing）下属的一个专门组织，称之为近景摄影测量与机器视觉（Close Range Photogrammetry and Machine Vision）委员会。在它的组织下，每两年召开一次国际性的学术讨论会。

近景摄影测量，在国内近十余年有较大发展。中国测绘学会摄影测量与遥感委员会负责协调学术交流工作。

国际上，把近景摄影测量的主要用途归结为三个方面：

（1）古建筑与古文物摄影测量（Architectural and Archaeological Photogrammetry）；

（2）生物医学摄影测量（Beo-medical Photogrammetry）；

（3）工业摄影测量（Industrial Photogrammetry）。

十一、本书重点介绍近景摄影测量的有关理论与技术，并提供一些典型的应用实例

此外，本书还介绍"非常规影像"的摄影测量处理技术，它们包括：

（1）结构光摄影测量；

（2）高速摄影测量；

（3）电子显微镜影像的摄影测量处理；

（4）水下摄影测量；

（5）X 射线摄影测量；

（6）莫尔条纹测量技术；

（7）镜面摄影测量；

（8）自动图像（Motography）测量技术。

为了其他学科人员阅读上的方便，在本章随后几节里将介绍摄影测量的一些基本知识，其主要内容是中心投影条件下像点坐标与物方空间坐标的基本关系。

§1.2　近景摄影测量常用坐标系

国内外数十年中，摄影测量的各个分支，包括航空摄影测量、地形地面摄影测量以及近景摄影测量，曾应用过名目繁多的各种坐标轴系。为了清晰起见，本书自始至终使用一种在我国惯用的坐标系统。

近景摄影测量中常用的坐标系统有三种：

（1）物方空间坐标系 $D\text{-}XYZ$，用于形容被测目标的空间形状或运动状态，例如某物方点 A 的空间坐标 (X,Y,Z)；

（2）像空间坐标系 $S\text{-}xyz$，用于形容像点 a 的空间坐标 $(x,y,-f)$；

（3）辅助空间坐标系 $S\text{-}XYZ$，是像空间坐标系 $S\text{-}xyz$ 与物方空间坐标系 $D\text{-}XYZ$ 之间的某种过渡性坐标系，常依需要而有不同的定义。

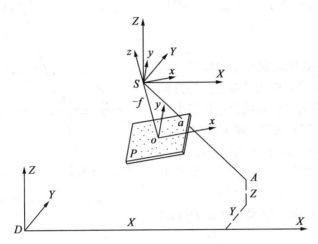

图 1 - 2 - 1　常用三种坐标系统

物方空间坐标系 $D\text{-}XYZ$，如图 1 - 2 - 1，是现场为确定被测目标而定义的一个三维直角坐标系，其中，点 A 的空间坐为 (X,Y,Z)。此坐标系是一"右手直角坐标系"，当伸出右手拇指、食指和中指成互相垂直状，拇指指向为 X 轴，食指指向为 Y 轴，中指指向为 Z 轴。坐标系原点为 D。两坐标系同为"右手坐标系"或同为"左手坐标系"时，才能有正确的坐标变换结果。像空间坐标系 $S\text{-}xyz$ 的坐标原点 S 是摄影中心，自该点拍摄了像片 P。摄影中心 S 与像片面 P 间的垂直距离 So 称为像片 P 的主距 f。应注意，此 f 不同于所用物镜的焦距 F。点 o 称为像主点。主点光线 So 与物镜光轴不是同一概念，此概念之不同对固态摄像机尤为明显。延长直线 So，但背向 o 点的方向定义为坐标系 $S\text{-}xyz$ 中的 z 轴。$S\text{-}xyz$ 中的 x 轴与 y 轴，分别平行于像片坐标系 $o\text{-}xy$ 中的 x 轴与 y 轴。坐标系 $o\text{-}xy$ 的原点设为主点 o，此坐标系的 x 轴与 y 轴是量测像点坐标时定义的。因而，像点 a 的像空间坐标为 $(x,y,-f)$。坐标系 $S\text{-}xyz$ 也是一个右手坐标系。

§1.3　像片的内方位元素与外方位元素

像片的内方位元素和外方位元素是确定像片（及光束）在物方空间坐标系 $D\text{-}XYZ$ 中的位置与朝向的要素。像片内方位元素是恢复（摄影时）光束形状的要素；像片外方位元素是确定此光束在物方空间坐标系中位置与朝向的要素。

1. 内方位元素

恢复（摄影时）光束形状的要素称为像片的内方位元素。内方位元素是确定摄影中心 S 与所摄像片 P 相对位置关系的要素，依据此相对位置即可恢复摄影时光束的形状。对专用量测摄影机而言，要使数个框标成像在像片 P 上，框标的理论位置经严格测定。若有四个框标构像在像片 P 上，如图 1 - 3 - 1 所示，它们构成一个框标坐标系。像主点在此框标坐系内的坐标(x_o, y_o)，以及主距f，即称之为像片P的内方位元素。借助内方位元素可惟一地确定摄影中心与所摄像片间的位置关系，即恢复光束（光线$S_a, S_b, S_c, \cdots$）在摄影时的形状。

2. 外方位元素

外方位元素是确定光束在给定物方空间坐标系D-XYZ中位置与朝向的要素。外方位元素共有六个，三个外方位直线元素和三个外方位角元素。三个直线元素，即坐标值（X_S，Y_S, Z_S），如图1-3-2所示，用以形容光束顶点（摄影中心）S在物方空间坐标系D-XYZ中的位置；而三个角元素，即三个角度（φ, ω, κ），用以形容光束在物方空间坐标系D-XYZ中的朝向。

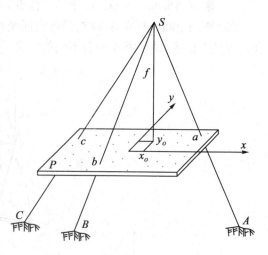

图1-3-1　内方位元素示意图

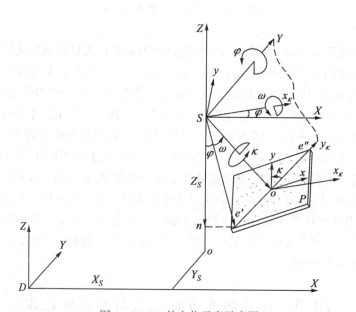

图1-3-2　外方位元素示意图

这里，需说明我国习用的一种转角系统里三个角元素（φ, ω, κ）的严格定义。图中辅助坐标系S-XYZ与物方空间坐标系D-XYZ平行。过Y轴以及主点光线So作平面ω，此平面ω与平面S-XZ交于直线Se'，此平面ω与像片面P交于$e'e''$。像片上有量测像点坐标时所选取的像平面坐标系o-xy。

现在我们设定，以角度φ及角度ω来形容主点光线So在物方空间坐标系D-XYZ中的朝向，而以角度κ形容光束相对主光线So的方位，即形容光束相对主点光线So所转的角度。其中，角度φ是自直线Sn到Se'间的夹角。这里，直线Sn与Z轴重合，但其方向与Z

10

轴的正方向相反。角度 ω 是自直线 Se' 起到主点光线 So 之间的夹角。角度 κ 是自直线 oe'' 起至像片坐标系 $o\text{-}xy$ 的 y 轴之间的夹角。

平面 ω 与平面 $S\text{-}XZ$ 相垂直，Se' 是主点光线 So 在平面 $S\text{-}XZ$ 内的投影，平面 ω 与像片面 P 相垂直。角度 φ 的转轴是 SY，从此 Y 轴正方向看过来，顺时针旋转时 φ 角的角值增大。**像片量测时所取 y 轴与 Y 轴在像片上投影线之间的夹角定义为 κ 角。**对有框标的量测用摄影机，而且像点坐标经二维变换后已化算至此框标坐标系，那时则把框标坐标系的 y 轴与 Y 轴在像片上投影线之间的夹角定义为 κ 角。确切讲，角度 ω 的转轴 x_κ 在平面 $S\text{-}XZ$ 内，它与 x 轴间的夹角为 φ，从此转轴 x_κ 的正方向看过去，逆时针旋转时 ω 角的角值增大。角度 κ 的转轴是主点光线 So，此 κ 角用以形容像片上的 y_κ 轴（即 $e'e''$）与量测像片所选取的坐标轴 y 之间的夹角，从点 S 看下去，逆时针旋转时 κ 角的角值增大。

形容光束空间方位的转角系统有多种，就是说，用以描述一个空间物体（如光束）方位所必须的三个角度，可以有不同的定义方法。为统一和明了起见，本书自始至终使用我国惯用的上述一种系统，俗称第一转角系统。

§1.4　共线条件方程式

共线条件方程式是描述像点、投影中心点以及物方点应位于一直线上的一种条件方程式。近景摄影测量中绝大多数的解算方法均基于共线条件方程式，例如近景摄影测量的（单像）空间后方交会解法、近景摄影测量的（多片）空间前方交会解法、近景摄影测量的多种光线束解法以至直接线性变换解法等。这些处理方法的共同特点是以每根构像光线为处理单位。共线条件方程式是摄影测量最重要的解析关系式。

现已知某像点 a 在像空间坐标系 $S\text{-}xyz$ 内的坐标 $(x,y,-f)$，参见图 $1\text{-}4\text{-}1$ 及图 $1\text{-}4\text{-}2$，需求解此像点 a 在坐标系 $S\text{-}XYZ$ 内的坐标 (u,v,w)。

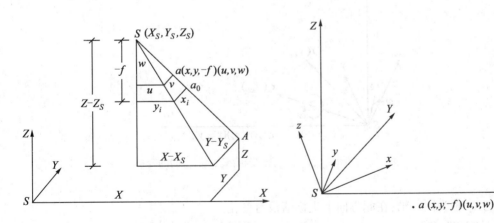

图 1 - 4 - 1　像点 a 与对应物点 A 的坐标关系　　　　图 1 - 4 - 2　像点 a 在两坐标系内的坐标

我们知道，从坐标系 $S\text{-}xyz$ 到坐标系 $S\text{-}XYZ$，是经过顺序旋转三个角度（$\varphi \to \omega \to \kappa$）得到的。图 $1\text{-}4\text{-}2$ 至图 $1\text{-}4\text{-}5$ 各图中的各角度（φ, ω, κ）均定义为正值。

像点 a 在坐标系 $S\text{-}x_\kappa y_\kappa z_\kappa$ 与在坐标系 $S\text{-}xyz$ 间的坐标关系式（如图 $1\text{-}4\text{-}3$）是：

$$\begin{bmatrix} x_\kappa \\ y_\kappa \\ z_\kappa \end{bmatrix} = \begin{bmatrix} \cos\kappa & -\sin\kappa & 0 \\ \sin\kappa & \cos\kappa & 0 \\ 0 & 0 & 1 \end{bmatrix} \begin{bmatrix} x \\ y \\ -f \end{bmatrix} = \boldsymbol{R}_\kappa \begin{bmatrix} x \\ y \\ -f \end{bmatrix} \qquad (1-4-1)$$

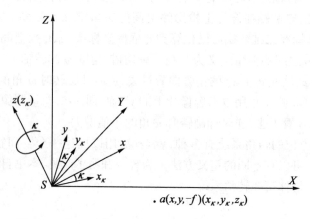

图 1 - 4 - 3　坐标 $(x_\kappa, y_\kappa, z_\kappa)$ 与坐标 $(x, y, -f)$ 间的变换

这里, z_κ 轴与 z 轴为同一轴,在此方向上坐标值没有变化。

像点 a 在坐标系 $S\text{-}x_{\kappa\omega}y_{\kappa\omega}z_{\kappa\omega}$ 与在坐标系 $S\text{-}x_\kappa y_\kappa z_\kappa$ 间的坐标关系式(如图 1 - 4 - 4)是:

$$\begin{bmatrix} x_{\kappa\omega} \\ y_{\kappa\omega} \\ z_{\kappa\omega} \end{bmatrix} = \begin{bmatrix} 1 & 0 & 0 \\ 0 & \cos\omega & -\sin\omega \\ 0 & \sin\omega & \cos\omega \end{bmatrix} \begin{bmatrix} x_\kappa \\ y_\kappa \\ z_\kappa \end{bmatrix} = \boldsymbol{R}_\omega \begin{bmatrix} x_\kappa \\ y_\kappa \\ z_\kappa \end{bmatrix} \qquad (1-4-2)$$

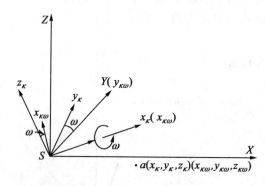

1 - 4 - 4　坐标 $(x_{\kappa\omega}, y_{\kappa\omega}, z_{\kappa\omega})$ 与坐标 $(x_\kappa, y_\kappa, z_\kappa)$ 间的变换

这里, $x_{\kappa\omega}$ 与 x_κ 轴为同一轴,在此方向上坐标值没有变化。

像点 a 在坐标系 $S\text{-}XYZ$ 与 $S\text{-}x_{\kappa\omega}y_{\kappa\omega}z_{\kappa\omega}$ 间的坐标关系式(如图 1 - 4 - 5)是:

$$\begin{bmatrix} u \\ v \\ w \end{bmatrix} = \begin{bmatrix} \cos\varphi & 0 & -\sin\varphi \\ 0 & 1 & 0 \\ \sin\varphi & 0 & \cos\varphi \end{bmatrix} = \begin{bmatrix} x_{\kappa\omega} \\ y_{\kappa\omega} \\ z_{\kappa\omega} \end{bmatrix} = \boldsymbol{R}_\varphi \begin{bmatrix} x_{\kappa\omega} \\ y_{\kappa\omega} \\ z_{\kappa\omega} \end{bmatrix} \qquad (1-4-3)$$

这里, y 轴与 $y_{\kappa\omega}$ 轴为同一轴,在此方向上坐标值没有变化。

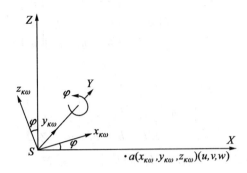

1 - 4 - 5　坐标(u,v,w)与坐标$(x_{\kappa\omega},y_{\kappa\omega},z_{\kappa\omega})$间的变换

将式(1 - 4 - 1)代入式(1 - 4 - 2),再一并代入式(1 - 4 - 3),有像点 a 在 S-XYZ 中的坐标(u,v,w)为:

$$
\begin{bmatrix} u \\ v \\ w \end{bmatrix} = \boldsymbol{R}_\varphi \boldsymbol{R}_\omega \boldsymbol{R}_\kappa \begin{bmatrix} x \\ y \\ -f \end{bmatrix} = R \begin{bmatrix} x \\ y \\ -f \end{bmatrix}
$$

$$
= \begin{bmatrix} \cos\varphi & 0 & -\sin\varphi \\ 0 & 1 & 0 \\ \sin\varphi & 0 & \cos\varphi \end{bmatrix} \begin{bmatrix} 1 & 0 & 0 \\ 0 & \cos\omega & -\sin\omega \\ 0 & \sin\omega & \cos\omega \end{bmatrix} \begin{bmatrix} \cos\kappa & -\sin\kappa & 0 \\ \sin\kappa & \cos\kappa & 0 \\ 0 & 0 & 1 \end{bmatrix} \begin{bmatrix} x \\ y \\ -f \end{bmatrix}
$$

$$
= \begin{bmatrix} a_1 & a_2 & a_3 \\ b_1 & b_2 & b_3 \\ c_1 & c_2 & c_3 \end{bmatrix} \begin{bmatrix} x \\ y \\ -f \end{bmatrix} \tag{1 - 4 - 4}
$$

上式中,各方向余弦值的严格表达式与一次小值项近似表达式是:

$a_1 = \cos\varphi\cos\kappa - \sin\varphi\sin\omega\sin\kappa \approx 1$

$a_2 = -\cos\varphi\sin\kappa - \sin\varphi\sin\omega\cos\kappa \approx -\kappa/\rho$

$a_3 = -\sin\varphi\cos\omega \approx -\varphi/\rho$

$b_1 = \cos\omega\sin\kappa \approx \kappa/\rho$

$b_2 = \cos\omega\cos\kappa \approx 1$

$b_3 = -\sin\omega \approx -\omega/\rho$

$c_1 = \sin\varphi\cos\kappa + \cos\varphi\sin\omega\sin\kappa \approx \varphi/\rho$

$c_2 = -\sin\varphi\sin\kappa + \cos\varphi\sin\omega\cos\kappa \approx \omega/\rho$

$c_3 = \cos\varphi\cos\omega \approx 1$

式(1 - 4 - 4)的一次小值项表达式为:

$$
\begin{bmatrix} u \\ v \\ w \end{bmatrix} = \begin{bmatrix} 1 & -\kappa & -\varphi \\ \kappa & 1 & -\omega \\ \varphi & \omega & 1 \end{bmatrix} \begin{bmatrix} x \\ y \\ -f \end{bmatrix} \tag{1 - 4 - 4'}
$$

R 为正交矩阵,故有:

$$\begin{bmatrix} x \\ y \\ -f \end{bmatrix} = R^{-1} \begin{bmatrix} u \\ v \\ w \end{bmatrix} = \begin{bmatrix} a_1 & b_1 & c_1 \\ a_2 & b_2 & c_2 \\ a_3 & b_3 & c_3 \end{bmatrix} \begin{bmatrix} u \\ v \\ w \end{bmatrix} \qquad (1\text{-}4\text{-}5)$$

参见图 1 - 4 - 1,则有:

$$\begin{bmatrix} x \\ y \\ -f \end{bmatrix} = \lambda^{-1} \begin{bmatrix} a_1 & b_1 & c_1 \\ a_2 & b_2 & c_2 \\ a_3 & b_3 & c_3 \end{bmatrix} \begin{bmatrix} X - X_S \\ Y - Y_S \\ Z - Z_S \end{bmatrix} \qquad (1\text{-}4\text{-}6)$$

这里 λ 是 (u, v, w) 与 $(X - X_S, Y - Y_S, Z - Z_S)$ 间某个缩放系数。

式(1 - 4 - 6)的展开式为

$$x = \lambda^{-1} \left[a_1(X - X_S) + b_1(Y - Y_S) + c_1(Z - Z_S) \right] \qquad (1\text{-}4\text{-}7a)$$

$$y = \lambda^{-1} \left[a_2(X - X_S) + b_2(Y - Y_S) + c_2(Z - Z_S) \right] \qquad (1\text{-}4\text{-}7b)$$

$$-f = \lambda^{-1} \left[a_3(X - X_S) + b_3(Y - Y_S) + c_3(Z - Z_S) \right] \qquad (1\text{-}4\text{-}7c)$$

以式(1 - 4 - 7a)除以式(1 - 4 - 7c),另以式(1 - 4 - 7b)除以式(1 - 4 - 7c)有:

$$\left. \begin{aligned} x &= -f \frac{a_1(X - X_S) + b_1(Y - Y_S) + c_1(Z - Z_S)}{a_3(X - X_S) + b_3(Y - Y_S) + c_3(Z - Z_S)} \\ y &= -f \frac{a_2(X - X_S) + b_2(Y - Y_S) + c_2(Z - Z_S)}{a_3(X - X_S) + b_3(Y - Y_S) + c_3(Z - Z_S)} \end{aligned} \right\} \qquad (1\text{-}4\text{-}8)$$

上式即为著名的共线条件方程式。**不难证明,此式中的 *x* 式是一个平面方程,而此式中的 *y* 式是另一个平面的方程;此两平面的交线,即是像点、投影中心点和物点三点的连线。**
式(1 - 4 - 8)有时写为:

$$\left. \begin{aligned} x - x_o + \Delta x &= -f \frac{a_1(X - X_S) + b_1(Y - Y_S) + c_1(Z - Z_S)}{a_3(X - X_S) + b_3(Y - Y_S) + c_3(Z - Z_S)} \\ y - y_o + \Delta y &= -f \frac{a_2(X - X_S) + b_2(Y - Y_S) + c_2(Z - Z_S)}{a_3(X - X_S) + b_3(Y - Y_S) + c_3(Z - Z_S)} \end{aligned} \right\} \qquad (1\text{-}4\text{-}9)$$

此式左方一些符号的意义在于:
(1)未能以像主点做为原点量测坐标,因而引进了主点坐标值 (x_o, y_o);
(2)像点坐标自身需引进某种系统误差的改正值 $(\Delta x, \Delta y)$。

§1.5 共面条件方程式

共面条件方程式是描述像片对内摄影基线以及同名光线应位于同一平面的一种条件方程式。依据此条件方程式,借助像片对内影像的内在关系(同名光线应在同一平面内,同名核线应在同一核面内),可直接构成与被摄物体相似的几何模型。按照这个理论形成了近景摄影测量的另一种解析处理方案,即顺次进行内定向、相对定向与绝对定向的方案。此方法,要求较少量的控制,可用于单像片对以至摄影测量网的处理,常以模拟法近景摄影测量或近景摄影测量数字化匹配方法处理,一般用于中低精度的近景摄影测量。共面条件方程式是近景摄影测量中另一个基本解析关系式。

一、共面条件方程式

在选定的某过渡摄影测量坐标系 $S_1\text{-}XYZ$ 内,若左像片 P_1(左光束)的位置已设定,而在右光束的位置与朝向也已正确的情况下,应满足三矢量 b,$S_1m_1(R_1)$ 和 $S_2m_2(R_2)$ 共面的条件,即应满足此三矢量的混合积(数量矢量积)为零的条件,如图 1-5-1。这时,以此三矢量为边的平行六面体的体积 F 应为零:

$$F = b \cdot (R_1 \times R_2) = 0 \tag{1-5-1}$$

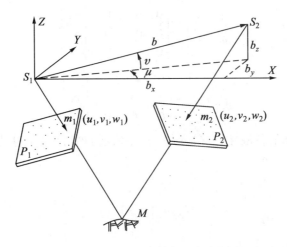

图 1-5-1　共面条件方程式示意图

相应行列式的表达式是:

$$F = \begin{vmatrix} b_x & b_y & b_z \\ u_1 & v_1 & w_1 \\ u_2 & v_2 & w_2 \end{vmatrix} = bx \begin{vmatrix} v_1 & w_1 \\ v_2 & w_2 \end{vmatrix} - by \begin{vmatrix} u_1 & w_1 \\ u_2 & w_2 \end{vmatrix} + by \begin{vmatrix} u_1 v_1 \\ u_2 v_2 \end{vmatrix} = 0 \tag{1-5-2}$$

依式(1-4-4′),上式中的 (u_1, v_1, w_1) 和 (u_2, v_2, w_2) 的小值一次项表达式为:

$$\begin{bmatrix} u_1 \\ v_1 \\ w_1 \end{bmatrix} = R_{左} \begin{bmatrix} x_1 \\ y_1 \\ -f \end{bmatrix} = \begin{bmatrix} 1 & -\kappa_1 & -\varphi_1 \\ \kappa_1 & 1 & -\omega_1 \\ \varphi_1 & \omega_1 & 1 \end{bmatrix} \begin{bmatrix} x_1 \\ y_1 \\ -f \end{bmatrix} \tag{1-5-3}$$

$$\begin{bmatrix} u_2 \\ v_2 \\ w_2 \end{bmatrix} = R_{右} \begin{bmatrix} x_2 \\ y_2 \\ -f \end{bmatrix} = \begin{bmatrix} 1 & -\kappa_2 & -\varphi_2 \\ \kappa_2 & 1 & -\omega_2 \\ \varphi_2 & \omega_2 & 1 \end{bmatrix} \begin{bmatrix} x_2 \\ y_2 \\ -f \end{bmatrix} \tag{1-5-4}$$

二、连续像对相对定向作业公式

若把左像片(左光束)在坐标系 $S_1\text{-}XYZ$ 中的朝向认定为已知,改动右光束的位置(b_y, b_z)和朝向($\varphi_2, \omega_2, \kappa_2$),达到完成相对定向的过程称作连续像对的相对定向。现将非线性方程式(1-5-2),按多元函数泰勒公式展开。这类线性化展开步骤,是为了满足相对定向迭代过程对线性关系式的需要以及满足最小二乘平差过程对线性关系式的需要。

$$F = F_0 + \mathrm{d}F$$

$$= F_0 + \frac{\partial F}{\partial \varphi}\mathrm{d}\varphi + \frac{\partial F}{\partial \omega}\mathrm{d}\omega + \frac{\partial F}{\partial \kappa}\mathrm{d}\kappa + \frac{\partial F}{\partial b_y}\mathrm{d}b_y + \frac{\partial F}{\partial b_z}\mathrm{d}b_z = 0 \tag{1-5-5}$$

因从式(1-5-4)有:

$$\frac{\partial}{\partial \varphi}\begin{bmatrix} u_2 \\ v_2 \\ w_2 \end{bmatrix} = \begin{bmatrix} 0 & 0 & -1 \\ 0 & 0 & 0 \\ 1 & 0 & 0 \end{bmatrix}\begin{bmatrix} x_2 \\ y_2 \\ -f \end{bmatrix}$$

$$\frac{\partial}{\partial \omega}\begin{bmatrix} u_2 \\ v_2 \\ w_2 \end{bmatrix} = \begin{bmatrix} 0 & 0 & 0 \\ 0 & 0 & -1 \\ 0 & 1 & 0 \end{bmatrix}\begin{bmatrix} x_2 \\ y_2 \\ -f \end{bmatrix}$$

$$\frac{\partial}{\partial \kappa}\begin{bmatrix} u_2 \\ v_2 \\ w_2 \end{bmatrix} = \begin{bmatrix} 0 & -1 & 0 \\ 1 & 0 & 0 \\ 0 & 0 & 0 \end{bmatrix}\begin{bmatrix} x_2 \\ y_2 \\ -f \end{bmatrix}$$

故式(1-5-5)中所需的各偏导数,在略去一次小值项的情况下,表达为:

$$\frac{\partial F}{\partial \varphi} = \begin{vmatrix} b_x & b_y & b_z \\ u_1 & v_1 & w_1 \\ \dfrac{\partial u_2}{\partial \varphi_2} & \dfrac{\partial v_2}{\partial \varphi_2} & \dfrac{\partial w_2}{\partial \varphi_2} \end{vmatrix} = \begin{vmatrix} b_x & b_y & b_z \\ u_1 & v_1 & w_1 \\ f & 0 & x_2 \end{vmatrix} \approx x_2 \begin{vmatrix} b_x & b_y \\ u_1 & v_1 \end{vmatrix}$$

$$\approx b_x x_2 v_1 \approx b_x x_2 y_1 \approx b_x x_2 y_2$$

$$\frac{\partial F}{\partial \omega} = \begin{vmatrix} b_x & b_y & b_z \\ u_1 & v_1 & w_1 \\ \dfrac{\partial u_2}{\partial \omega_2} & \dfrac{\partial v_2}{\partial \omega_2} & \dfrac{\partial w_2}{\partial \omega_2} \end{vmatrix} = \begin{vmatrix} b_x & b_y & b_z \\ u_1 & v_1 & w_1 \\ 0 & f & y_2 \end{vmatrix} \approx f\begin{vmatrix} b_z & b_x \\ w_1 & v_1 \end{vmatrix} + y_2\begin{vmatrix} b_x & b_y \\ u_1 & v_1 \end{vmatrix}$$

$$\approx -fw_1 b_x + y_2 v_1 b_x \approx b_x(y_1 y_2 - fw_1) \approx b_x(y_2^2 + f^2)$$

$$\frac{\partial F}{\partial \kappa} = \begin{vmatrix} b_x & b_y & b_z \\ u_1 & v_1 & w_1 \\ \dfrac{\partial u_2}{\partial \kappa_2} & \dfrac{\partial v_2}{\partial \kappa_2} & \dfrac{\partial w_2}{\partial \kappa_2} \end{vmatrix} = \begin{vmatrix} b_x & b_y & b_z \\ u_1 & v_1 & w_1 \\ -y_2 & x_2 & 0 \end{vmatrix} \approx y_2\begin{vmatrix} b_z & b_y \\ w_1 & v_1 \end{vmatrix} + x_2\begin{vmatrix} b_z & b_x \\ w_1 & u_1 \end{vmatrix}$$

$$\approx -x_2 b_x w_1 \approx +b_x x_2 f$$

$$\frac{\partial F}{\partial b_y} = \begin{vmatrix} 0 & 1 & 0 \\ u_1 & v_1 & w_1 \\ u_2 & v_2 & w_2 \end{vmatrix} = \begin{vmatrix} w_1 & u_1 \\ w_2 & u_2 \end{vmatrix} = w_1 u_2 - w_2 u_1 \approx -f(x_1 - x_2) \approx b_x f$$

$$\frac{\partial F}{\partial b_z} = \begin{vmatrix} 0 & 0 & 1 \\ u_1 & v_1 & w_1 \\ u_2 & v_2 & w_2 \end{vmatrix} = u_1 v_2 - u_2 v_1 \approx x_1 y_2 - x_2 y_1 \approx b_x y_2$$

$$\left. \right\} \tag{1-5-6}$$

将式(1-5-6)代入式(1-5-5)有:

16

$$F_0 + b_x x_2 y_2 d\varphi + b_x (f^2 + y_2^2) d\omega + b_x f x_2 d\kappa + b_x f db_y + b_x y_2 db_z = 0 \qquad (1-5-7)$$

将上式全除以 $b_x f$ 有:

$$\frac{x_2 y_2}{f} d\varphi + (f + \frac{y_2^2}{f}) d\omega + x_2 d\kappa + db_y + \frac{y_2}{f} db_z + \frac{F_0}{b_x f} = 0 \qquad (1-5-8)$$

依式 $(1-5-2)$,设 b_y 与 b_z 为小值,有 F_0 的近似式为:

$$F \approx b_x \begin{vmatrix} v_1 & w_1 \\ v_2 & w_2 \end{vmatrix} \approx b_x (y_1 f - y_2 f) \approx b_x f (y_1 - y_2) \approx b_x f q \qquad (1-5-9)$$

式 $(1-5-9)$ 中的 $q(=y_1 - y_2)$ 称之为上下视差。

因而式 $(1-5-8)$ 可重新写作:

$$\frac{x_2 y_2}{f} d\varphi + (f + \frac{y_2^2}{f}) d\omega + x_2 d\kappa + db_y + \frac{y_2}{f} db_z + q = 0 \qquad (1-5-10)$$

如以"投影面"上的相应量代替上式中的有关量,有立体测图的相对定向关系式为:

$$Q = \frac{X_2 Y_2}{H} d\varphi + (H + \frac{Y_2^2}{H}) d\omega + X_2 d\kappa + dB_Y + \frac{Y_2}{H} dB_Z \qquad (1-5-11)$$

或简写作:

$$Q = \frac{XY}{H} d\varphi + (H + \frac{Y^2}{H}) d\omega + X d\kappa + dB_Y + \frac{Y_2}{H} dB_Z \qquad (1-5-12)$$

第二章　近景摄影测量的摄影设备

近景摄影测量作业全过程大体分为两个阶段:获取被测物体的照片(或影像)的摄影(或摄像)阶段以及对照片(或影像)进行再处理,以获取被测物体静态的形状、大小或动态物体运动参数的摄影测量处理阶段。

本章主要介绍近景摄影测量的摄影设备,第三章主要介绍近景摄影测量的摄像设备。对照片或影像进行摄影测量处理的主要设备当属计算机及其外围设备,而数十年来沿用的一些专用的摄影测量设备,诸如各种型号的测图仪和坐标量测仪等,将在相应的章节里予以简单介绍。

摄影机或摄像机是摄影(摄像)阶段的关键设备。借助摄影机可获得被测物体的照片或底片(俗称"硬拷贝")。借助摄像机可获得被测物体的影像(俗称"软拷贝"),在摄像现场把这些影像或存贮在磁盘一类的介质上,或直接由摄像机输入到联机的计算机内。在摄影测量处理阶段,对像片或影像可使用模拟摄影测量方式、解析摄影测量方式或数字摄影测量方式予以处理。

按所具备的摄影测量功能的多寡分类,摄影机可分为量测摄影机、格网量测摄影机、半量测摄影机和非量测摄影机四类。前三类摄影机是为测量目的而设计制造的,非量测摄影机设计制造的初衷不是出于测量目的。粗略地说,光学畸变小,具备记录内方位元素功能,但无改正底片变形的标准格网者,可称之为量测摄影机。具有量测摄影机上述各功能,且配备有格网的量测摄影机,则称之为格网量测摄影机。光学畸变未经测定,无记录内方位元素功能,但设置有改正底片变形格网者,称之为半量测摄影机。

按作业方法分类,量测摄影机可分为拍摄单张像片的单个使用的量测摄影机,以及拍摄立体像片对的具有固定基线的立体量测摄影机。

对摄影机及摄像机性能的全面了解,对摄影机及摄像机的选择、购置和检校,对新型像机设计参数的制定等,是近景摄影测量工作者的职责。

§2.1　量测摄影机的摄影测量性能

专为测量目的而设计制造的摄影机称作量测摄影机。专为测量目的而设计的各种量测摄影机,机械结构稳固,光学性能好。常具有以下特性:

(1)确定光束形状的内方位元素 x_0、y_0、f,即摄影中心 S 相对所摄影像的相对位置经过严格检校。常在承影框上布置有机械框标或光学框标,以确定主点相对它们的位置。摄影机上常采取某种措施,以记录或读取主距 f,以及调焦改变后的主距变化值 Δf。

(2)特别注意摄影机光学系统的设计,以减少光学畸变的影响。光学畸变也是影响光束形状的重要负面因素,每台量测摄影机出厂时应附有畸变残值的检定报告。

（3）常采取措施以减少底片压平不佳和底片变形对像点位移的影响。这些措施可能有抽气压平、机械压平以及在影像上生成标准位置的格网。布有此类标准格网的量测摄影机，称作格网量测摄影机。标准位置格网一般是刻有十字刻划线的透明承片玻璃。应注意到，十字刻划线的影像质量，与被测物体上相应点的照度有关。这种生成标准位置格网影像的方法称之为前向投影方法。较新颖的格网影像的生成方法称作后向投影方法，那是借助摄影镜箱内，在底片后方布置的成面阵形式排列的光学成像构件组成。

（4）较现代的量测摄影机主要由摄影机及其定向设备两部分组成。定向设备用来确定光束在给定物方空间坐标系内的方位，一般配备记录角元素的装置，如水准管、确定两像机间相对角度关系的定向装置等。

（5）一些著名厂家生产的量测摄影机常有系列产品推出，同一系列各品种间的区别主要是视场角（或相应的焦距）的不同，使在不同摄影距离情况下，能达到覆盖面积足够大、成像比例尺也足够大的目的。

（6）半量测摄影机的主要特性是轻便，并配置改正底片变形的格网，但无定向设备、主距不能准确记录。随着摄影测量数据处理技术的发展，现在已可以较方便地解算内方位元素和光学畸变，但底片的非线性变形改正必须采用标准格网技术，加之用户有强烈降低硬件投入费用的要求，这些原因是半量测摄影机屡屡问世的背景。半量测摄影机常常由一些名牌普通摄影机改装而成，因而兼有这些普通摄影机原有的功能。

（7）目前，量测摄影机是进行近景摄影测量的重要设备。格网量测摄影机是实施高精度近景摄影测量的重要设备。量测摄影机所摄像片可用模拟法、解析法进行处理。所摄像片经数字化，当然也可按数字化近景摄影测量处理方法予以处理。

§2.2 量 测 摄 影 机

世界各国生产的量测摄影机品种繁多，现介绍几种较为常用的。

一、UMK 型量测摄影机

德国生产的 UMK（德文：Universal Messung Kamera）型全能量测摄影机是国际间使用最广泛的量测摄影机。该型号有系列产品，焦距分别为 65mm，100mm，200mm 和 300mm，像幅均为 13cm×18cm，相应称作 UMK6.5/1318，UMK 10/1318，UMK 20/1318 和 UMK 30/1318。现以 UMK 10/1318 型为例予以概要介绍，其外型如图 2 - 2 - 1 所示。

此机型由镜箱、暗盒、支架和电子控制箱四部分组成。镜箱有两种型号：装有 Lamegon 8/100（F/8，F=100mm）物镜用于远距离摄影的 F 型，以及装有 Lamegon 8/100 - N 物镜用于近距离摄影的 N 型。两种镜箱均适用于从 1.4m 到无穷远的摄影。但它们的畸变差不同：F 型摄影距离在 3.6m 至无穷远时，畸变差小于 12μm；N 型摄影距离在 1.4m 至 4.2m 间时，畸变差可小于 12μm。摄影机物镜光轴的仰俯角可以在 - 30°到 + 90°间变化，其间以15°分档。可使用软片或硬片摄影。使用成卷软片时，配备电子卷片装置以及抽气压平装置，这如同航空摄影机一般。调焦距共分 19 档，即无穷远、25m、12m、…、1.6m、1.5m、1.4m等。相对像幅对角线计算，像场角为 87°。像幅 13cm×18cm，有效像幅 12.0cm×16.6cm。最大光圈 F/8，最小光圈 F/32，共有五档。备有快门 T 和快门 B，其他快门速度多档，最大

1s,最小 1/400s。摄影机支架下方有较精密的定向装置,借以确定摄影机光轴在给定坐标系内的方向。摄影镜箱连同暗盒一起,可以绕光轴旋转,以适应被测目标的总体走向,借以更有效地利用像幅。

有专门的支架配备,可使摄影方向竖直向下(将摄影机装在低空摄影飞机上,是其应用实例之一)。亦有专门的摄影基线架,在其上配装两架此类型的摄影机,可进行立体摄影和同步立体摄影。

UMK 型系列产品具有较高的自动化性能,像幅大,其可变主距可适应大多数近景测量目标,光学性能较好,可连续摄影和同步摄影以及价格相对低廉。但是,此类仪器甚为笨重,机械结构中某些联结件不尽稳定。

UMK 型摄影机系列的其他三种型号(即 UMK 6.5/1318、UMK20/1318 及 UMK30/1318)的外形,如图 2-2-2 所示。

UMK 型摄影机属于量测摄影机,因未设置"面阵"格网以改正底片变形,不能认作格网量测摄影机。

图 2-2-1　UMK 10/1318 型摄影机外形

二、P31 型量测摄影机

瑞士原威特(Wild)厂生产的 P31 型量测摄影机,曾

图 2-2-2　UMK 系列其他三种量测摄影机外形

为各国广泛使用。该系列产品有三种型号,焦距分别为 200mm,100mm 和 45mm。像幅尺寸较

小,4英寸×5英寸(102mm×127mm),有效像幅92mm×118mm。摄影机主要由镜箱和"U"形支架两部分组成。"U"型支架上有一支承圆环,放入此圆环的镜箱,既可绕水平轴做仰俯倾斜,也可绕光轴自身旋转。仰俯倾斜和绕光轴的旋转,仅能按仪器设定的几个档次进行。

焦距为100mm的P31型摄影机(如图2-2-3),其标准调焦距为25m,此时在摄影距离为6.6m至无穷远处获得清晰影像(设光圈为F/22,模糊圈直径为0.05mm时)。当使用附加垫环(共有七个)改变主距时,调焦距离分别为7m、4m、2.5m、2.1m、1.8m、1.6m和1.4m。质量很高的光学系统保证径向畸变差在±4μm以内。当光圈为F/5.6时,分辨率达到每毫米70对线。

图2-2-3　Wild P31型摄影机外形

P31型摄影机光学质量好,仪器稳固耐用,自身轻便,操作简单。但该仪器像幅较小,仅能使用单张的干板或软片,不能进行连续摄影,仪器没有任意角度的量测配置,也没有底片的抽气压平设置。

P31型摄影机属于量测摄影机,未设置标准格网以改正底片变形。

顺便指出,瑞士前威特厂还曾生产 P32 型小型轻便量测摄影机,如图 2 - 2 - 4 所示。此机可使用硬片,单张软片(像幅 65mm × 90mm)或成卷的 120 软片。借助一个机械连接装置,此机可装在瑞士威特厂的 T_1、T_2 或 T_{16} 型经纬仪上,形成摄影经纬仪。其经纬仪起定向作用。该仪器焦距 64mm,最大光圈 F/8。光圈为 F/8 时影片中心最大分辨率约 100 对线/毫米,边缘约 70 对线/毫米。标准调焦距为 25m,景深范围介于 3.3m 至无穷远(光圈为 F/22,模糊圈设定为 0.05mm 时)。

图 2 - 2 - 4　装在 T_{16} 型经纬仪上的 Wild
P32 型摄影机外形

三、Photheo 19/1318 型量测摄影机

　　德国耶那(Jena)厂生产的 Photheo 19/1318 型摄影经纬仪,如图 2 - 2 - 5 所示,设计初衷是为了进行地面地形摄影测量,后来曾用于较远距离的近景摄影测量。可认为是单个使用的量测摄影机的一种。

该仪器由镜箱和定向装置两部分组成。摄影机物镜焦距190mm,最大光学畸变±6μm,一般用13cm×18cm像幅的干板。物镜光圈固定为F/25,不能改动。摄影机主距值大约为194mm。超焦点距离大约为25m。调焦距离为25m时,清晰范围介于6.9m至无穷远之间。未设置快门装置,靠徒手启闭物镜盖以控制曝光时间,故仅使用低感光度摄影材料。摄影机不能倾斜,但物镜可沿导轨相对承片框上下移动,以适应较高或较低目标的摄影。物镜旁装有一小准直管,其内部设有一个"－"形状的标志,摄影时此标志能构像在底片边缘,借以记录移动后的像主点位置。

图 2 - 2 - 5　Photheo 19/1318 型
摄影经纬仪

摄影机有四个金属框标,另外,设有显示主距、片号以及地面地形摄影测量正直摄影方式和等偏摄影方式的记录装置。在近景摄影测量中极少使用等偏摄影方式。

仪器下方的定向装置,用于确定摄影方向在给定的摄影测量坐标系内的方位。镜箱上表面有校正螺丝,借特备的野外校正器,可使摄影物镜光轴与定向装置望远镜光轴处在同一铅垂面内,并调整定向装置水平角读数为0°00′00″。

此种摄影经纬仪价格低廉、像幅较大,可用于较远距离目标的中低精度的近景摄影测量。主要缺陷是:摄影机不能倾斜,采用效果一般的机械压平措施,光圈与曝光时间不可改动以及对近距离目标的不可调焦。

国产的 DJS 19/1318 型摄影经纬仪在功能与外貌上大体与 Photheo 19/1318 相同。

武汉大学自制的一种由普通照相机和经纬仪构成的普通摄影经纬仪,如图 2 - 2 - 6,也可用于很多低精度的近景摄影测量任务。

图 2 - 2 - 6　简易摄影经纬仪

§2.3 格网量测摄影机

配有标准格网以改正底片变形,并具备量测摄影机功能的摄影机,称为格网量测摄影机。现以 CRC 型格网量测摄影机为例,介绍如下。

CRC(Close Range Camera)摄影机系列是美国测量公司 GSI(Geodetic Services Incorporated)生产,有 CRC-1型及 CRC-2 型两种型号。CRC-1 型是一种微处理器控制的格网量测摄影机,如图 2-3-1,特别适用于特高精度要求下的近景摄影测量目标。

CRC-1 型摄影机是目前自动化程度最高的一种摄影机,其操作全程均由 Intel 8751 型微处理器连续地监视,涉及摄影状态的所有参数均实时地显示在荧光屏上。一般配备两种焦距的镜头:焦距 240mm 者的像场角为 $50° \times 50°$;焦距 120mm 者的像场角为 $88° \times 88°$。此外,还提供其他焦距(像场角)的镜头,如 150mm($75° \times 75°$),360mm($35° \times 35°$)和 450mm($28° \times 28°$)。可方便地在摄影现场取换镜头。出厂前,在两个摄影距离(无穷大和两倍焦距)上,测定了每个镜头的径向畸变差和偏心畸变差。利用所测定的畸变差系数,借助该公司研制的 STARS 软件系统,可对每个像点进行畸变差的改正。CRC-1 可连续自动调焦,由 STARS 软件支撑。摄影距离的调焦范围,相当于自无穷大到大约十倍焦距值。

图 2-3-1 CRC-1 型格网量测摄影机外形

主距安置精度约为 $\pm 5\mu m$。摄影机使用大像幅(23cm × 23cm)的标准成卷软片,每暗盒可摄取照片 140 张。

关于补偿摄影软片的变形,CRC-1 型摄影机上采取了多种措施,以使此变形控制在 1 ~ 2μm 之内。首先,其特殊设计的真空压平设备,安片框镀有强固的聚四氟乙烯(Teflon),使其不平度最大值控制在 2.5μm 之内,不平度中误差约为 ±1.1μm。这比国际上像幅为 23cm × 23cm 的特平级干板摄影的质量要高五倍。其次,该机使用了称之为后向投影格网点的方法:均匀设置在底片后方的 25 个微型针孔投影器,能在底片上生成 25 个标准位置影像。

与之相比较的传统的改正底片变形的方法,是利用曝光瞬间可以在底片上构像的玻璃格网板。玻璃格网板上刻有十数个或数十个已知精确坐标的十字线。每个十字线构像的黑度值与被摄目标上相应点的照度有关。这种可称之为格网十字线的前向投影方法,一直为航空摄影机所采用。但在近景摄影测量中,不少工业摄影测量对象位于室内,当背景照度不足时,相应十字线则构像不佳,以至难于量测。

CRC-1 机上使用场至发光板(Electroluminescent)或一组发光二极管作为光源,如图 2-3-2 所示。后向投影格网点,不受物方点亮度的影响,成像清晰,反差一致。

将格网点构像的量测坐标与其出厂时的检定坐标相比较,可对像片上任意点的坐标进

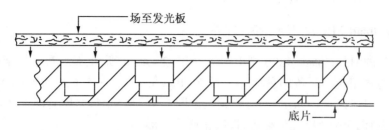

图 2-3-2　后向投影格网点原理图

行底片变形的改正。实质上,4 个框标点以及 25 个格网点都起着改正底片变形的作用,同时又为内方位元素设定了坐标轴系。

在 CRC-1 摄影机上,环绕其物镜设置了环形光源,一种十分靠近物镜主光轴的光源。这里,我们不妨把此种光源称之为近轴光源。此类光源的设置,与 CRC 摄影机摄影经常同时使用回光反射标志 RRT（Retro-Reflective Targets）有关。在近轴光源照射下,可以生成标志亮度极大而背景几乎完全消失的二值影像。二值影像的生成为像片自动识别与量测提供了有利条件。

借助微处理器（Intel 8751 型）、相应的一组伺服马达、装在摄影机上的一个附加电视监视装置以及必要时使用的摄影机遥控提升设备（Remote Camera Controller）,可使 CRC-1 摄影机的摄影自动化程度明显提高。摄影机可绕其光轴全圆旋转,以有利于摄影机的自检校。CRC-1 型摄影机快门最高速度 1/250s,最小光圈 F/45,摄影机重量约 20kg,体积为 35cm × 35cm × 35cm。据报道,使用此 CRC-1 型摄影机进行多重摄影,能达到的相对精度为 1：20 万,1：50 万,甚至更高。

图 2-3-3　CRC-2 型格网量测摄影机

CRC 型系列摄影机中的另一型号为 CRC-2 型格网量测摄影机,如图 2-3-3 所示。它使用中等像幅底片（11.5cm × 11.5cm）,配备三种现场可十分方便更换的镜头,即特宽角镜头（83° × 83°，F = 65mm）、宽角镜头（65° × 65°，F = 90mm）以及常角镜头（51° × 51°，F = 120mm）。所有镜头的调焦范围均为无穷远至 1.2m。摄影机重约 9kg,体积为 23cm × 23cm × 26cm。其相对测定精度可达 1：25 万。其他性能与 CRC-1 型摄影机相同。

§2.4　半量测摄影机

不具备量测摄影机众多功能但配有改正底片变形的格网的摄影机,称为半量测摄影机。

25

半量测摄影机轻便,外形酷似一般摄影机。现列举几种型号如下。

一、Hasselblad MK 70 型半量测摄影机

瑞典生产的 Hasselblad MK70 型摄影机,如图 2-4-1 所示,是一种手持半量测摄影机,无定向设备与之相连。配备两种焦距的镜头:Biogon 镜头(F/5.6,F = 60mm)和德国蔡司 Planar 镜头(F/3.5,F = 100mm)。前者调焦范围 0.9m 至无穷远,后者固定调焦在无穷远。玻璃承片框上有 25 个十字丝形标志,以改正底片变形。

图 2-4-1　Hasselblad MK 70 型半量测摄影机

Hasselblad MKW 型半量测摄影机则是一种焦距更短的特宽角型号,它使用 Biogon 物镜(F/4.5,F = 38mm)。其他特性同 MK 70 型摄影机。

二、Rolleiflex 6008 型半量测摄影机

德国罗莱(Rollei)公司生产的 Rolleiflex 6008 型摄影机,如图 2-4-2,也是一种轻型手持半量测摄影机。物镜可更换,其焦距有多种,变化在 40~350mm 之间。像幅 6cm × 6cm。玻璃承片框上布有 121(11 × 11)个十字丝形标志以改正底片变形。格网十字丝密度的增加,显然增加了补偿底片变形的能力。可使用常规 120 底片、Palaroid 底片。像片边缘分辨率 25 线对/毫米。像主点坐标可测定,精度为 ±50μm。

该机具有高档普通照相机的一些先进性能,例如可借助内设的微处理器进行自动调焦和自动测光。

三、Rollei 35 metric 型半量测摄影机

该公司生产的 Rollei 35 metric 型半量测摄影机,如图 2-4-3,是一种更轻便的半量测摄影机。该机使用常规 135 底片。像幅 24mm × 36mm,配备德国蔡司的 Zeiss Sonnar 镜头,

26

图 2 - 4 - 2　Rolleiflex 6008 型半量测摄影机

最大光圈 F/2.8,焦距 f=40mm。承片框上布有 5×7 个十字形标志,格网间距 5.5mm。调焦可锁定,可取光圈优先方式或曝光时间优先方式摄影。

图 2 - 4 - 3　Rollei 35 metric 型半量测摄影机

四、Kelsh K- 470 型量测摄影机

　　Kelsh K- 470 型摄影机是美国 Danko Arlington 公司所属的 Kelsh 仪器分部生产的半量测摄影。它使用固定调焦距,借很宽的光圈变化范围(F/8 到 F/64),使在 2m 到无穷远的目标均能获得清晰的影像。像幅为 92mm×114mm。像幅偏心设置,以更有效地使用像幅。

借助一个石英钟,使在摄影底片上记录有摄影的日期与时间。

Kelsh K-470 型外形如图 2-4-4 所示。

2-4-4　Kelsh K-470 型量测摄影机

§2.5　立体量测摄影机

在已知长度的摄影基线两端,配有两台主光轴平行且与基线垂直的量测摄影机的设备,称之为立体量测摄影机。

立体量测摄影机所摄像片直接形成正直摄影立体像对。因为对目标进行摄影时,可减少以至省略繁琐的控制测量工作,其摄影测量处理过程简易。所以,立体量测摄影机曾广泛应用于需要快速完成实地摄影工作的场合,例如交通事故现场记录等。

立体量测摄影机的摄影基线的设置,常利用某种机械结构。为保证它的稳定性,其基线长度常是有限的,一般变化在几十厘米至一米多。基于获取正直摄影的此类摄影机,不能作交向摄影,因而摄影方式受到限制;由于摄影基线已不能作较大改变,摄影距离也受到限制。在摄影测量数据处理的理论、方法与仪器有长足发展的今天,为了构成较理想的交会图形,常常用单量测摄影机、半量测摄影机以及获取"软拷贝"的摄像机取代这类立体量测摄影机。目前,在数字近景摄影测量、实时摄影测量中所采用的立体摄影方式,是使用两台摄影机或两台摄像机,基线随需要而变更,而不是标准的正直摄影。

许多国家曾生产立体量测摄影机,现列举数种类型如下。

一、C120 型立体量测摄影机

瑞士前威特厂生产的 Wild C120 型立体量测摄影机,如图 2-5-1 所示。所用像机焦距 65mm,像幅 65mm × 90mm,基线长 1 200mm,光圈变化范围 F/8 ~ F/32,最小曝光时间 1/500s。配备有电磁同步快门,可用于动态目标摄影。摄影基线可绕自身轴线旋转,倾斜角变化在 -90° ~ 90° 之间,每 30° 一档。摄影基线亦可竖直安放。最近清晰距离为 2.7m,此机多用于户外。

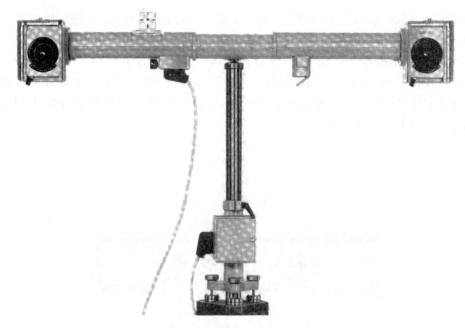

图 2 - 5 - 1   C120 型立体量测摄影机

该厂生产的另一型号立体量测摄影机 Wild C40,摄影基线长 400mm,如图 2 - 5 - 2,一般用于室内近距离目标。摄影机性能与 C120 型相仿。

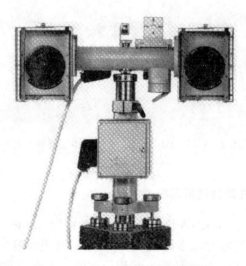

图 2 - 5 - 2   C40 型立体量测摄影机

与此摄影机特性相仿的还有日本 Asahi 光学公司生产的 Pentax ST-120V 型立体量测摄影机。固定光圈 F/11,固定调焦距 10m,最大光学畸变 $5\mu m$,清晰距离 5～50m,用人工光照明框标。

二、IMK 10/1318 型立体量测摄影机

德国蔡司(耶那)(Zeiss,Jena)厂生产的 IMK 10/1318 型立体量测摄影机,如图 2 - 5 - 3。装有两台 UMK 10/1318N 型单量测摄影机,摄影基线可在 350 ~ 1600mm 间选用。除正直摄影外,可进行小角度交向摄影,每个摄影机偏角 φ 最大安置值为 12g(约 10°),倾斜角 ω 的安置值可在 0° ~ 45°间变化。摄影基线连同摄影机可共同倾斜,其倾斜值可在分划尺上读出。整个立体摄影机的高度变化范围为 0.6 ~ 2.1m。摄影机其他性能可参见 UMK 10/1318 型量测摄影机的相关内容。

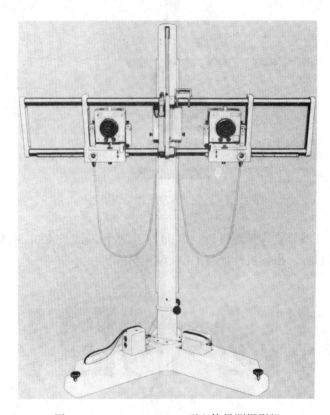

图 2 - 5 - 3　IMK 10/1318 型立体量测摄影机

三、Kelsh K- 460 型立体量测摄影机

美国 Danko Arlington 公司 Kelsh 仪器分部生产的 Kelsh K- 460 型立体量测摄影机所用摄影机如前述的 Kelsh K- 470 型摄影机,焦距 f = 90mm,外观如图 2 - 5 - 4 所示。可使用单张软片或成卷软片。框标为人工光照明。利用内部的一个专门物镜可将主距构像在底片上。借助一个增加被测物体表面反差的投影装置,可以将一个反差很高的人工纹理影像投影到被测物体上,以增加识别与量测能力。调焦距介于 0.36m 至无穷远之间。主距变化在 90 ~ 120mm 之间。摄影基线长介于 237 ~ 920mm 之间。光圈变化范围 F/8 ~ F/32。可以配备其他焦距的多种物镜,从 F = 60 ~ 180mm 不等。

Kelsh K-490 型是该公司生产的另一型号的立体量测摄影机。

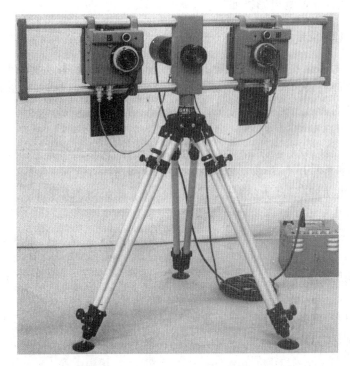

图 2 - 5 - 4   Kelsh K- 460 型立体量测摄影机

§2.6　非量测摄影机

不是专为测量目的而设计制造的摄影机称为非量测摄影机。非量测摄影机内方位元素不能记录,光学畸变颇大,未采取减少或改正底片变形的措施,并且不具备记载外部定向参数的功能。

广义地,非量测摄影机包括普通业余 135 型照相机,120 型照相机,Paraloid 类一步照相机,普通立体照相机,全景摄影机,电影摄影机,电影经纬仪,高速摄影机,军用侦察摄影机,照相枪,水下摄影机,X 射线机,普通光学显微镜附属摄影设备,电子显微镜附属摄影设备,鱼眼物镜摄影机,眼底摄影机,弹道摄影机等。还有这样的观点:由于主距的不确定性以及电辐射性能的不尽稳定,固态摄像机(Solid State Camera)也归属于非量测摄影(像)机或半量测摄影(像)机。

另一方面,非量测摄影机,具有量测摄影机所不拥有的一些特性或优点:

(1)社会拥有量大,包括它的通用性与普及性;

(2)使用方便灵活,包括调焦范围大,可手持摄影,可对任意方向摄影;

(3)价格相对低廉;

(4)适合某种专业的特殊要求,如连续摄影、高速摄影、同步摄影、跟踪摄影、显微摄影、有线或无线遥控摄影、全景摄影和水下摄影等。非量测摄影机的选择、检校与使用,以及后续摄影测量处理方法的选择是近景摄影测量工作者的重要工作方面。

现重点介绍几种非量测摄影机如下。

一、135 型及 120 型普通照相机

135 型及 120 型普通照相机,特别是 135 型照相机十分普及,社会拥有量很大。从摄影测量角度看,它们拥有量测摄影机所不具备的特点。除了数量大、体积小、轻便、价格较低廉之外,现在大多数的普通照相机,不同程度地具备如下的特性:

(一)曝光量可自动控制,即摄影时无需测定曝光量。此特性是量测摄影机所不具备的。普通照相机不但可以自动控制曝光量,而且有快门优先和光圈优先功能。一般说来,拍摄静物时采用光圈优先方式,拍摄运动物体时采用快门优先方式。

(二)自动对焦功能,即自动获取清晰影像的功能,它是量测摄影机所不具备的。不同类型的照相机,有基于不同原理的种种自动对焦结构。

(三)在数不尽的种种型号的普通照相机中,可以寻得量测摄影机所不具备的一些宝贵性能:

(1)最近的调焦距离可达 0.2m,甚至更小,如日本佳能(Canon)公司 EF 系列中的多种照相机;

(2)对同一机身,配备有数种乃至十数种不同焦距的镜头,如图 2 - 6 - 1。配备变焦镜头者,主距可连续变化,其幅度在 3 ~ 4 倍之间以至更大倍数(如 35 ~ 350mm 者)。

图 2 - 6 - 1 配备不同焦距的镜头

(3)摄影比例尺可以达到1:1,如日本西格玛(Sigma)50/2.8微距相机。

(4)很多非量测摄影机,特别是那些镜头可以卸下的单镜头反光照相机,可以相当方便地与显微镜、望远镜等观察系统联接。

(5)市场品种繁多的摄影工具、附件和感光材料,大大增强了这类相机的功能。例如:很宽的软片感光度选择范围,各种可见光和不可见光感光材料的选择,各种光学效果附加镜的选择可能性,特殊光源的使用,同步闪光灯以及频闪闪光灯的配置,各种波长的滤色镜(或滤色软片)的使用以及135型底片加工的多种方便服务。

(6)在同一像幅上进行多次曝光,以对特定的动态目标进行动态摄影测量。

(7)使用多台配备有电子快门的摄影机,实施有线或天线的同步摄影,以对动态目标或易移动目标实施摄影测量,如图2-6-2。

(8)配备密封装置后进行水下或多介质摄影,如图2-6-3。

图2-6-2　有线同步摄影机　　　　　图2-6-3　一种手持式水下摄影机

(9)可配置数码机背,如为120专业玛米亚(MAMIYA RZ 67 Pro 11)型相机或哈苏(HASSEBLAD 555 ELD)型相机配置4080×4080像素的Kodak Pro Back型数码机背,也可为这类60mm×60mm像幅的相机配置美国伊斯泰公司(Eastime Image Technology Co.)的PHASE ONE或Power Phase型数码机背。Power Phase型分辨率可达7000×7000像素。

(10)与小型全球定位系统GPS接收机相接。如日本Konica公司的Land Master摄影机,可以记载所摄像片的经纬度(标示到千分之一分)、记载摄影方向(相对磁北方向,标示到度)与摄影时间,如图2-6-4。

(11)可使用遥控设备,对模型飞机上或危险空间里的摄影机进行远距离操纵,如图2-6-5。

(12)借鱼眼镜头拍摄如图2-6-6的照片,鱼眼镜头视场角可达180°,甚至更大。

二、高速摄影机

高速摄影机是研究高速运动目标运动状态的摄影装置。高速摄影的研究对象包括燃烧、爆炸、冲击波的传波、结晶过程、火花放电、枪炮弹的运动、风洞试验、水洞试验等高速运动的目标。

高速摄影机以高感光度底片作为感光材料。一般备配有计速、计数装置。高速摄影机的摄影速度不等,每秒拍摄数百、数千、数万以至更多像幅。例如,日本的NAC FS-501程控

图 2 - 6 - 4 一种装配有 GPS 接收机的摄影机

摄影机,片速最高可达每秒两千万幅。按作业原理,高速摄
影机有多种类型。有几种高速立体摄影的方法,所摄像片可
进行立体观察或进行三维摄影测量,以测定高速运动目标的
运动参数,包括其形状、运动轨迹和速度。

高速摄影机对所用的感光材料,在感光度、片基的强度
以及片基变形系数等方面,有特别的要求。

基于软片(硬拷贝)的高速摄影机有机械抓钩式和棱镜
转动式两类。前者片速较低,后者片速较高。

三、一步相机

一步相机又称一次成像照相机。利用
此类相机,在启动快门一分钟后,即可获得照片。感光材料
自身,集感光片、电源以及显影定影药浆于一体构成。负片感光后,随即与涂有银盐接受层
的正片合在一起,通过一双轧辊,使药浆均匀铺展在正片与负片之间,并在一分钟内完成显
影与定影工作。一步相机所摄相片的色差较大。

美国波拉(Polaroid)635C L 型一步相机。外貌如图 2 - 6 - 7 所示,使用盒式包装的胶
片,每盒内装 10 张 6cm×6cm 的底片。装有底片的每个金属盒的内侧,附有薄片形状的 Po-
laroid Polapulse 型电池,用来提供闪光照明以及自动送片的能量。电池体积约为 80mm×
80mm×20mm。相机具有自动曝光功能。固定光圈,摄影聚焦距离为 0.6m 至无穷大。当目
标位于 0.6~1.2m 的近距离时,应把照相机上的塑料近摄镜放到指定位置。

图 2 - 6 - 5 一种遥控的摄影机

图 2 - 6 - 6　鱼眼镜头所摄像片

图 2 - 6 - 7　一种一步相机

第三章　近景摄影测量的摄像设备

近景摄影测量的主要摄像设备,是各种类型的固态摄像机(Solid State Camera),借助它们用以直接地获取被摄目标的数字影像。作为固态摄像机的核心部分的光敏元件,主要采用电荷耦合器件(CCD),有时也采用电荷注入器件(CID)或位置传感探测器(PSD)。

§3.1　固态摄像机基本知识

固态摄像机的传感器,是一种全固化的器件,其光敏元件的作用是:依光电效应原理,把光辐射的能量转化为视频信号。这些光敏元件(作为"感光底片")与物镜系统的结合,即构成固态摄像机。

作为固态摄像机核心部分的光敏元件,主要有以下几种类型:

(1)电荷耦合器件 CCD(Charge Coupled Device),有 CCD 线阵扫描器(CCD Line Scanners)和 CCD 面阵扫描器(CCD Array Scanners)两种结构;

(2)电荷注入器件 CID(Charge Injection Device);

(3)位置传感探测器 PSD(Position Sensitive Detector)。

此外,其他一些构像传感器,如激光扫描器(Laser Scanner)、鼓扫描器(Drum Scanner),以及一些构像设备,诸如计算机射线断层扫描仪 CT(Computer Tomography Scanner)、核磁共振计算机断层扫描仪 NMR(Nuclear Magnetic Resonance)、超声扫描仪(Ultlasonic Scanner)以及 X 射线增益设备(X-Ray Intensifier)等的归属,则见解不一。

基于电荷耦合器件 CCD 的各种摄像设备,使用最为广泛。

现在,人们已不使用基于电子摄像管的摄像机,取而代之的是固态摄像机。摄影测量工作者不使用前者的主要原因,是由于它的电学畸变特别巨大。

与第二章所述的摄影机相比,与电子管摄像机相比,包括 CCD 在内的固态摄像机有以下明显特点:

(1)全固体化、体积小、重量轻、不受电磁现象干扰;

(2)像元几何位置精度高,且不会改动(不存在需要框标以标定内方位元素的问题,不存在需要标准格网以改正底片变形的问题);

(3)可选取不同的固态图像传感器,以探测不同波长的发光物体;

(4)生成的视频信号直接与计算机相联,可成倍地加速摄影测量处理过程。

固态影像传感器最早出现于 20 世纪 70 年代初,其原理是:光电子转换为电信号,并形成影像,显然,这与常规感光乳剂层上的化学变化有本质的不同。80 年代,固态摄像传感器技术得到改善,并开始应用于闭路电视系统 CCTV(Closed Circuit Television)以及广播电视系统。现在,世界范围内,已有数不胜数的各种分辨率、各种性能和品牌的固态摄像传感器问世。其中,市场上占统治地位的是 CCD 相机,与视频电子摄像管一样,固态摄像传感器具有一个显著的特性:在影像获取与存贮间的时间差已很小。这与当前的计算机技术基本上相匹配。按目前水准,我们把摄像频率为 25Hz ~ 30Hz 的摄影测量过程,称为实时摄影测量。实际上,生产与监测的许多环节,能够接受这样的处理速度。数字摄影测量和计算机视觉的应用范围极广,其中一般的工业量测技术、工业监测和古文物古建筑记录并不需要实时响应技术,但也不乏有高速度要求者。

近景摄影测量实施中,借摄影机(包括量测摄影机和非量测摄影机)获得的底片、正片等,称之为"硬拷贝"(Hard Copy)。过去数十年中,进行模拟近景摄影测量和解析近景摄影测量均使用这些"硬拷贝"。当然,也可以把"硬拷贝"经过数字化,再进行数字化形式的近景摄影测量。相比较地,也可使用这样或那样的摄像设备,把获得的影像,记录在与摄像机联成一体的磁盘上,或记录在摄像现场直接传送到与之联机的计算机上,再进行摄影测量处理。这样的处理方法则称之为数字近景摄影测量或者是实时摄影测量。数字化近景摄影测量处理的是"硬拷贝",数字近景摄影测量处理的是"软拷贝"(Soft Copy)。借摄像机所获得的影像称之为"软拷贝"。

固态摄像机与使用感光底片的摄影机有很多不同之处。固态摄像机的传感器(芯片)面积比感光底片的面积要小很多。固态摄像机电子系统复杂,数据传输、信号输出、能源等功能的各电子部分,都封装在一个小匣子中。

时至今日,基于处理"硬拷贝"的方法,包括模拟法近景摄影测量和解析法近景摄影测量以及数字化近景摄影测量,使用的是各类摄影机,是对工业目标、生物医学目标以及古文物古建筑目标进行近景摄影测量的重要手段。有些情况下,这种处理硬拷贝的方法甚至是不可取代的。但是,基于"硬拷贝"的这些处理方法,有其严重的缺陷,主要是数据获取与提供产品间有明显的时间滞后,而且设备一般是昂贵的。

基于处理"软拷贝"的处理方法,即基于使用各类固态摄像机的摄影测量处理方法,已无需照片的数字化过程。数字近景摄影测量或称之为视频摄影测量(Videophotogrammetry),在把处理速度提高到一定的水准时,则称之为准实时摄影测量乃至实时摄影测量。实时摄影测量是响应时间为一个视频周期的摄影测量分支,其研究内容在于快速地对被摄物体定位,从而为数控机床、以至为机器手(或机器人)提供控制信号。

实时摄影测量的测量目标为运动目标,如以工业目标讨论,就是在工厂生产线上,在不停止产品运动的条件下,对其进行质量控制和产品的监测。生产过程中的分类、装配、切割、碾压、焊接和表面处理即是实时摄影测量的例证。

§3.2 关于电荷耦合器件 CCD 的一般知识

电荷耦合器件 CCD(Charge Coupled Device)是 20 世纪 70 年代发展起来的半导体器件。MOS(Metal Oxide Semicoductor:金属-氧化物-半导体)大规模集成电路技术水平的飞速提高,是它得以发展的根本原因。CCD 不同于以电流或电压作为信号的其他大多数器件,而是以电荷为信号。CCD 的工作过程就是电荷的产生、存贮和转移。CCD 具有光电转换的功能。

由于 CCD 较低廉的价格,较低的噪音,较高的动态使用范围(Dynamic Range),即最大亮度与最小亮度的比率较高,特别是极好的可靠性,使它较之其他类型的影像传感器占有更大的市场。

一、电荷耦合器件 CCD 的结构原理

电荷耦合器件 CCD 是在 N 型或 P 型硅(Si)衬底上,生长一层很薄的(约 10nm)二氧化硅(SiO$_2$)绝缘层,再在此氧化层上,按一定序列,淀积多个相隔很近的金属电极而生成的。通过光注入方式或电注入方式,将代表输入信号的电荷,引入金属电极下的表面势阱后,通过附加在金属电极上的控制信号,使电荷作存储及转移动作,最后在输出端收集输出信号。

CCD 实质是按某种规律排列的 MOS(金属-氧化物-半导体)电容器阵列构成的移位存贮器。MOS 有存贮与转移电荷的功能。作为 CCD 基本单元的 MOS(Metal-Oxide-Semiconductor)的结构,如图 3-2-1 所示,由金属层、薄氧化物层以及半导体层组成。若金属层带正电压,由此生成的电场可穿过氧化物薄层,使氧化物层与半导体层的界面处,留下少数固定不动的负离子,并改变此界面处的电势。若金属层所带正电压继续升高并超过某阈值时,此界面处则形成电子势阱。装填了电子的电子势阱,其容纳电子数量的大小取决于金属层电压的大小。也就是说,外加在 MOS 金属层上的电压越大,所产生的势阱越深。因而,可通过控制此金属极上的电压,来调节势阱的深浅。

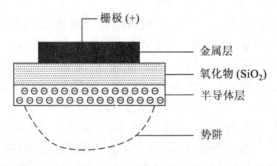

图 3-2-1 CCD 的金属-氧化物-半导体结构

当多个 MOS 电容器排列足够紧密,使 MOS 电容器的势阱相互沟通,即相互耦合(Coupled),就能让作为信号的电荷由势阱浅处向势阱深处流动,实现电荷的转移。为保证此信号电荷按给定的方向转移,在 MOS 电容阵列上附加的时钟电压脉冲,需严格满足相位要求,使在任何时刻,势阱的变化朝着同一方向。

如前所述,CCD 的电荷注入方式有电注入方式和光注入方式两种。固态图像传感器,采用的是光注入的方式。这里,收集在势阱中的"电荷包"的大小,与入射光的大小成 正比,借 CCD 使光信号转换为电信号。总之,利用 CCD 的光电转换功能和电荷移位功能,并附以物镜等系统,就构成了 CCD 图像传感器或 CCD 摄像机。

CCD 图像传感器有线阵结构和面阵结构两类。线阵 CCD 图像传感器,将多个 MOS 排列在同一直线上构成。面阵 CCD 图像传感器,将多个 MOS 排列成方阵或长方阵形式。面阵 CCD 图像传感器信号读出的方式有帧传输(Frame Transfer)方式和行间传输(Inter Line Transfer)方式两种。帧传输者,其光敏区与存贮区分开,外形较大,传输时以整帧信号为单位,读到存贮区,其感光单元结构较简单。行间传输者,光敏部分与存贮部分交错排列,感光

单元结构复杂,外形较小,电荷转移距离小,有较高的工作频率。

现代的计算机硬软件,使 CCD 所获数字影像得以快速处理。

§3.3 线阵 CCD 图像传感器

CCD 感光单元有序排列成一线的传感器称作 CCD 线阵图像传感器。为测定二维景物,一般用机械的方法,使被摄景物与线阵 CCD 图像传感器间产生相对移动。为获得被摄物体 M 的二维图像,可以保持线阵传感器 ab 不动,以 M 的移动实现;或者可以保持被摄物体 M 不动,以线阵传感器的移动实现,如图 3 - 3 - 1 和图 3 - 3 - 2。

线阵 CCD 图像传感器的品种繁多、性能各异。除一排(行)感光单元组成的线阵传感器外,有不少品种是由 2～3 排感光单元组成的。

Kodak 公司生产的 KLI-5001 型线阵图像传感器,其像素数为 5000 × 1,成像面积 35.0mm × 0.007mm,像素大小 7.0μm × 7.0μm,数据输出频率 12.5MHz,单色,有 2 个输出通道同步进行。Kodak 公司生产的 KLI-10203 型线阵图像传感器,像素数为 10200 × 3,成像面积 71.4mm × 0.3mm,像素大小 7μm × 7μm,3 个数据输出通道,输出频率 5MHz,具备抗图像浮散 Anti-Blooming 性能,RGB 彩色,设电子曝光控制功能。

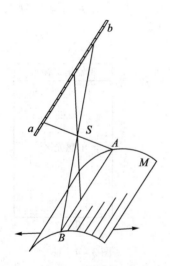

图 3 - 3 - 1　移动被测物体 M 时
线阵 CCD 的应用

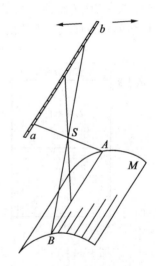

图 3 - 3 - 2　移动线阵 CCD 实现对被测
物体 M 的扫描

§3.4 面阵 CCD 图像传感器

CCD 感光单元有序排列成二维网状的传感器称作 CCD 面阵图像传感器。

按电荷的传输方式的不同,CCD 传感器原则上可分为两大类:帧传输(Frame Transfer)方式和行间传输(Interline Transfer)方式。而帧传输方式又有场帧传输(Field Frame Transfer)方式和全帧帧传输(Full-frame Frame Transfer)方式之分。场帧传输方式的 CCD 传感器由位置分开的成像区(光敏元的阵列)和存贮区构成,而全帧帧传输方式的 CCD 传感器仅有光敏元的成像部分。

一、场帧传输方式面阵

场帧传输 CCD 传感器,如图 3 - 4 - 1a,由感光区(成像区)1、存贮区 2 和输出寄存器 3 组成。

感光区的单元数与存贮区的单元数相等,面积相等。在一个电荷积分周期结束之后,利用时钟脉冲信号,整帧信号从光敏区传输到存贮区,然后移向上方的水平读出移位存贮区,并以串行形式输出。这种结构需要一个与光敏区同样大小的存贮区,所以存在芯片尺寸大以及时钟脉冲结构较复杂的缺点。但感光单元电极结构简单,容易增加感光单元数,以提高分辨率。

二、全帧帧传输方式面阵

全帧帧传输方式 CCD 传感器,如图 3 - 4 - 1b 是所有面阵 CCD 中结构最为简易的。其传感器仅由成像区 1 和输出寄存器 3 构成。当集成周期(Integration Period)一旦结束,立即输出每一场或每一整幅的电荷。

全帧帧传输 CCD 传感器的简易结构,使芯片面积减少,使传感元可减少到 6.8μm(如 Kodak KAF 系列),也使成像面积的利用率几乎达到 100%。

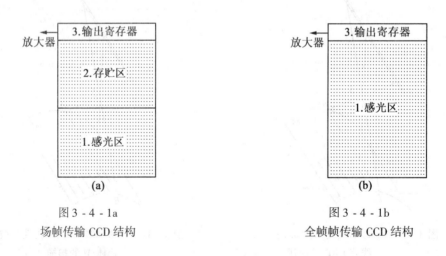

图 3 - 4 - 1a
场帧传输 CCD 结构

图 3 - 4 - 1b
全帧帧传输 CCD 结构

三、行间传输方式面阵

如图 3 - 4 - 2,光敏列阵 4 与存贮列阵 5 交错地顺序排列。光敏列阵采用透明电极,以能接受光子照射;垂直寄存器和水平读出寄存器采用光屏蔽结构,以避免光子照射之影响。这种结构芯片尺寸小,电荷传输距离短,具有较高的工作频率,但结构较复杂。

行间传输方式的性能价格比高,多用于个体消费摄像机。除上述两种传输方式外,还有帧-行间传输 FIT(Frame Interline Transfer)方式。帧-行间传输方式是帧传输方式和行间传输方式两者的结合,综合了两者的优点,但成本高,主要用于广播电视摄像机。

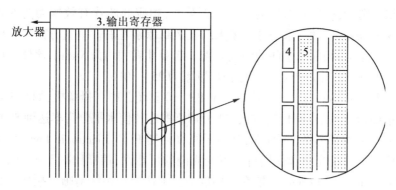

图 3-4-2　行间传输方式的ＣＣＤ面阵结构原理图

四、面阵传感器的几何性能与辐射性能

CCD 传感器各感光元(像素)排列的整齐划一,以及传感器表面的平整度,对摄影测量成果的质量非常重要。

像所有集成电路的生产过程一样,CCD 淀积层的几何质量,在很大程度上取决于照相平板印刷的技术水平。其生产过程的基本原理是:借助放大很多倍的模板(Mask),利用光学或摄影加工技术制作小模板。最新的生产技术,点位精度可达到 $\pm(0.3\sim0.5)\mu m$。曾使用显微镜量测一个 CID 阵列传感器,像素间隔为 $45\mu m$ 时精度可达 $\pm0.2\mu m$。早期的 CCD 传感器分辨率很低,加之像幅小,近景工作者对其芯片的不平度不甚关心。现在,由于像幅的增大,对 90°视场角的影像,其边缘受不平度的影响已与不平度等量,所以完全不可忽视。而 CCD 厂家对此不平度极少关注,因其产品仅为广播事业或一般民用。对一台 Kodak 数字像机(1524 × 1012 像素)的研究结果证实,其芯片不平度大约在 $10\mu m$ 量级(Fraser,1995)。

§3.5　CCD 摄像机的分类

如前所述,CCD 摄像机的基本结构是某种 CCD 芯片和某种中心投影物镜的结合。按性能之不同,现将它们分类为标准视频(电视)幅面摄像机(Standard Video Format Cameras)、高分辨率摄像机(High Resolution Cameras)和静止视频画面摄像机(Still Video Cameras)。

一、标准电视幅面摄像机

这是一种在电视界最通用的摄像机,俗称摄像头,幅面几乎划一,行间传输方式,输出标准的视频信号,通常简称闭路电视(CCTV)摄像机或电视摄像机。一般用于电视播送、民用录像、安全监视、机器视觉以及实时摄影测量。由于历史原因,至今还沿用当初的视频管摄像机的幅面的长宽比,即保持 CCD 芯片长宽比例为 4∶3。外观体积也较小,多数以螺旋口与物镜相接。现在,这类视频摄像机社会拥有量很大,其特性、质量、生产厂家和价格千差万别。

41

电视转播用(包括广播用电视摄像机、演播室用电视摄像机)CCD,有时以其幅面的对角线长度相区别,大多数为1/2英寸和1/3英寸,相应的芯片有效幅面为6.4mm×4.8mm和4.9mm×3.7mm。一般,水平分辨率大约在700像素左右。垂直分辨率大约在500像素左右。像素间隔(即相邻像素间的距离),对1/3英寸者大约为5μm。此外,也见有少量2/3英寸以及1/4英寸芯片像幅者。影像输出频率为25~30Hz。

日本松下(Panasonic)公司生产的WV-BP 310型闭路电视摄像机,如图3-5-1,使用黑白1/3英寸CCD芯片,行间传输方式,44万像素的芯片使水平分辨率达到570线,可在低照度(0.08 lux,1.4光圈号数)下作业,其电子亮度控制ELC(Electronic Light Control)设置,提供了使用价廉的固定光圈和使用自动可变光圈的可能性,信噪比高于46dB,其自动增益控制AGC(Automatic Gain Control)能在低照度情况下使影像始终清晰。摄像机机壳上设电源插头、视频信号输出插头和视频输入插头,另外还设有多种控制开关,包括自动增益控制AGC开关、同步方式(LL/INT)选择开关,亮度控制选择开关(ELC/ALC),物镜选择开关(Video/DC)等。

图3-5-1　日本松下公司的WV-BP 310型摄像机外貌

最近几年,陆续推出的高清晰度摄像机HDTV(High Definition Television),其芯片可达1英寸,也归属于"标准"视频照相机之列。日本索尼(Sony)公司生产的高清晰度摄像机,芯片面积已达14mm×8mm,宽高比是16:9。

标准视频视面摄像机工作中,必须保证低噪音,保证输出信号有稳定的参考电压。输入、输出信号中,必须保证严格的同步和时间控制。模拟信号的输出,有很高的频率,一般远高于10MHz。

标准电视幅面摄像机的结构框图,如图3-5-2所示。其主要性能与作业流程是:

(1)摄像机所需的直流电源1,由电子部件控制,以供不同结构部分的需要。

(2)外同步检测(External Sync Detect)2执行两个任务,一是检测外同步信号,以供摄像机使用(或者使用内时钟);二是把外同步信号转换为内同步信号。此同步信号源驱动视频

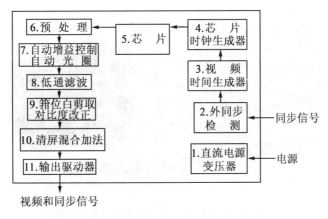

图 3 - 5 - 2　标准电视幅面摄像机结构框图

时间发生器(Video Timing Generator)3,并借以控制 CCD 芯片的相位 4,以及控制视频输出和同步信号的时间。

（3）输出信号需经预处理 6,以减少噪音。

（4）自动增益控制 AGC(Automatic Gain Control)7,用以调节影像的平均亮度。AGC 可用开关控制,因为在某些光照条件下以及特别关心被摄物体的辐射性的条件下,应关闭 AGC。

（5）低通滤波 LPF(Low Pass Filter)8,用于消除人为的高频影响,并认为此种影响是时钟错误引起的。

（6）箝位(Clamping)9 的功能在于:消除那些导致负值信号的影像的部分。白剪取(White Clipping)可消去视频标准最大值以上的任何信号。伽玛改正(Gamma Correction)用来补偿电视监视器的非线性。监视器的 γ 值一般在 2 左右,需要 0.5 的改正系数。一般说来,能启闭的 γ 改正设置,可以进行 0.5~1 的改正量。

（7）清屏混合(Blanking Mix)10 给输出信号引入一个零参考值。与视频标准输出信号的类型有关,同步信息也加到输出信号上。

二、高分辨率电视摄像机

高分辨率电视摄像机,俗称高分辨率摄像头,一般用于科研或特殊需要,并与一般电视摄像机在性能上有很多区别。它又称为科研用电视摄像机或低速扫描摄像机。其输出信号不同于一般电视摄像机,为了减少噪音,输出频率低于 50Hz。由于特殊的需要,它常具有更大的几何分辨率和辐射分辨率,在识别、光谱宽度以及照明条件等方面也均有一些特殊的性能指标。外观体积一般较大,多数以内三爪口方式与物镜相连接。

一般说来,高分辨率电视摄像机的幅面多为方形,分辨率一般高于 1000 × 1000 像素。例如柯达(Kodak)公司目前生产的摄像机,其分辨率有多种,从 1024 × 1024 像素到 4096 × 4096 像素不等。柯达公司生产的 Kodak Megaplus 16.8 兆型高分辨率摄像机(头),如图 3 - 5 - 3 所示。

值得一提的是还有些高分辨率摄像机:Dalso 公司生产有 5128 × 5128 像素的摄像机;为

图 3 - 5 - 3　Kodak Megaplus 16.8 型摄像机外貌图

实现太空计划,Buttable 公司生产的 CCD 设备,是由 30 个 2048 × 2048 像素的芯片拼装而成的。

高分辨率电视摄像机一般取帧传输方式。为避免污点(Smear),设置有机械快门。因应用场合的不同,摄像速度区别很大:有时每秒要摄取多幅影像,而天文影像的曝光时间可能要数个小时。为减少暗电流并提高动态范围(Dynamic Range),对某些 CCD 需要设置冷却装置。采用不同冷却方法,冷却温度可达到 −60℃ 以至 −120℃ 级别。此类像机芯片,一般具有极佳的直线性和低噪音性能。

高分辨率电视摄像机有许多明显缺陷。由于很低的数据读出频率,数据传输时间需要数秒以至数分钟。因需要冷却设备,需要低速扫描读出数据所必需的专门接口等,致使全系统的移动灵活性欠佳。

三、静止视频画面照相机

静止视频画面照相机,俗称数码相机,市场出售的品种不胜枚举。外形如同普通相机,拍摄的是单个的静止画面,仅是数字形式而已。我们知道,前述的标准电视幅面摄像机和高分辨率摄像机,常通过导线与计算机系统或某种记录设备相联,以存贮影像。这种联机形式,在实验室或工厂里的重复测量中,是不成问题的,有时甚至是方便有利的。但在其他一些情况下,这种导线联机方式,又降低了系统的灵活性。相比较地,因在照相机机身上设置有存贮影像的某种磁盘记录装置,静止视频画面照相机具有明显的灵活性。1991 年,Kodak DCS 100 静止视频画面照相机,就是将 1524 × 1028 像素的芯片,装在普通的 35mm 的单反光照相机上而设计成功的。它综合了数字影像的快速摄取技术和普通相机的灵活性和多功能性。

按分辨率的不同,静止视频照相机可区分为低分辨率面阵照相机、中高分辨率面阵照相机以及高分辨率扫描照相机三类。低分辨率面阵照相机使用行间传输芯片,维持 4∶3 视频标准,一般为摄影记者所使用。中高分辨率静止视频照相机,使用帧传输传感器,纵横比(Aspect Ratio)为 1∶1。一般用于摄影记者工作、电视技术或其他特殊用途。高分辨率扫描照相机一般使用线阵 CCD 芯片,用于专业摄影工作以及演播室的摄影环境(其中包括摄影测量工作)。

44

低分辨率面阵照相机分辨率是数百乘数百像素。一般配备固定调焦物镜,仅具有少许自动控制曝光的功能。为减少影像存贮大的威胁,被迫选用低分辨率的压缩模式,仅取相邻像素信号的平均值,或者根本不顾及被舍去像素的信号影响。Kodak DC-50 型数码相机,其芯片为 756×504 像素,以压缩方法可在 PCMCIA 型存贮卡上存贮 7～22 幅影像。早期的面阵相机只能拍摄黑白影像;现代数码相机以拍摄彩色影像为主,而以拍摄单色影像作为特殊情况下的个别需要。面阵照相机借助所感受的波段生成色彩。电影摄像机原则上则使用彩色滤波轮以及面阵 CCD 芯片的相应三次曝光(或者线阵 CCD 芯片的三次扫描)。所以彩色滤波轮技术一般仅适用于静态物体摄像。相比较地,一种被称为液晶快门的出现,它的高速度,避免了滤波轮引起的延迟现象,故可以用于动态物体摄像。

中高分辨率面阵照相机,或者容有可更换的存贮卡(如 PCMCIA 卡),或者通过接口与计算机相联。分辨率均在 $1K \times 1K$ 以上,目前已达 $4K \times 4K$。Kodak DCS 420 以 Nikon N-90 型普通相机为机身,芯片分辨率 1524×1012 像素,芯片面积 $13.8 \times 9.2 mm^2$,使用 PCMCIA 卡,以 RGB 行交叉(Row Striping)获取色彩。

高分辨率面阵照相机,其像幅大,故一般没有随机的存贮设置,其摄取影像与传输影像的全过程需要几秒钟甚至数分钟。所以,它只能用作从稳固平台到静止物体的摄像。德国 Zeiss 的 UMK High Scan 扫描型静止视频照相机,属扫描类型,使用面阵 CCD,芯片分辨率 15141×11040 像素,像素数达 1.67 亿,扫描面积 $18 cm \times 12 cm$,使用 SCSI 接口,仅适于黑白摄像。

§3.6　固态摄像机的结构

固态摄像机的一般结构如图 3-6-1 所示。在物镜系统 1 与芯片 5 之间布置有几个光学元件。红外滤光片 2 用于滤去波长大于 700nm 的光波,这样的摄像机所摄影像大体就与人眼的光谱范围以及一般彩色感光片的光谱范围相一致。漫射镜片 3 常常是一个双折射石英板,起低通滤波的作用。这些是行间传输(Interline Transfer)方式的大多数摄像机所必需的部件。如 CCD 本身已设置双折射石英板,那么就不能在物镜前再添放偏振滤光片,否则会引起额外的影像位移。帧传输(Frame Transfer)方式的 CCD 摄像机一般使用机械快门,以减少污点。行间传输方式的 CCD 摄像机,多使用电子快门。盖玻璃 4 用以保护芯片 5。一般说来,物镜 1 的设计中,并未综合考虑红外片 2 和漫射镜 3 的影响,因而降低了整个摄像机的性能。

由于固态摄像机多数用于广播电视和一般民间用途,设计者不关注它的几何稳定性,所以芯片与物镜的装配不一定十分牢固,因而会损害物镜相对芯片间的准直性。摄影测量工作者有必要采取补救措施加固它们,以确保摄影中心与感光芯片的稳定关系,并对其实施检校或光束法自检校。不少研究表明,CCD 的预热对于减少系统误差至关重要,此系统误差一般有零点几个像素。

固态摄像机的性能指标一般包括:影像传感器(芯片)对角线尺寸及相应的面积,横向(H)和竖向(V)像素数,影像模拟信号的传输方式,模拟(视频)信号的横向传输频率,模拟(视频)信号的竖向传输频率,视频信号传输制式(含行数和每秒传输场数),最低照度要求,信噪比值,可用物镜型号,可控光圈配备情况,所需能源之电压,反差系数 γ 的调节值,适宜作业湿度与温度,功能耗以及外形尺寸和重量。

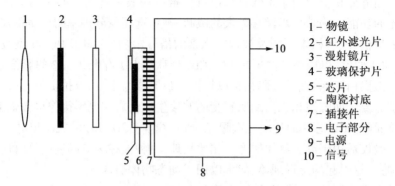

图 3 - 6 - 1　固态摄像机一般结构组成

1 - 物镜
2 - 红外滤光片
3 - 漫射镜片
4 - 玻璃保护片
5 - 芯片
6 - 陶瓷衬底
7 - 插接件
8 - 电子部分
9 - 电源
10 - 信号

§3.7　固态摄像机的性能指标

一、固态摄像机色彩生成方法

固态摄像机生成色彩有两种方法。

一种方法是对同一景物生成三种标准光谱带的影像,例如红 – 绿 – 蓝 RGB(Red-Green-Blue)或青 – 品红 – 黄 CMY(Cyan-Magenta-Yellow)。为生成三种标准光谱带的影像,可使用一个在传感器前方旋转的彩色滤波轮(Colour Filter Wheel),或者使用三个有固定滤光片的 CCD 芯片。使用彩色滤波轮时,照相机与被摄物体都必须稳定,使用三个 CCD 芯片时滤光片的自身波长必须十分准确。

另一种方法则是利用芯片各传感元所敏感的波段。

二、视频信号传输的制式

经常使用下述彩色和黑白的标准视频信号。

1. 彩色电视制式

(1)NTSC(National Television System Committee 国家电视制式委员会)制式,主要应用在南北美洲和日本,摄像频率 60Hz,525 行,隔行扫描方式;

(2)PAL(Phase Alternation Line 相位交替行)制式,主要应用在欧洲和我国;

(3)SECAM(法文:Séguential Couleur a mémoire 色彩顺序传送与存贮)制式,主要应用于法国;

(4)EIA(Electronics Industry Association 电子工业协会)制式。

2. 黑白电视制式

(1)RS-170 制式(1941 年为美国联邦通讯委员会认定,属 NTSC 制式),主要应用在南北美洲和日本,场(Field)频率 60Hz,行频率 15 750Hz,525 行,隔行扫描方式;

(2)CCIR(Consultive Committee of International Radio 国际无线电咨询委员会)制式,主要应用于欧洲,场频率 50Hz,行频率 15 625 行,隔行扫描方式;

(3)RS-330 制式,用于光栅扫描系统的标准格式,非隔行扫描。

三、假信号

CCD 自身特性的不足以及生产中的缺陷,会造成 CCD 使用中的假信号(Spurious Signal)。这些假信号可能是系统的,也可能是瞬间的。假信号主要包括暗电流、图像浮散、影像污点、陷阱和瑕疵。这些假信号降低了影像质量。借助影像的监测可以发现这些假信号,也可以通过传感器辐射特性的检校,以减少它们的影响。

1. 暗电流

暗电流(Dark Current),一种无光照的黑暗条件下注入势阱中的电流。此现象是由 CCD 内部的热量引起的少数载流子电荷填满势阱所造成。CCD 芯片的耗尽区、界面和衬底都是暗电流的来源,而且均与温度有关。在室温附近,温度每升高 8℃,暗电流会增大一倍;温度太高或散热不良将使暗电流迅速增大,以至 CCD 不能工作。

有两种通用的技术以减少暗电流。一种是冷却法:很多高分辨率科研用 CCD,设置有冷却系统用来降低作业温度到 -50℃,目的是改善动态范围以及传感器的辐射性。另一种是使用多针相位(Multipinned Phase)CCD:在室温下,此种 CCD 的暗电流很小,它比冷却系统的资金投入要少得多。

2. 激发

激发(Blooming)是过多光照引起的一种假信号。当过多的光照落在传感元上时,势阱中超量电荷会流向相邻传感元里。这种现象类似于过度光照下的回光反射标志(Retro Reflective Targets)的影像(参见近景摄影测量的控制与标志一章),使相邻传感元的灰度发生不可容忍的变化。

使用抗激发沟管(Anti-blooming Drains),可以出奇地减少激发现象。对面阵 CCD,其垂直方向和水平方向的抗激发方法有所不同。近年来,控制激发的技术已有长足的进步。

3. 瑕疵

CCD 影像上的瑕疵(Blemishes)与芯片原材料质量有关(硅晶体结构的缺陷),也与芯片生产的技术有关。

四、摄影机与摄像机的比较

与基于底片的一般摄影机相比较,基于 CCD 的固态摄像机有以下明显的优点:

(1)快速的影像获取速度:普通 CCD 固态摄像机每秒能提供 25 幅(PAL 和 CCIR 制式)或 30 幅(NTSC 和 RS-170 制式)影像,美国 Kodak Ektra Pro 1000 型运动影像分析仪(Motion Analyser)每秒可拍摄 1 000 幅影像;

(2)芯片稳定的几何关系:没有"底片变形问题"出现,也无需"框标"。

另一方面,与基于底片的摄影机相比较,基于 CCD 的固态摄像机在目前又有以下明显的缺陷:

(1)小成像面积:CCD 芯片的尺寸以其对角线长表示,通常只有 1/3 ~ 1/2 英寸,即对角线长为 8.5 ~ 12.7 mm。实际有效的对角线长只有 7.5 ~ 11.0 mm。芯片尺寸长宽之比设定为 4:3,那么实际有效面积相应地只有 6mm × 4.5mm 和 8.8mm × 6.6mm。对应如此小的成像面积,无论怎样设计成像光学系统,也必然导致小视场角或是小比例尺成像。

(2)有限的空间分辨率:一个现代的量测摄影机,能提供的面加权平均分辨率 AWAR

（Area Weight Average Resolution）总在 50lP/mm 以上，而底片分辨率可达到 800 lp/mm。以埃尔算子（Kell-Factor）为 2.7，将此 50lP/mm 换算，相当于每像素 7.4μm。除了 Kodak Mega-plus 芯片外，大多数 CCD 传感器芯片达不到这样高的分辨率。

（3）存在额外的电子畸变（Electronic Distortion）。

为克服摄像机以上缺陷可采取以下措施：

（1）设计大像幅的 CCD 芯片，例如 Kodak DCS 460 型摄像机的芯片像素数为 2036 × 3060；又如 Kodak DCS Pro Back 型数码机背，可用于某些 120 型相机，其芯片像素数为 4080 × 4080。

（2）将数个 CCD 芯片拼装在一起，以增大像幅。

（3）焦平面上影像再构像：利用名牌像机把宽角较长焦距焦平面上的影像，借另一附加物镜再构像到芯片上，达到视场角较宽，芯片仍为通用尺寸的目的。

（4）在大像幅量测摄影机上，以线阵 CCD 将影像数字化。

§3.8　Nikon 公司 E2N 型数字照相机

日本 Nikon 公司 E2N 型数字照相机是数码相机的一种，外形如图 3 - 8 - 1。外观酷似普通相机，性能与操作上也与普通相机有很多共同之处，例如可使用数十毫米至数百毫米焦距的物镜。

图 3 - 8 - 1　Nikon 公司 E2N 型数码相机外貌图

作为感光介质的芯片，其对角线长 2/3 英寸（即 16.9mm），面阵 130 万像素（1280 × 1000），以 8 bit 摄取彩色影像，像素大小约 10μm。照相机内借助一个附加的聚光物镜（Con-denser lens），把影像缩小到芯片的上述尺寸（Fraser,1996）。可用联机方式或脱机方式存贮影像。联机方式存贮影像时，使用导线直接与计算机相连。脱机方式存贮影像时，借助装在机身后背上的影像存贮卡。存贮的介质即是一般的 PCMCIA（Personal Computer Memory Card of International Accosiation 国际联合会个人计算机存贮卡）影像卡。数据存贮的格式有两种：压缩的 JPEG（Joint Photographic Experts Group 联合图片专家组）格式和不压缩的 TIFF 格式（Tagged Image Format File 标志图像文件格式）。

15MB 的影像存贮卡，不压缩图像时，存贮 5 幅图像，按 TIFF 格式；以 1/4 压缩图像时，称为"良好"(Fine)方式,大约存贮21幅,并按JPEG格式;以1/8压缩图像时,称为"正常"(Normal)方式,大约可存43幅,按JPEG格式;以1/16压缩图像时,称为"基本"(Basic)方式,大约可存84幅,按JPEG格式。视频信号的输出,可选择NTSC制式或PAL制式中的任意一种。

CCD芯片感光度可增加到ISO制3200,色温达到5700K。相机上设有模拟视频信号输出口(NTSC或PAL制式),可以很容易地与任意一种电视监视器的标准输入口相接,且无需通过计算机。这样,借监视器屏幕,拍摄前即可预览影像是否理想,提供了调节曝光条件的可能性。在光学设计方面,在CCD芯片前设置有低通滤光片(红外滤光片与晶体滤光片的有效结合),可以大大减少RGB莫尔(Moiré)条纹现象,使影像锐利清晰。此后,已无需滤波软件对影像进行再处理。

为对该机所摄影像进行处理,建议在硬件上设置:奔腾CPU的一般PC计算机(16兆以上内存,40兆以上外存),监视器,另外需有Windows 95与Adobe Photoshop或其他相应软件的支持,以及用户需要的其他程序。

E2N型普通数字照相机也具备较高档的普通照相机的很多功能,包括:

(1)照相机本身是单镜头反光式照相机SLR(Single Lens Reflector),可在相机上装配多种镜头,包括望远镜头和鱼眼镜头。

(2)设置两档感光度,分别相当于ISO(International Standard Organization国际标准协会)制800和3200。

(3)有三种调焦方式:单片的自动调焦方式S(Single),连续拍片的自动调焦方式C(Continuous)和手工安置调焦方式M(Manual)。使用前两种自动调焦方式,是借用其TTL(Through the Taking Lens通过摄像物镜)内测光系统自动完成。

(4)曝光量的确定,有三种自动测量选择:点自动测量方式、中央加权自动测量式和五分块(Five-segment)图像测量方式。例如,仅以物方光轴中央一点处的照度来确定曝光量者,即称为点自动测量方式。

(5)曝光的控制模式,有四种模式可供选择:程序模式P(Program)、速度优先自动模式S(Shutter-Priority)、光圈优先自动模式A(Aperture-Priority)和手工安置模式M(Manual)。

(6)光圈控制:物镜光学系统中配置了另一个电动可控光圈,此光圈在上述四种曝光模式中均得到使用;光圈号数可自6.7变化到38;不能使用原来外部已设置的手动机械光圈,且只能置于红色的16处。

(7)曝光速度控制:曝光速度可控,速度变化在1/2000s~1/2s(1/8s)。

(8)关于白平衡(White Balance):为适应被摄物体的不同色温,设置有自动和手工安置两种方式:

• 自动方式:自动追踪被摄物体色温;

• 手工安置方式:有6种(光谱成份)选择,根据被摄物体的光照情况,人工地加以设定。

(9)关于闪光灯的同步问题:仅能用于X型的同步,设定的曝光时间不得小于1/250s。

(10)关于自动曝光与自动调焦的锁定:

• 为了在后续摄像过程中,保持前一张摄像时所选择的曝光条件(包括光圈与曝光时间),可使用自动曝光锁定键AE-L(Auto Exposure-Lock);

● 为了在后续摄像过程中,保持前一张摄像时所选择的调焦距,可使用自动调焦锁定键 AF-L(Auto Focus-Lock);

● 为了在后续摄像过程中,保持前一张摄像时所选择的曝光条件和调焦距,还可同时使用 AE-L 与 AF-L 键。

(11)关于曝光补偿功能:该机有 ±2EV① 的补偿功能,用以改善曝光条件。借助取景器内右下方的指标,可人工地予以增减 EV 补偿值,补偿值以 ±0.25EV 为一档。

(12)设有影像抹去键,可将存贮卡内的最后一张影像或全部影像抹去。

§3.9 柯达 DCS 型系列数字摄像机

有一系列 DCS 型数字相机,如 420、460、520、560 等等,其中,美国柯达(Kodak)公司生产的 DCS 760 型彩色数字摄像机,如图 3-9-1 所示,选用日本尼康公司的 Nikon F5 型照相机作为机身,以高分辨率大幅面 CCD 作为感光介质(机背),取代原有机背。其 CCD 面阵像素总数为 6.0M(3032×2008),芯片几何尺寸为 27.5mm×18.1mm,像素大小为 9μm×9μm,可选用不同焦距的镜头,最短焦距为 28mm。不难注意到此类数字摄像机与常规的 CCD 摄像机(俗称摄像头)相比,其视场角成倍增长(可达 50°以上),使之用于摄影测量的机会大为增加。

图 3-9-1 柯达公司的 DCS 760 型数码相机前后面外貌图

操纵此机与常用的照相机大体相仿。而且,DCS 系列数字相机上均装有 PCMCIA(Per-

---

① 曝光值 EV(Exposure Value)是光圈号数 k 以及曝光时间 t 的函数:

$$EV = \log_2(\frac{k^2}{t})$$

或写为:

$$\frac{k^2}{t} = 2^{EV}$$

sonal Computer Memory Card of International Association)磁盘,可以在摄像时,当即把数十数百以至上千幅影像存贮在磁盘上。磁盘可方便地装入抽出。依感光性能之不同,DCS 420型摄像机有黑白、彩色和红外等不同品种。彩色品种的感光度相当于 ISO 制的 50 至 400。此摄像机备有录音功能,备有将影像直接输入多种计算机的功能,以及连续拍摄多张影像的功能。其电池每次充电后,可保证连续拍摄 1 000 幅影像。

柯达公司生产的其他型号数字摄像机还有 Kodak DCS 460 型(CCD 像素总数为 6.3M,即 2036×3060),像素大小 9μm×9μm,芯片几何尺寸为 28mm×18mm,镜头焦距为 24mm时,水平像场角已达 66°。

柯达公司生产的 Kodak Megaplus 数字摄像机系列,有 Kodak Megaplus 1.4 型、Kodak Megaplus 4.2 型和 Kodak Megaplus 6.3 型,它们的像素数分别为 1.4M、4.2M 和 6.3M。市场上还有 16M(4096×4096)者。

与 DCS 420 型同级的但感光特性不同的另一种产品,其型号为 DCS-CIR(Color-Infrared),是一种数字彩红外摄像机。此机备有拍摄假彩色和真彩色的滤光片。

瑞士徕卡公司和美国 GSI 公司联合推出的 V-STARS(Visiton-Simultanenous Triangulation and Resection System)系统,使用柯达 DCS 的摄像机以至 Kodak Megaplus 摄像机,配合便携机、PC 机或工作站,由著名的 STARS 软件支撑。V-STARS 系统有一系列不同型号,包括 V-STARS/E、V-STARS/S 和 V-STARS/M,各型号间的区别在于摄像机型号与计算机等级的不同,以及软件功能的不同。V-STARS/M 型,如图 3-9-2 所示,配备有两台 Kodak Megaplus 摄像机。

图 3-9-2 V-STARS/M 型系统组成

§3.10 MATCH-1 型数字摄影测量系统

MATCH-1 型数字图像测量系统是德国斯图加特 Inpho 公司推出的。适用于工业目标外形测定。此系统利用 CCD 相机,全自动地采集影像,特别适用于对实体的设计模型(如汽车外壳)进行快速而精密的测量。

此系统的数字影像采集部分,主要由两台高分辨率的柯达 Kodak DCS 460 型 CCD 摄像机、斑纹投影仪(Pattern Texture Projector)、用于载负 CCD 摄像机和投影仪的支架以及用于传送数据的便携式 PC 计算机组成,如图 3 - 10 - 1 所示。长度有限的支架以及摄像机和投影仪的功能,决定它仅适合于缺少纹理的小型目标的高精度三维测量。

图 3 - 10 - 1 MATCH-1 型系统组成

§3.11 UMK-SCAN 型摄影测量系统

近景摄影测量工作者经常使用的德国蔡司耶那厂生产的 UMK/1318 系列摄影机使用软片硬拷贝。

该厂生产的 UMK-SCAN 型(UMK 扫描型)摄像机(摄影测量系统)是原有 UMK/1318 系列的一种新型产品。其核心的变化在于装配了四个 CCD 线阵传感器,取代软片盒,用于直接对像幅为 166mm × 120mm 的承像面扫描,外观如图 3 - 11 - 1 所示。四个阵列传感器分别装在各自的承片框上,在承像面上可独立运动,以对不同区域扫描。扫描过程、影像获取以及影像数据存贮各过程均由一个 PC 机控制。全像幅扫描时间大约需要 7min,此摄像机不适于动态目标。此种 CCD 线阵传感器可以装在所有型号的 UMK/1318 摄影机上,即原有的基于软片的摄影机系列上。

图 3 - 11 - 1　UMK-SCAN 型摄像机外貌及其线阵传感器

与常规 CCD 摄像机相比较,UMK-SCAN 容有大像幅、大视场角和量测摄像机的三重优点。使用装有 CCD 承片框的 UMK 10/1318 摄像机,且物镜为 Lamegon(F = 100mm,F/8)时,其对角线视场角是 87°,调焦范围在 1.15m 至 4.75m 之间,视场中心分辨率 45 线/毫米,畸变小于 10μm。使用装有 CCD 承片框的 UMK 20/1318 摄像机,且物镜为 Lamegon(F = 200mm,F/8)时,其对角线视场角是 51°,调焦范围 4.5m 至 20.4m 之间,视场中心分辨率亦为 45 线/毫米,畸变小于 5μm。

将所获数字影像配备以自动量测和功能齐全的软件(如德国的光束法平差软件 BINGO),则组成一个功能相当齐全的数字近景摄影测量系统。

§3.12　HSV-1000 型高速视频摄像机

HSV-1000 型高速视频摄像机(HSV:High Speed Video),为日本 NAC 公司 Yokohoma 厂推出的每秒可摄取 1000 幅影像的彩色摄像机,如图 3 - 12 - 1 所示。

该机摄像速度有两种选择:每秒 500 幅和每秒 1000 幅;以 NTSC/PAL 制式或 Y/C 制式输出;重放时具备前放、倒放、普通、逐幅、慢搜索以及冻结等功能;使用 VHS 或 S-VHS 型录像带;用一般的 T-120 磁带,录像时间可达 14min;水平分辨率为 350 线/毫米;摄像机的面阵 CCD 为 2/3 英寸,分辨率 649 × 491 像素;可选择的曝光时间介于 1/500s 和 1/10 000s 之间,共五档;导线最长可达 50m;摄像机自重约 4kg;物镜焦距可有多种选择,包括变焦镜头。

摄像机附有监视器,可进行遥控摄像,可使两台摄像机进行同步摄像,可借屏幕上十字

图 3 - 12 - 1　HSV-1000 型高速摄像机外貌

线将某像点的坐标输入计算机。摄像机的附件,包括高速摄像条件下所需的各种照明设备(如闪光持续时间仅为十万分之一秒的闪光灯)以及提供画面硬拷贝的设备。

HSV-2000 是每秒摄取 2000 幅影像的另一型号高速摄像机。

§3.13　殷卡摄像机

殷卡摄像机(INCA;Intelligent Camera)是美国 GSI 公司 1996 年生产的一种智能化的摄像机,更确切地说,一种智能化的摄像测量系统。

殷卡的基本硬件是美国柯达(Kodak)公司的 Megaplus 摄像机,以及和它联成一体的集成式 PC 计算机(装在相机背后)。脱机作业时,直接应用 PCMCIA 卡;联机作业时,则使用一个导线网络卡 Ethernet。

殷卡摄像机,如图 3 - 13 - 1,设置有近轴光源,如同 GIS 公司的 CRC-1 型和 CRC-2 型摄影机一般。

殷卡摄像机是专为摄影测量用的一种数字摄影测量摄像机,相比较地,其他各种型号的摄像机的设计与投入市场,仅是出于大众市场的需要。

拍摄现场影像的立即处理,可立刻发现可能出现的问题,诸如未闪光、遗漏某标志点、漏拍某像片、摄影方向不佳、后交效果不好以及出现精度不好的点位等。另外,可以使用多种自动化技术,这些均体现了它的智能化的性能。

图 3 - 13 - 1　INCA 型摄像测量系统

殷卡摄像机系统,在现场实现影像压缩(最大直到 10:1),既增大了磁盘容纳的影像幅数,也加快了数据传输速度。现场的影像压缩,使在每张影像拍摄之后，能直接发现或处理一些问题，诸如：影像拍摄时闪光灯未亮，遗漏目标点，遗漏影像，遗漏旋转摄像机后的影像，摄像方向不好，以及直接找出坏点的点号。

使用殷卡摄像，可使原来基于 PC 机的一些自动技术（包括许多量测过程）更加有效。当进行多摄站摄像时，也可使用高性能的便携式计算机。需要联机作业时，使用的一根细导线可长达 120m。

殷卡计算机系统，仅需 Intel 100MHz 主频率，RAM486，外存 16Mbit，内存 2Mbit，PCMCIA 接口，外部接口 RS-232 型，摄像机的接口是 Internal Fast Local Bus。

§3.14　Rollei Q16 型量测摄像机

德国罗莱技术有限公司（Rollei Fototechnic GmbH）生产 Rollei Q16 型量测摄像机，如图 3 - 14 - 1，是目前市场上出售的一种高分辨率数码相机。其 CCD 芯片的面积达 60mm × 60mm，分辨率 4096 × 4096 像素（1600 万像素），像素大小 15μm，色彩深度（Color depth）8 bit，可选镜头焦距 40mm 至 80mm，可配备近轴光源，影像数据存贮在便携式数据存贮设备上（存贮量 1GB）或直接与计算机相联。摄像机尺寸 150mm × 100mm × 140mm，数据存贮设备尺寸 240mm × 75mm × 175mm。

图 3 - 14 - 1　Rollei Q16 型摄像机外貌

该机曾多次应用于高精度工业摄影测量，常以多重交向摄影方式进行，以光线束平差解法进行数据处理。

该公司生产的另一种量测摄像机 Rollei Chip Pack Metric 型，如图 3 - 14 - 2，机身取自 Rolleiflex 6000 型格网摄影机，后背以 CCD 芯片取代，分辨率为 2048 × 2048 像素。

图 3 - 14 - 2　Rollei Chip Pack Metric 型摄像机外貌

§3.15　普通数码相机

普通数码相机,即普及型数字相机,价格不高,外型和功能酷似普通照相机。世界各大厂家生产有种类繁多的各种型号的普通数码相机。现举例介绍如下。

奥林帕斯(OLYMPUS)光学有限公司生产的 CAMEDIA C-840L 型数码相机,外形如图 3 - 15 - 1,是一种低价位普及型数码相机。

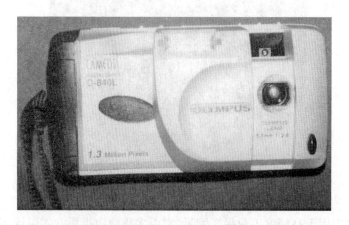

图 3 - 15 - 1　CAMEDIA C-8401 型普通数码相机外貌

(1)CCD 芯片像素数为 130 万(1280 × 960)。

(2)所摄影像以数字形式记录在相机内的 Smart Media 磁卡内,存贮量有 2MB、4MB 或 8MB。

（3）可以 SHQ（Super High Quality：特高质量）模式、HQ（High Quality：高质量）模式和 SQ（Standard Quality：标准质量）模式存贮影像。使用 4MB 磁卡时，对上述各种模式可分别存贮 9 帧、18 帧和 60 帧影像。

（4）彩色液晶显示屏（LCD：Liquid Crystal Display）51mm，由 11.4 万像素构成。

（5）抹消方式有单帧抹消和成批抹消两种，"加锁"后的影像可予以保留。

（6）镜头焦距 5.5mm，固定光圈 F/2.8，采用 TTL 中央加权平均测量系统，全自动白平衡。

（7）自动调焦有近拍模式（0.1~0.5m）和标准模式（0.5m~∞）两种。

（8）控制板上可显示闪光模式、记录模式、剩余帧数、插卡错误提示、闪光灯模式、自拍模式、近拍模式、连拍模式、电池状态和写入状态。

（9）外接插口有三种，即交流电源插口、计算机的连接插口（RS-232C）以及视频输出插口。

（10）通过专用导线可以与计算机、电视机以及专用印相机相连。

（11）使用 4 节 5 号电池或交流电作为电源。

（12）相机自重 245g，体积 128mm×65mm×45mm。

§3.16 夜视器

夜视器是对照度很低的对象进行观察、监视以至测量的仪器。

9300 型星空夜视仪（Astrolight Viewer），由美国电子物理（Electrophysics）公司生产，如图 3-16-1，是一种在夜晚能对各类目标进行观察、监视以至测量的仪器，可以和 CCD 摄像设备联合使用。此类仪器多应用于黑暗条件下的隐蔽性监视，如野生动物观察、工厂、仓库、海关、边防的巡视、公安与法院的取证以及银行、公司的保安等方面。

图 3-16-1 9300 型星空夜视仪外貌

9300 型星空夜视仪可以在 10^{-4}lx 的极低照度下监视 180m 以外人的活动，是一种手持的光增强设备。日照至黄昏前的照度认为是 $10~10^{-1}$lx，月光下为 $10^{-1}~10^{-2}$lx，阴天夜晚为 $10^{-2}~10^{-3}$lx，星光之夜的照度为 $10^{-3}~10^{-6}$lx。该仪器的工作光谱范围是 400~1 000nm，除可见光外还涵盖近红外区。影像分辨率 36~401p/mm。仪器外形尺寸 66mm×57mm×47mm。用两个 5# 号电池作为电源。可方便地与 135 普通照相机、CCD 相机和电视摄像机联接使用。

§3.17 Finepix S1 Pro 型数码相机

日本 FUJIFILM 公司生产的 Finepix S1 Pro 型数码相机，外形如图 3-17-1，相机芯片分辨率 3040×2016 像素，芯片面积 23.3mm×15.6mm。相机外形酷似普通照相机，单反射镜型，可使用不同焦距的镜头。相机属中高档型，除具有较高分辨率（6 百万像素）和较大芯片面积外,现将该相机其他的重要性能介绍如下。

图 3 - 17 - 1　Finepix S1 Pro 型数码相机

(1)按 ISO 标准,最高感光度达 1600,为摄取黑暗目标或运动目标提供了可观的宽容性。

(2)对不同光谱成份的光源有很高的白平衡(White Balance)能力。针对不同光源条件,预先设置后,可自动调节光圈或曝光速度。这些光源包括晴天的阳光、阴天(或阴影下)、白炽灯、色温约为 5500k 的日光型荧光灯、色温为 3000k 的暖白(Warm White)型荧光灯、色温约为 6000k 的冷白(Cool White)型荧光灯等。人工处理时,曝光时间有 1/2000 ~ 30s 共 32 个档次可供选择;光圈号数可以在 5 ~ 32 范围内,共有 12 个档次可供选择。

(3)可采用与计算机的联机作业方式。

(4)可采用脱机作业方式,影像存贮卡有两个卡槽,分别插入 PCMCIA 和智能介质卡(Smart Media)。使用 120MB 的存贮卡时,可以存贮分辨率为 3040 × 2016 像素的红、绿、蓝基色影像 6 幅,或者存贮经最大压缩(分辨率为 1440 × 960 像素)的影像 662 幅。

(5)内方位元素的锁定:绝大多数的数码相机,为适应广大摄影爱好者的一般要求,均具有自动调焦功能。因而,所摄取的每张影像的主距均不相同。为了沿用常规摄影测量手段,应保持每张影像具有相同的主距 f。准确地说,所有非量测摄影机,其中包括数码相机乃至专业用数码相机,由于结构上的不尽严谨,调焦将引起主点位置 (x_0, y_0) 的变化。锁定主距 f,广义上是锁定内方位元素值,包括锁定光学畸变。在选择、购置和使用数码相机时,应注意该机是否具备锁定主距的功能。从这个意义上说,不是每种数码相机均能认作量测摄影机,进行高精度摄影测量,除非使用非量测摄影机所摄影像的处理方法(如 DLT 法)。

对 Finepix S1 Pro 型数码相机,可采用它的两种摄影方式以保持各影像的相同主距。一是采用它的手动曝光方式(Manual Mode),即人工操作调焦过程;二是采用它的调焦锁定摄像方法,即拍摄前一张影像之后,不放松曝光按钮并使其处于半揿下状态,继续拍摄其他影像。采用后一种方法,应注意保持相同的摄影物距。

（6）同其他中高档数码相机一样，本相机摄像模式具有自动、程序控制自动、曝光时间优先、光圈优先、两种曝光方式结合、跟踪调焦以及人工安置等多种选择，可以使曝光量得到准确有效的控制。

（7）使用本相机摄像前应有一些设定安置，既有色温、感光度、影像压缩程度及影像分辨率的设定安置，也有影像色彩组成、色调、边缘清晰度以及是否预览（Preview）的设定安置，这些设定安置对保证影像的色彩质量和几何质量提供条件。

（8）本相机在摄像后的现场检查影像方面，有当即保留或摒弃该影像的功能，有锁定保护功能，有显示影像曝光总量统计分布和显示红、绿、蓝各色的统计分布功能，有摄像后当即少量修改总曝光量的功能，通过液晶显示屏有多种重放功能，有进行数字打印顺序格式化DPOF（Digital Print Order Format）的功能。摄像后的这些功能，对量化地检查影像质量，对后续的图像处理工作和摄影测量处理工作提供方便。

（9）本相机可通过 PC 计算机进行控制操作，此性能对遥控摄影，同步摄影，危险环境摄影有重要价值。

（10）同其他中高档相机一样，本数码相机的多种特殊性能，包括它的小巧、高感光度、高存贮量、不断面世的更大分辨率的芯片、自动调焦、自动分区测光、曝光补偿、宽曝光速度范围、调焦与曝光锁定、自动曝光、多次曝光（可用于 Motography 自动测量）、多种回放功能、内置闪光技术、计算机的联机控制、机上的多种显示板和大面积液晶显示器、保证影像符合要求的多种设定安置以及影像记录表格式的多样化与标准化等等，对摄影测量工作的顺利完成，都应值得特别注意。

第四章 近景摄影测量的摄影技术

对待测目标进行摄影或摄像,是近景摄影测量中以获取目标物二维影像为目的的重要步骤。本章叙述涉及摄影过程的一些技术,包括两种基本摄影方式和它们的精度估算、一些摄影参数的确定、摄影机的选择标准、人工标志的设计与制作、立体像对的获取方法、动态物体的同步摄影方法、摄影基线的布设和对待测目标的表面处理与照明问题等。

这些问题是保证获取优质影像的重要技术。

§4.1 近景摄影测量的两种基本摄影方式

近景摄影测量中基本的摄影方式有正直摄影方式和交向摄影方式两种。

摄影时,像片对两像片的主光轴 S_1o_1 与 S_2o_2 彼此平行,且垂直于摄影基线 B 的摄影方式称之为正直摄影方式,如图 4 - 1 - 1。依照摄影对象之不同,摄影基线 B 的方向可以是任意的,其方向可以水平、铅垂或其他任意方向,只要保持两光轴与其垂直,保持摄影时两像片 (P_1,P_2) 在同一平面内。

摄影时,像片对两像片的主光轴 S_1o_1 与 S_2o_2 大体位于同一平面但彼此不平行,且不垂直于摄影基线 B 的摄影方式称之为交向摄影方式,如图 4 - 1 - 2。在特定安排下,两主光轴 S_1o_1 与 S_2o_2,可交于一点 A,角度 γ 称为交向摄影的交会角,在特意安排下,还可使:

$$\gamma = \varphi_1 - \varphi_2 = 2\varphi \qquad (4 - 1 - 1)$$

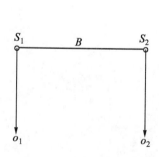

图 4 - 1 - 1 正直摄影示意图

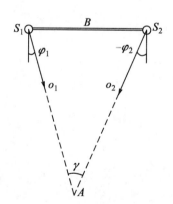

图 4 - 1 - 2 交向摄影示意图

一般地说,正直摄影方式生成影像的"变形",基本起因于被测物的"起伏",因而多适用于模拟近景摄影测量和解析摄影测量,多适用于肉眼立体观测。相对照地,交向摄影方式生成影像的"变形",则既起因于被测物的"起伏",也起因于像对两像片间的大的相对角度。

60

交向摄影方式,特别是交会角 γ 较大时的交向摄影方式,一般不适用于肉眼立体观测,多用于解析近景摄影测量或数字近景摄影测量。正直摄影方式像片对一般有 55% ~70% 的重叠;交向摄影方式像片对,常采取 100% 的重叠。基于近似正直摄影方式,可形成对目标物的"航带网"摄影或"区域网"摄影,如图 4 - 1 - 3。**基于交向摄影方式,可实现对被测物的多重覆盖,乃至数十次的多重覆盖,即所谓多摄站摄影测量(Multistation Photogrammetry),其主要目的是为了大幅度提高摄影测量的精度与可靠性**,如图 4 - 1 - 4。基于正直摄影或交

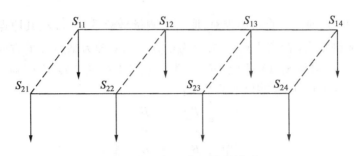

图 4 - 1 - 3 "航带网"摄影方式

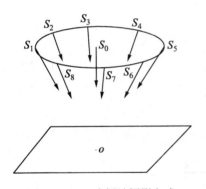

图 4 - 1 - 4 多摄站摄影方式

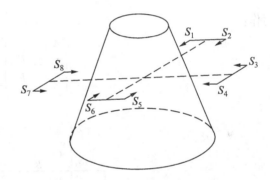

图 4 - 1 - 5 环绕摄影方式

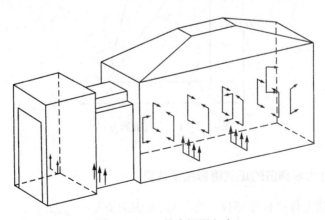

图 4 - 1 - 6 综合摄影方式

61

向摄影方式,还可以形成其他多种摄影方式,例如对目标物的环绕摄影,如图4-1-5。

1985年,原武汉测绘科技大学与敦煌考古研究所对敦煌莫高窟296窟摄影时,采用了如图4-1-6所表示的综合摄影方式,其中使用了正直、交向摄影方式以及用于二维影像处理的单片摄影方式。

§4.2 正直摄影方式的精度估算

参照图4-2-1,对一正直摄影像对,取摄影测量坐标系S_1-XYZ,其原点为左摄影中心S_1,Z轴与左主光轴重合(背离主点o_1方向为正方向),X轴为基线B的方向。设像片坐标系o_1-x_1y_1及o_2-x_2y_2均与S_1-XY相应平行。某目标点A在S_1-XYZ内的物方坐标为(X,Y,Z),或写作$(X,Y,-H)$。则存在以下关系式:

$$\left.\begin{array}{l} X = \dfrac{B}{p}x_1 = \dfrac{B}{p}x \\[2mm] Y = \dfrac{B}{p}y_1 = \dfrac{B}{p}y \\[2mm] H = -Z = \dfrac{B}{p}f \end{array}\right\} \qquad (4-2-1)$$

或写作:

$$\begin{bmatrix} X \\ Y \\ Z \end{bmatrix} = \frac{B}{p}\begin{bmatrix} x \\ y \\ -f \end{bmatrix} \qquad (4-2-2)$$

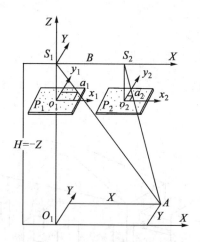

图4-2-1 正直摄影方式

一、以(x,y,p)为观测值的正直摄影精度估算

这里,是指使用立体坐标量测仪一类仪器,其观测值是(x,y,p,q)。

如不考虑摄影基线误差m_B和主距误差m_f,而仅以(x_1,y_1,p)为误差源,式(4-2-1)的微分式为：

$$
\left.\begin{aligned}
\mathrm{d}X &= -\frac{Bx_1}{p^2}\mathrm{d}p + \frac{B}{p}\mathrm{d}x_1 = -\left(\frac{H}{B}\right)\left(\frac{H}{f}\right)\left(\frac{x}{f}\right)\mathrm{d}p + \left(\frac{H}{f}\right)\mathrm{d}x_1 \\
\mathrm{d}Y &= -\frac{By_1}{p^2}\mathrm{d}p + \frac{B}{p}\mathrm{d}y_1 = -\left(\frac{H}{B}\right)\left(\frac{H}{f}\right)\left(\frac{y}{f}\right)\mathrm{d}p + \left(\frac{H}{f}\right)\mathrm{d}y_1 \\
\mathrm{d}H &= -\frac{Bf}{p^2}\mathrm{d}p = -\left(\frac{H}{B}\right)\left(\frac{H}{f}\right)\mathrm{d}p
\end{aligned}\right\}
\quad (4-2-3)
$$

式中：X,Y,Z——目标点物方空间坐标；

$\qquad B$——摄影基线；

$\qquad p$——像点左右视差$(p = x_1 - x_2)$；

$\qquad x,y$——像点坐标，这里以 x 代表 x_1，以 y 代表 y_1；

$\qquad f$——所处理像片的主距。

这时目标点物方空间坐标的中误差可表示为：

$$
\left.\begin{aligned}
M_X &= \sqrt{k_2^2 m_x^2 + k_1^2 k_2^2 \left(\frac{x}{f}\right)^2 m_p^2} \\
M_Y &= \sqrt{k_2^2 m_y^2 + k_1^2 k_2^2 \left(\frac{y}{f}\right)^2 m_p^2} \\
M_Z &= k_1 k_2 m_p
\end{aligned}\right\}
\quad (4-2-4)
$$

式中，$k_1\left(=\dfrac{H}{B}\right)$ 称为构形系数，它与目标点同名光线间的夹角有关，即摄影基线越大，目标点越近，k_1 值越小，目标点测定误差则越小；而 $k_2\left(=\dfrac{H}{f}\right)$ 称之为成像比例尺分母系数，即所处理的像片主距越大，目标点越近，k_2 值越小，目标点测定误差则越小。

式(4-2-4)有时还写作：

$$
\left.\begin{aligned}
M_X &= X\sqrt{\left(\frac{m_x}{x}\right)^2 + \left(\frac{m_p}{p}\right)^2} \\
M_Y &= Y\sqrt{\left(\frac{m_y}{y}\right)^2 + \left(\frac{m_p}{p}\right)^2} \\
M_Z &= m_H = H\frac{m_p}{p}
\end{aligned}\right\}
\quad (4-2-5)
$$

二、以(x_1, y_1, x_2, y_2)为观测值的正直摄影精度估算式

这里，是指使用单像坐标量测装置，包括单像坐标量测仪或二维数字化器。其观测值是 (x_1, y_1, x_2, y_2)。

当以(x_1, y_1, x_2, y_2)为观测值时，式(5-4-2)可写作：

$$\begin{bmatrix} X \\ Y \\ Z \end{bmatrix} = \frac{B}{x_1 - x_2} \begin{bmatrix} x_1 \\ y_1 \\ -f \end{bmatrix} \qquad (5-4-5)$$

仍不考虑摄影基线误差 m_B 和主距误差 m_f，而以 (x_1, x_2, y_1) 为误差源，式(5-4-5)的微分式为：

$$\left.\begin{aligned} \mathrm{d}X &= \frac{B}{x_1 - x_2}\mathrm{d}x_1 - \frac{Bx_1}{(x_1 - x_2)^2}\mathrm{d}x_1 + \frac{Bx_1}{(x_1 - x_2)^2}\mathrm{d}x_2 \\ \mathrm{d}Y &= \frac{B}{x_1 - x_2}\mathrm{d}y_1 - \frac{By_1}{(x_1 - x_2)^2}\mathrm{d}x_1 + \frac{By_1}{(x_1 - x_2)^2}\mathrm{d}x_2 \\ \mathrm{d}H &= -\frac{Bf}{(x_1 - x_2)^2}\mathrm{d}x_1 + \frac{Bf}{(x_1 - x_2)^2}\mathrm{d}x_2 \end{aligned}\right\} \qquad (4-2-6)$$

或写作：

$$\left.\begin{aligned} \mathrm{d}X &= k_2\mathrm{d}x_1 - k_1 k_2 \frac{x_1}{f}\mathrm{d}x_1 + k_1 k_2 \frac{x_1}{f}\mathrm{d}x_2 \\ \mathrm{d}Y &= k_2\mathrm{d}y_1 - k_1 k_2 \frac{y_1}{f}\mathrm{d}x_1 + k_1 k_2 \frac{y_1}{f}\mathrm{d}x_2 \\ \mathrm{d}H &= -k_1 k_2\mathrm{d}x_1 - k_1 k_2\mathrm{d}x_2 \end{aligned}\right\} \qquad (4-2-7)$$

转为中误差形式，并认定 $m_{x_1} = m_{x_2} = m_{y_1} = m$，则有：

$$\left.\begin{aligned} M_x &= m\sqrt{(k_2 - k_1 k_2 \frac{x_1}{f})^2 + (k_1 k_2 \frac{x_1}{f})^2} \\ M_y &= m\sqrt{k_2^2 + 2(k_1 k_2 \frac{y_1}{f})^2} \\ M_z &= m\sqrt{2}k_2 k_2 \end{aligned}\right\} \qquad (4-2-8)$$

式(4-2-4)及式(4-2-7)是近景摄影测量中，以正直摄影方式进行摄影条件下，对精度预先实施粗略估算的常用式。分析它们，我们应了解如下几点重要知识：

(1)为了提高精度，应尽可能缩小比例尺分母系数 k_2，尽量拍摄大比例尺像片，即尽可能缩小摄影距离 Z，并拍摄主距 f 尽量大的像片；

(2)为了提高精度，应拍摄摄影基线 B 尽量大的像对，即缩小构形系数 k_1 值；

(3)为了提高物方点测定精度 (M_X, M_Y, M_Z)，应提高像点位置的质量，包括提高量测精度和去除影响像点位置的各类误差；也就是说，这些式子中的 (m_x, m_y, m_p) 应理解是形容位置质量的一种综合性指标，而不仅仅是量测误差；

(4)一般情况下，远近方向的测定中误差 M_Z 最大，所以常以 $M_Z = k_1 k_2 m_p$ 来估算摄影测量的精度；

(5)若需考虑基线 B 的测定误差 m_B 和主距 f 的测定误差 m_f 时，应参照更为详尽的精度估算式；同样，若不能维持标准的正直摄影，则还应考虑外方位角元素和外方位直线元素误差的影响，即还应参照更为详尽的精度估算式；

(6)有些情况下，式(4-2-4)可粗略地简化为：

$$\left.\begin{array}{l} M_X = k_2\,m_x \\ M_Y = k_2\,m_y \\ M_Z = k_1\,k_2\,m_P \end{array}\right\} \qquad (4\text{-}2\text{-}9)$$

而式(4 - 2 - 8)可粗略地简化为:

$$\left.\begin{array}{l} M_X = M_Y = k_2\,m \\ M_Z = \sqrt{2}\,k_1\,k_2\,m \end{array}\right\} \qquad (4\text{-}2\text{-}10)$$

不难注意到,对正直摄影方式而言,一般有 $m_Z > m_X$(或 m_Y);

(7)近景摄影测量中的"航带网"或"区域网",如图 4 - 3 - 3,可以认为是正直摄影的扩展,其精度估算可大体参照航空摄影测量的有关文献与经验进行。

§4.3 交向摄影方式的精度估算

假设自摄站 S_1 与 S_2 拍摄有一交向摄影像片对(P_1,P_2),如图 4 - 3 - 1 所示。两像片(P_1,P_2)现仅有偏角,分别为 φ_1 与 φ_2。为了讨论交向摄影的精度,设有虚拟的无倾角像片对(P_1^0,P_2^0),图中未表示 P_2^0。

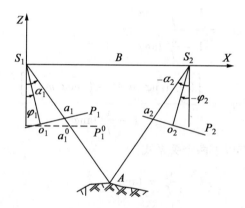

图 4 - 3 - 1　交向摄影方式

有 φ 角情况下,"水平"像片上点 a_1^0 与"倾斜"像片上点 a_1 的坐标关系式为:

$$\left.\begin{array}{l} x_t = \dfrac{f}{f\cos\varphi - x\sin\varphi}(x\cos\varphi + f\sin\varphi) \\[3mm] y_t = \dfrac{f}{f\cos\varphi - x\sin\varphi}\,y \end{array}\right\} \qquad (4\text{-}3\text{-}1)$$

或写作:

$$\left.\begin{array}{l} x_t = \dfrac{1}{1 - \dfrac{x}{f}\tan\varphi}(x + f\tan\varphi) \\[5mm] y_t = \dfrac{1}{1 - \dfrac{x}{f}\tan\varphi}\,\dfrac{y}{\cos\varphi} \end{array}\right\} \qquad (4\text{-}3\text{-}2)$$

为了确知"倾斜"像片上点位坐标误差对"水平"像片上点位误差的影响,现对(x,y)取微分,有:

$$\left.\begin{array}{l} \mathrm{d}x_t = \dfrac{1 + \dfrac{x_t}{f}\tan\varphi}{1 - \dfrac{x}{f}\tan\varphi}\,\mathrm{d}x \\[4mm] \mathrm{d}y_t = \dfrac{(\sec\varphi)\mathrm{d}y + \left(\dfrac{y_t}{f}\tan\varphi\right)\mathrm{d}x}{1 - \dfrac{x}{f}\tan\varphi} \end{array}\right\} \qquad (4\text{-}3\text{-}3)$$

推演上式时应用了可以从式(4-3-2)直接写出的以下两个关系式:

$$x + f\tan\varphi = x_t\left(1 - \frac{x}{f}\tan\varphi\right) \qquad (\text{a})$$

$$y\sec\varphi = y_t\left(1 - \frac{x}{f}\tan\varphi\right) \qquad (\text{b})$$

将式(4-3-3)转为中误差形式,获得有"水平"像片点位中误差(m_{x_t}, m_{y_t})与"倾斜"像片点位中误差(m_x, m_y)的关系式为:

$$\left.\begin{array}{l} m_{x_t} = \dfrac{1 + \dfrac{x_t}{f}\tan\varphi}{1 - \dfrac{x}{f}\tan\varphi}\,m_x \\[6mm] m_{y_t} = \dfrac{\left[\left(\dfrac{y_t}{f}\tan\varphi\,m_x\right)^2 + (\sec\varphi\,m_y)^2\right]^{\frac{1}{2}}}{1 - \dfrac{x}{f}\tan\varphi} \end{array}\right\} \qquad (4\text{-}3\text{-}4)$$

参见图4-3-1,又有以下两个关系式:

$$\frac{x_t}{f} = \tan\alpha \qquad (\text{c})$$

$$\frac{x}{f} = \tan(\alpha - \varphi) \qquad (\text{d})$$

故式(4-3-4)可改写作:

$$\left.\begin{array}{l} m_{x_t} = \dfrac{1 + \tan\alpha\tan\varphi}{1 - \tan(\alpha - \varphi)\tan\varphi}\,m_x \\[6mm] m_{y_t} = \dfrac{\left[\left(\dfrac{y_t}{f}\tan\varphi\right)^2 m_x^2 + \sec^2\varphi\,m_y^2\right]^{\frac{1}{2}}}{1 - \tan(\alpha - \varphi)\tan\varphi} \end{array}\right\} \qquad (4\text{-}3\text{-}5)$$

现又假设点A位于XZ平面内,即认为$y_t = 0$,因而上式可简化为:

$$\left.\begin{array}{l} m_{x_t} = \dfrac{1 + \tan\alpha\tan\varphi}{1 - \tan(\alpha - \varphi)\tan\varphi}\,m_x \\[4mm] m_{y_t} = \dfrac{\sec\varphi}{1 - \tan(\alpha - \varphi)\tan\varphi}\,m_y \end{array}\right\} \qquad (4\text{-}3\text{-}6)$$

此式中的(m_x, m_y)是"倾斜"像片上的坐标量测中误差,而(m_{x_t}, m_{y_t})实际上是式(4-2-7)

中的(m_x, m_y)。因而,在交向摄影方式情况下,物方点的坐标中误差式为:

$$M_X = \frac{1 + \tan\alpha \tan\varphi}{1 - \tan(\alpha - \varphi)\tan\varphi} m_x \sqrt{(k_2 - k_1 k_2 \frac{x}{f})^2 + (k_1 k_2 \frac{x}{f})^2}$$

$$M_Y = k_2 \frac{\sec\varphi}{1 - \tan(\alpha - \varphi)\tan\varphi} m_y$$

$$M_Z = \sqrt{2} k_1 k_2 \frac{1 + \tan\alpha \tan\varphi}{1 - \tan(\alpha - \varphi)\tan\varphi} m_x$$

$$(4 - 3 - 7)$$

现在,又假设仅讨论两主光轴交点 O 的精度,如图 4 - 3 - 2 所示。且已知 $\alpha = \varphi$, $H = l\cos\varphi$, $B = 2l\sin\varphi$, $k_1 = \frac{H}{B} = \frac{1}{2}\cot\varphi$, $k_2 = \frac{l\cos\varphi}{f}$, $\frac{x}{f} = \tan\varphi$, O 点处构像比例尺分母为 $\frac{l}{f}$。故上式应写作:

$$M_X = (1 + \tan^2\varphi) m_x \sqrt{(\frac{l\cos\varphi}{f} - \frac{\cot\varphi}{2} \cdot \frac{l\cos\varphi}{f} \cdot \tan\varphi)^2 + (\frac{l\cos^2\varphi}{2f})}$$

$$M_Y = (\frac{l\cos\varphi}{f} \sec\varphi) m_y$$

$$M_Z = \sqrt{2} \cdot \frac{1}{2} \cot\varphi \cdot \frac{l\cos\varphi}{f} \sec^2\varphi \, m_x$$

$$(4 - 3 - 8)$$

简化后有:

$$M_X = \frac{\sqrt{2}}{2} \frac{l}{f} \sec\varphi \, m_x$$

$$M_Y = \frac{l}{f} m_y$$

$$M_Z = \frac{\sqrt{2}}{2} \frac{l}{f} \csc\varphi \, m_x$$

$$(4 - 3 - 9)$$

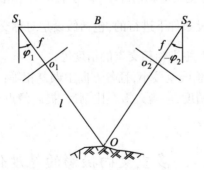

4 - 3 - 2　交向摄影方式精度估算用图

如前所述,上式是单像对对称交向摄影条件下,讨论两主光轴交点处 O 的精度估算式。可注意到,M_Y 与像片倾斜角 φ 的大小无关。

现在研究在怎样的交向角情况下,可使总误差为最小,即应使:

$$M_T^2 = m_X^2 + m_Y^2 + m_Z^2 = \min \qquad (4 - 3 - 10)$$

换言之,且令 $m_x = m_y = m$,有

$$M_T^2 = \left(\frac{\sqrt{2}}{2}\frac{l}{f}\sec m_x\right)^2 + \left(\frac{l}{f}m_y\right)^2 + \left(\frac{\sqrt{2}}{2}\frac{l}{f}\sec\varphi\, m_x\right)^2$$

$$= \left(\frac{l}{f}m\right)^2\left(\frac{1}{2}\sec^2\varphi + 1 + \frac{1}{2}\csc^2\varphi\right)^2 = \min \qquad (4-3-11)$$

取上式的有效部分:

$$F = \frac{1}{2}\sec^2\varphi + 1 + \frac{1}{2}\csc^2\varphi^2 = \min \qquad (4-3-12)$$

对 φ 取导数,并令为零:

$$\frac{dF}{d\varphi} = \frac{1}{2}\cdot 2\cdot\sec\varphi(\tan\varphi\sec\varphi) + \frac{1}{2}\cdot 2\cdot\csc\varphi(-\cot\varphi\csc\varphi)$$

$$= \frac{\sin\varphi}{\cos^3\varphi} - \frac{\cos\varphi}{\sin^3\varphi} = 0$$

即有:

$$\sin^4\varphi - \cos^4\varphi = (\sin^2\varphi - \cos^2\varphi)(\sin^2\varphi + \cos^2\varphi) = 0$$

或写作:

$$\tan^2\varphi = 1, \varphi = 45°(\varphi = -45° \text{无意义}) \qquad (4-3-13)$$

由此式可知,为使总误差 M_T 最小,应使像片倾斜角 $\varphi = 45°$,交向角为 $90°$。此时,摄影距离为 l,基线 B 与"航高"皆为 $\frac{\sqrt{2}}{2}l$。并且,当以 $\varphi_1 = -\varphi_2 = \frac{\gamma}{2} = 45°$ 进行摄影时,物方点 O 的精度按式(4-3-9)为:

$$M_X = M_Y = M_Z = \frac{l}{f}m$$

即在(X、Y、Z)三个方向得到相同的精度。

经过对上述交向摄影方式的精度讨论,我们应注意以下几个问题:

(1)式(4-3-9)可作为交向摄影情况下,物方空间坐标精度的参考估算式;

(2)本讨论是在很多假设条件下进行的,包括假设是对称交向摄影($\varphi_1 = -\varphi_2 = \frac{\gamma}{2}$),假设无 ω 倾角、假设仅仅讨论两主光轴相交点的精度等;

(3)当交向角为 $90°$ 时,总误差最小,且各方向中误差相等;

(4)为提高交向摄影的精度,应增大摄影比例尺,提高像点坐标量测精度并注意交会角度对各方向坐标精度的影响。

§4.4 多重交向摄影的精度估算

推演一个适合各种目标物多重交向摄影(如图4-1-4)的统一精度估算式几乎是不可能的。以下列出的是一种多重交向摄影的经验估算式:

$$M_{X,Y,Z} = q\frac{l}{f}K^{\frac{1}{2}}m_{x,y} = q\frac{l}{f}\frac{1}{\sqrt{K}}m_{x,y} \qquad (4-4-1)$$

上式中,$M_{X,Y,Z}$ 为物方点三坐标方向总误差;q 称为几何构形系数,对四摄站或八摄站摄影

时,其值相应为 0.8 和 0.4;l 为沿主光轴方向的摄影距离;f 为主距($\frac{l}{f}$ 实为沿主光轴方向的构像比例尺分母);K 表示每摄站所摄像片数;$m_{x,y}$ 为像点坐标量测中误差。

若 $l = 1\,200\text{mm}$,$f = 20\text{mm}$,$m_{x,y} = 8\mu\text{m}$;当取四摄站,每站摄 2 片时,有:

$$M_{X,Y,Z} = 0.8 \cdot \frac{1\,200}{20} \cdot \frac{1}{\sqrt{2}} \cdot 8 = \pm 0.27\text{mm}$$

若 $l = 1\,200\text{mm}$,$f = 20\text{mm}$,$M_{x,y} = 8\mu\text{m}$;当取八摄站,每站仅摄 1 片时,有:

$$M_{X,Y,Z} = 0.4 \cdot \frac{1\,200}{20} \cdot 8 = \pm 0.19\text{mm}$$

近景摄影测量中常用其他的精度评估方法,还有检查点法(通过多余的控制点或多余的相对控制)、模拟试验或优化设计,以及法方程的解算结果。

§4.5 景深与曝光时间的确定

近景摄影测量中,获取清晰的高质量影像至关重要,特别需要关注的是景深以及曝光参数的正确选择。

一、景深

景深是在给定光圈和模糊圈大小条件下被摄影空间获得清晰构像的深度范围。景深 ΔD 以沿光轴方向的后景距离 D_2 与前景距离 D_1 的差值表示,即 $\Delta D = D_2 - D_1$。

依据摄影知识,与调焦距 D 相应的前景距 D_1(清晰范围的起点距)和后景距 D_2(清晰范围的终点距)分别为:

$$\left.\begin{aligned} D_1 &= \frac{DF^2}{F^2 + DkE} = \frac{F^2}{kE} \cdot \frac{D}{\left(\frac{F^2}{kE} + D\right)} = \frac{HD}{H + D} \\ D_2 &= \frac{DF^2}{F^2 - DkE} = \frac{F^2}{kE} \cdot \frac{D}{\left(\frac{F^2}{kE} - D\right)} = \frac{HD}{H - D} \end{aligned}\right\} \quad (4-5-1)$$

式中,F 为摄影机焦距,k 为光圈号数,E 为模糊圈直径,而且

$$H = \frac{F^2}{kE} \quad (4-5-2)$$

式中,H 为超焦点距离,即超焦距,又称无穷远起点。从摄影角度看,超焦距以远的目标,其距离都认为是无穷远,且构像均是清晰的。应注意,近景摄影测量中,被测目标与摄影机间的距离,常小于超焦距,甚至远小于超焦距。

依式(4-5-1),可知与调焦距 D 相应之景深 ΔD 为:

$$\Delta D = D_2 - D_1 = \frac{HD}{H - D} - \frac{HD}{H + D} = \frac{2HD^2}{H^2 - D^2} \quad (4-5-3)$$

现举一例,设物镜焦距 $f = 100\text{mm}$,取光圈号数 $k = 16$,模糊圈直径 $E = 0.05\text{mm}$,当调焦距 $D = 2\text{m}$ 时,有超焦距 H、前景距 D_1、后景距 D_2 及景深 ΔD 分别为:

$$\begin{cases} H = \dfrac{F^2}{kE} = \dfrac{(100)^2}{16 \cdot 0.05} = 12.5\mathrm{m} \\[3mm] D_1 = \dfrac{HD}{H+D} = \dfrac{12.5 \cdot 2}{12.5+2} = 1.72\mathrm{m} \\[3mm] D_2 = \dfrac{HD}{H-D} = \dfrac{12.5 \cdot 2}{12.5-2} = 2.38\mathrm{m} \\[3mm] \Delta D = \dfrac{2HD^2}{H^2-D^2} = D_2 - D_1 = 2.38 - 1.72 = 0.66\mathrm{m} \end{cases}$$

即景深 ΔD 是 $0.66\mathrm{m}$,其中调焦距($D=2\mathrm{m}$)以远有 $0.38\mathrm{m}$ 的清晰范围,以近有 $0.28\mathrm{m}$ 的清晰范围。

从事近景摄影工作,必须使目标物处在景深范围之内,以获得清晰的影像。从以上分析可知,景深 ΔD 与所选摄影机物镜的焦距 f、所选的光圈号数 k、模糊圈允许值 E 以及调焦距 D 有关。

二、曝光时间 T 的确定

为确定曝光时间,可以使用曝光表测定法,或使用试片法,或使用具有量测曝光时间功能的普通照相机,经换算而得。

使用曝光表时,应将曝光表紧靠摄影机物镜,并对准被测目标,来测定曝光时间 T。使用试片法时,可采用 $1 \sim 3$ 种曝光时间。试片法确定曝光时间 T,有客观准确的优点,但较繁琐。

使用普通照相机量测曝光时间 t 后,可依下式计算所用摄影机的曝光时间 T:

$$T = \frac{s}{S}\left(\frac{N}{n}\right)^2 t \qquad\qquad (4 - 5 - 4)$$

式中,s 与 S 分别为普通相机上给定的感光度和所用近景摄影机上拟使用感光材料的感光度。n 与 N 分别为普通相机上设定的光圈号数和所用近景摄影机上拟安置的光圈号数。

曝光时间 T,也可以按下式计算:

$$T = \frac{s}{S} 2^m t \qquad\qquad (4 - 5 - 5)$$

式中,m 为 N 与 n 间的档数差。例如,当 $N=16$,$n=5.6$ 时,则 $m=+3$。

现对一室内目标进行摄影,设 $s=100$,$S=12$,$n=5.6$,$N=16$,$t=\frac{1}{8}''$,则

$$T = \frac{100}{12}\left(\frac{16}{5.6}\right)^2 \cdot \frac{1}{8} \approx \frac{100}{12}2^3 \cdot \frac{1}{8} \approx 8''$$

普通照相机上光圈号数的顺序排列若为($22,16,11,8,5.6$),那么光圈号数 16 比光圈号数 5.6 相差整三档;故上式计算中 $\left(\frac{16}{5.6}\right)^2$ 可直接写成 2^3。这样可简化运算过程。

预先设定光圈号数再测定曝光时间,即通常所说的光圈优先摄影方式,是近景摄影测量中对静态物体摄影经常使用的摄影方式。预先确定曝光时间再测定光圈号数,即通常所说的曝光时间优先摄影方式,则是近景摄影测量中对动态物体摄影经常使用的摄影方式。这时一般应采用高感光度感光材料,计算后的曝光时间均较小,以避免影像模糊。

以曝光时间优先方式进行摄影时,量测用摄影机的光圈号数 N,可由式($4 - 5 - 4$)的反算式测知:

$$N = n \sqrt{\frac{S\,T}{s\,t}} \qquad\qquad (4-5-6)$$

现举一例,设 $s = 100, t = 1/500\text{s}, n = 5.6, S = 3\,200, T = 1/1\,000\text{s}$,则

$$N = 5.6 \sqrt{\frac{3\,200 \cdot \dfrac{1}{1\,000}}{100 \cdot \dfrac{1}{500}}} = 22.4 \approx 22$$

有些照相机具有曝光时间优先,且自动安置光圈的功能,以及光圈优先且自动安置曝光时间的功能,这无疑是方便的。但是,在近景摄影测量工作中,有时需要有人工的略微修正。

§4.6 立体像对的摄取方法

从空间两个位置对同一目标物拍摄的两张像片称之为立体像对。使用这样或那样的方法观察立体像对时,可见到被摄目标物的三维空间模型;使用不同的摄影测量处理方法,还可以量测所构成的三维空间模型,并据以计算被摄目标物的三维形状。人的一双眼睛,观察周围世界,可感觉它的深度差别,看到其三维空间形状。立体像对的拍摄,以至立体序列像片的拍摄,在很大程度上是对人眼这种功能的仿真。

立体像对的拍摄方法有多种,除直接用两台相机外,还有被摄目标不动的移动相机法、相机不动的移动被摄目标法、相机不动的旋转被摄目标法等。视需要,可以选用上述方法的一种,或者综合地使用某几种。

一、移动相机法

保持目标不动的移动相机法,或简称移动相机法,是近景摄影测量中常用的方法,因为绝大多数目标是不能移动或不宜移动的。为了获取被摄物体 M 的立体像对,自 S_1 拍摄像片 P_1 后,如图4-6-1,将相机移至 S_2,再拍摄像片 P_2。像片 P_1 与 P_2 组成立体像对。两像片可以组成正直摄影立体像对,这时相机位置的变动,应保持基本平移性质。两像片也可以组成交向摄影立体像对,这时相机位置的变动,是移动加

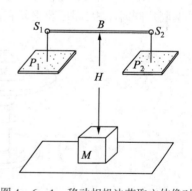

图4-6-1　移动相机法获取立体像对

旋转的性质。中心投影的两像片 P_1 与 P_2 上,均有目标物 M 的影像。摄影基线 B 长短的确定,与摄影距离 H 的大小及其他一些因素有关。保持目标不动,使摄影机绕其旋转,对它进行环绕摄影,是此种方法的一种演变形式。基于体视显微镜所摄像片对,以及基于外形如普通照相机的立体照相机所摄像片对,它们的观察或摄影原理均属这一类。要注意到,它们的"摄影基线" B 都是固定而有限的,测量的精度也是有限的。

二、移动目标法

保持相机不动,移动被测目标的移动目标法,是近景摄影测量获取立体像对的另一种方法。自摄站 S 对目标 M 拍摄一像片 P_1 后,如图4-6-2,保持相机 S 不动,将被摄物 M 从位

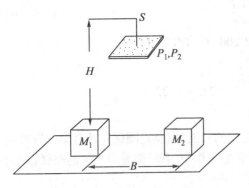

图 4-6-2 移动被摄物体法获取立体像对

置 M_1 平移至位置 M_2，再拍摄另一像片 P_2，以组成立体像对 (P_1,P_2)。

使用这种方法，不移动的背景没有立体影像生成。有时候，为了消去背景影像，应采用黑色背景并结合使用其他技术手段。

与移动相机法相比较，此处的 P_1 相当于像对的右像片，P_2 相当于左像片。而且，被摄物体 M 的平移距离 B 相当于摄影基线。近景摄影测量中的立体摄影中，当移动目标物较移动相机更为方便时，常使用此方法。在工厂传送带上，对部件进行质量控制是一种典型例子。这时，位于 S 的单个 CCD 摄像机，对传送带上不断平移过来的众多部件，一一进行立体摄像。

不少情况下，还可使组成立体像对的两张像片构像在同一底片上，由于两张影像有相同的内方位元素，将简化后续的摄影测量处理过程。

也可以利用普通照相机拍摄远距离的自然景物或人工建筑的立体像对，或拍摄近距离的人物，乃至机器或其部件等的立体像对，以供事后欣赏、观察或研究。这是很有趣和有意义的工作。拍摄时需注意的主要技术是：

（1）仅作一般观察用的立体像对，摄影基线 B 与摄影距离 H 的比取 $B:H = 1:10$ 左右；

（2）为观察时的舒适，要尽量使左、右像片像幅四角点的景物大体相同；

（3）以 135 型相机长方向平行双眼连线拍摄像对时，先拍左像片后拍右像片，可以把像对的两底片同时印相，即可获得印在同一像纸上的正立体立体像对。

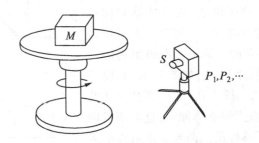

图 4-6-3 旋转被摄物体法获取立体像对

三、旋转被摄目标法

将被测目标 M 置放在一个可绕竖轴旋转的平台上，以不动的单个相机 S 对其进行立体摄影，如图 4-6-3，称为旋转被测目标的立体摄影法。当被测目标较轻小，且需要测定其立体形状时，宜使用本法。此方法容易保持不动相机的内外方位元素，简化了后续摄影测量处理过程。使用此种方法，没有转动的背景也没有立体影像生成，为消除背景影像，也可设法造就黑色背景。用此法所生成的立体影像，相当于一种交向摄影像片对。

为说明此问题，参见图 4-6-4，其图（a）表示旋转前拍摄的一像片 P_1，图（b）是旋转台

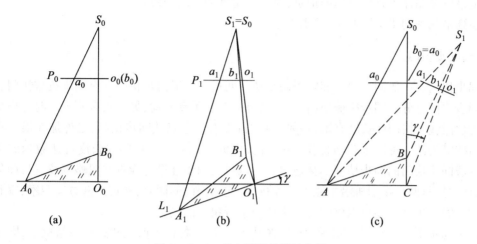

图 4 - 6 - 4　交向摄影的等效作用

旋转 γ 角后拍摄的另一像片 P_2。为清晰起见,设旋转台上有一直角三角形 $A_0 B_0 O_0$,线段 B_0 O_0 位于像片 P_1 的主光轴上。如果旋转台不动,参见图(c),从摄站 S_0 与 S_1 所摄的像片 P_1 与 P_2,与图(a)、图(b)中转动旋转台所摄的像片是等同的。不难注意到,图(c)中所摄像片 对,是交会角为 γ 的交向摄影像片对。

四、获取立体像对的方法还有镜面摄影法以及同一物镜法(参见§4.7)。

§4.7　运动物体的同步摄影方法

运动物体三维空间运动参数的测定,在其二维影像获取阶段,需要两台或两台以上高速 摄影机或高速摄像机的同步摄影。施测中,首先需要把同一瞬间拍摄的一对对立体像对寻 找出来,再对这些同一瞬间拍摄的立体像对,经过图像处理和摄影测量处理,测定出该时刻 某些点位的三维空间坐标,连同时间信息,即可获得四维空间信息。在某一时段内,这些四 维空间信息的集合,则确定了该运动物体的运动状态。其中,可能包括运动物体某些特征点 的运动轨迹、速度、加速度等。

不同类型的被测运动物体,对同步精度的要求,显然是极不相同的。此要求显然与运动 物体的运动速度,与运动物体和高速摄影机间的距离,与高速摄影机的拍摄速度等密切相 关。

从摄影测量的角度分析,两张影像是否同步? 其同步的标准是什么? 假设,此两张影像 拍摄时刻的差值 $\Delta\tau$,造成了运动点在一张影像上的额外像点位移 Δl,与此像点位移 Δl 相应 的物方点位的位移为 ΔL。可以这样认为:此像点位移 Δl 是否可以容忍,可作为一对影像是 否同步的标准。

同属运动物体,对同步的精度要求差异很大。冰川运动的测量和植物生长过程的测量, 无需同步装置;距离不是很近的飞行体的起飞或降落的测量和运动员的运动过程记录,则需 要测量精度相当高的同步摄影技术;而子弹飞出枪口时运动状态的记录、电火花的空间运动状态记录以及晶体生长全过程的记录,对同步精度的要求则极高。

现列举几种同步摄影方法,以供参考。

一、同步快门

同步快门有一般同步快门和电子同步快门两类。一般同步快门又有同步机械快门和电磁铁同步快门之分。同步机械快门,其实就是一头有手动起动,另一头有两个同时伸出机械触头的快门线。快门线长度有限,一般只有1m左右。电磁铁同步快门,是外加在摄影机原有快门按键处的一种同步起动装置,通过开关电源予以启闭。快门线长度可达数米或十几米。一般同步快门的同步精度不甚稳定。可以对其同步性进行检查并粗略调校。最简易的检查方法是:将两台摄影机沿主光轴一线排列,起动快门的同时,从负片框方向观察,察看是否有物方影像出现。还可以借改变触头长短进行粗略的调校。

电子同步快门,通过附加电路,安装在基于CCD的各种摄像机和高速摄像机上,同步精度高,同步摄像机间的距离原则上不受限制。

二、记时装置

现代的高速摄影机和高速摄像机,配备有用于记录曝光时刻的记时装置(时标装置),它以脉冲方式将时间信号记录在底片或影像上。

三、闪光照明

闪光照明法一般仅用于有昏暗背景的被测物体。在两台摄影机快门均处在打开的状态下,以某种类型的闪光灯照明运动物体。通过这类多幅立体像对的摄影测量处理,即可获得运动物体的运动状态。

一般闪光灯的闪光持续时间为$1/1\,000 \sim 1/2\,000\mathrm{s}$,特殊闪光灯的闪光持续时间仅为数万分之一秒。闪光灯的起闭可与摄影机的快门起闭同步。根据摄影基线的布设情况,还可同时布设多台闪光灯(如子母闪光灯),以避免立体影像的两影像上产生照度的过大差别。以闪光灯照明被测物体的方法,还可以在一幅影像上记录运动物体的多张影像。也可以把闪光灯置于运动的被测物体上,以记录该物体的运动轨迹。

当高速摄影机无记时装置时,可在摄影过程中,把闪光灯置放在被测物体附近并面对摄影机,在开始、结束以及高速摄影中开启闪光灯数次,使闪光亮点构像在像片上,借此找寻同名影像像片对。

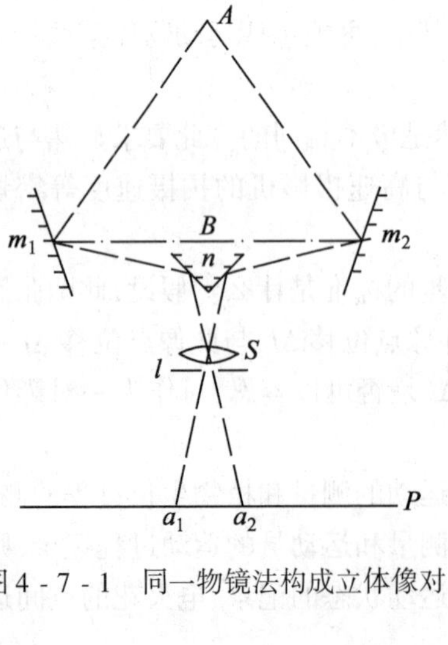

四、立体摄影的同一物镜法

立体摄影的同一物镜法原理,如图4-7-1,是在单个摄影机的物镜前方设置一对平面镜(或直角棱镜)光学元件。通过同一物镜,把同一底片分成左右两半,形成立体影像。此一对光学元件间的距

图4-7-1 同一物镜法构成立体像对

离即是摄影基线。

立体摄影的同一物镜法的同步性能显然最为可靠,但摄影基线一般均较短,限制了它的应用范围。种类繁多的普及型立体照相机以至多联(多镜头)立体相机的结构也属此种原理。

顺便指出两个问题:

(1)应区分景深引起的模糊和物体运动引起的模糊;

(2)选择高感光度的感光材料,是解决运动物体摄影的一种方法。

§4.8 被测物体的表面处理

在待测物体表面人工制作某种纹理以保证和提高影像识别与摄影测量量测性能的工作称为摄影工作的表面处理。对近景摄影测量的大多数对象,无需进行表面处理工作。而色调单一、缺少纹理的目标,其人工或自动的识别和量测就会遇到困难。例如人体肌肤、光滑金属表面的大型机械(轿车外壳、飞机及其他飞行体的外结构与内结构、舰船或其部件的内外结构等)、玻璃钢制品、石膏制品、金属或水泥粉刷的大型管道和隧道的内结构、多种仓罐的内形状测定,某些窟室及亭台楼阁的内形状测定,以及各类地下工程(包括防空及多种军事工程)内结构等,就属于此类目标。个别情况下,除表面处理外,尚需注意背景的处理。

表面处理的方法有多种,它们是:

(1)利用投影设备,将线条密度和线条粗细度适宜的光栅、格网或斑纹图案,投影到被测物体表面,以形成人工纹理。一种专门制作的图形纹理投影器(Pattern Texture Projector)用于汽车外壳测定。光栅、格网或斑纹图案一般制作在玻璃上。设计中,自然应考虑线划的密度和线划自身的粗细度,应考虑投影时的放大比例尺,应考虑摄影测量的精度要求。光栅和格网,一般是由等间距的平行线条构成,而斑纹则是由计算机按一定法则生成的。

(2)利用激光经纬仪,将激光按一定扫描规则投射到被测物体上,以形成人工纹理。典型的例子是隧道等封闭构筑物的测量。选用的感光材料应对氦氖激光器所发射的红光敏感。

(3)按一定间隔将某种标志,包括回光反射标志(Retro - Reflective Targets),贴附在被测物体表面。一般情况下,当测定物体表面上一群密度足够的点位时,可使用本方法。

(4)手工绘制人工纹理。绘制中应注意纹理线条的密度和线条自身的粗细度。1993年原武汉测绘科技大学航测系对一个6.19m高,由玻璃钢制作的白色塑像进行了近景摄影测量工作。当时用油性笔在其表面制作了人工纹理。据试验,影像上的线划粗细度大约为15μm时较理想,因像片比例尺约为1:70,故使用了1.2mm粗细度的油性油笔。因采集点的密度要求约为2.5cm,故纹理的线划间距大约也选为2.5cm。摄影测量主要产品是纵横断面数据,为兼顾两者要求,线划倾斜角大体为45°。

§4.9 照 明

对不同类型被测物进行摄影时,自然光源与人工光源的正确使用是一个相当复杂的问题。有关知识可大体参考《摄影手册》,其中应特别注意:光源与感光材料(或数字摄像机感色性能)的匹配、人工光源的品种、光源的色温和显色性、不同品种闪光灯的性能特点。

这里我们仅把几个与摄影测量处理相关的照明问题予以说明。

(一)使用自然光照明时,一般要求所摄对象的照度均匀,应尽量避免被测物体上的阴影和反光,也就是说,应尽量避免影像上出现特黑或特亮的现象。相宜的摄影时间应是日出后或日落前的几个小时;多云天气一般是最佳摄影天气。

(二)使用人工光照明时,最好布置多盏照明灯,以使照度均匀,尽量减少阴影。以数字摄影测量方法处理影像时,对照明质量要求最为苛刻。

(三)对下列一些情况有时应特别注意局部照明:

(1)特别重要的部位,如控制点、标准尺。

(2)摄影机的光学框标:摄影机光学框标是否成像,与该光学框标在物方空间对应位置的照度有关。当框标对应位置照度不足时,框标会不成像或不清晰。此时,应采取局部照明方法,或采取镜头前置放反光板的二次曝光法予以补救。

(四)闪光灯是经常使用的人工光源。闪光灯的位置与摄影机的位置一般有错位,因而可能形成阴影。这种阴影,对近距离的目标最为明显。使用环形灯照明,即使用围绕物镜的一组光源照明,也会减少此种阴影。有固定周期的频闪闪光灯(包括同步的有固定周期的一组闪光灯),可用于运动目标运动状态(包括二维运动状态或三维运动状态)的测定。这类闪光灯可以作为照射运动物体之用,我们称之为被动频闪;这类闪光灯也可以放置在被测物体上,作为被测量的目标,我们称之为主动频闪。作为主动频闪的光源,除闪光灯之外,有时也可选用发光二极管。

(五)使用回光反射标志RRT(Retro-Reflective Targets)时,必须使用近轴光源。

(六)除常规光源之外,在特定近景摄影测量任务中,可能使用一些特殊的光源,如某种单色光源、近轴光源、频闪照明光源等等。

(1)单色光源

为避免不同波长光源引起的影像干涉条纹,在诸如投影法莫尔条纹摄影测量一类的任务中,应使用光谱频带较窄以至于固定波长的单色的点光源。

(2)近轴光源

布设在摄影机主光轴周围的光源称为近轴光源。此种光源用于RRT回光反射标志(见§4.11)的影像生成。光源可以是一功率较强的白炽光,如放在摄影机或高速摄像机光轴附近的聚光灯,特别适用于记录贴附在运动物体(如运动员的关节处、运动中的潜艇模型上)上的球形RRT标志的轨迹跟踪。光源也可以是环绕光轴的一组红外二极管,如图4-9-1,以用于记录RRT标志并生成二值影像。此种人眼不可见光源的应用,有两个明显优点,一是在实验室条件下对作业者以及对被测量者没有干扰,二是所生成的二值影像易于图像处理。

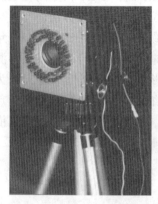

图4-9-1 红外二极管构成的
近轴光源

(3)频闪光源

频闪光源是一种每秒启闭数次至数十次(以至更多次)亮度极高的光源。以此光源照射灰暗背景下的运动物体,可以在一张像片上获取该运动物体多时相的清晰影像。配合此种光源所使用的感光材料应该是高感光度的。摄影机上安置的快门速度应保证有足够的时间,以能在一幅影像上获取预定的多时相影像效果,如图4-9-2。

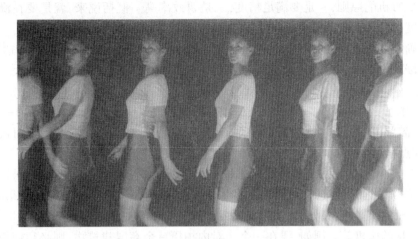

图4-9-2　基于频闪光源的多时相影像

§4.10　摄影方案的制定

摄影方案的确定主要是摄影(像)机的选用以及摄影基线的布设。

摄影方案的确定是摄影测量全过程的起始工作,它的工作质量异常重要。影响摄影方案制定的主要因素是摄影测量产品的类型、速度、精度、生产周期、技术实力与经济实力。

技术上,摄影方案的制定虽然与选择何种近景摄影测量处理方法(模拟法、解析法和数字法)有关,与如何解决控制、标志、照明等问题有关,但是,问题总归结到摄影机或摄像机的选择问题,以及摄影方式问题(包括摄影基线的布置)。

一、摄影机与摄像机的选择

当决定以模拟法近景摄影测量处理时,原则上应选用量测摄影机,因为一般立体测图仪作业需要内方位元素,且其本身没有改正畸变差和底片非系统变形的功能。当决定以解析近景摄影测量法处理时,原则上可以使用任何类型摄影机,但处理方法多种多样,精度也极不相同。当以数字近景摄影测量法处理时,原则上应选用某种固态摄像机,特别是CCD摄像机。

分析式(4-2-9),可以得出正直摄影方式处理时选择摄影机的一些准则:

$$\left.\begin{array}{l} k_2 = \dfrac{H}{f} = \dfrac{M_x}{m_{x,y}} = \dfrac{L}{l} \\[2mm] k_2 = \dfrac{H}{f} = \dfrac{M_y}{m_{x,y}} = \dfrac{L}{l} \\[2mm] k_2 = \dfrac{H}{f} = \dfrac{M_z}{\sqrt{2}\,k_1 \cdot m_{x,y}} = \dfrac{L}{l} \end{array}\right\} \qquad (4\text{-}10\text{-}1)$$

这里的 $k_2 \left(= \dfrac{H}{f} \right)$ 为摄影比例尺分母, $k_1 \left(= \dfrac{H}{B} \right)$ 为构形系数, (M_x, M_y, M_z) 为物方允许的

坐标中误差,$m_{x,y}$ 为像点坐标的位置误差,而 L 与 l 分别是立体像片对覆盖区内物方与像方的相应尺寸。

选择摄影机的原则,一是要满足精度,二是要效率高。概括说来,就是要在满足物方空间坐标精度 (M_X, M_Y, M_Z) 要求的前提下,使每个像片对能覆盖尽量大的范围。

一旦确定了物方空间要求的坐标精度 (M_X, M_Y, M_Z) 以及像点位置能达到的精度 $(m_{x,y})$,则必须的摄影比例尺也就确定了;同时,若构像 l 已满幅,被测物 L 的大小也就确定了。

假如,$M_X = \pm 1\text{mm}$,$m_{x,y} = \pm 10\,\mu\text{m}$,$l = 10\text{cm}$,则可大致地估计到:$k_2 = 100$,$L = 10\text{m}$。

这里,需要说明的是:物方空间坐标的测量精度 (M_X, M_Y, M_Z),应是用户对被测物的客观需要,像点精度 (m_x, m_y) 是近景摄影测量过程能提供的指标。

依据上式(4 - 10 - 1),还可以分析出很多实用的操作注意事项。例如,当被测物体的摄影距离 H 必须很远时,应选择焦距 f 长的摄影机;当被测物体的摄影距离 H 必须很近时,应选择焦距 f 短的摄影机;又如,为了拍摄更大比例尺的影像,应使摄影距离 H 尽量近,或选择焦距 f 尽量长的像机等。例如,要在一个像对内拍摄一个高层建筑物,则必须使摄影距离 H 有足够远,而且为了在像幅内以尽量大的比例尺构像,我们应选择焦距足够长的摄影机。又如,在一个狭窄的街道上,为了拍摄街道两侧著名建筑的外观,则必须选用焦距比较短的摄影机,以能更好地利用像幅,而提高工作效率。此处的两个例子,实质上是选用何种摄影机视场角 2β 的问题。一些广泛使用的量测摄影机,如德国 UMK 型量测摄影机除有大像幅的优点之外,在焦距配置上均成系列,目的就是满足不同的要求。

二、从像点的点位精度看如何选择摄影机

关于像点的点位精度 $(m_{x,y})$,它既与像点的量测精度有关,又与去除各类误差的水平有关。

按目前水平,像点的量测精度大约在 $\pm (1 \sim 20)\,\mu\text{m}$ 的范围内。不同的像点坐标量测装置、不同的作业方法,有不同的量测精度。美国 GSI 公司生产的 Autoset 型自动坐标量测仪,其像点量测精度大约为 $\pm 1\,\mu\text{m}$,大多数解析测图仪和精密坐标量测仪提供 $\pm (5 \sim 10)\,\mu\text{m}$ 的精度,一般坐标量测仪和部分工具显微镜可达到的坐标量测精度大约在 $\pm (10 \sim 20)\,\mu\text{m}$ 的水准上。

构像过程中,像点位置的误差主要来源于光学畸变、底片压平误差以及底片变形。为了限制这些误差源的影响,为了保证像点的准确位置,量测摄影机上采取了一系列措施:

(1)摄影机物镜系统设计考究,使物镜畸变差限制在很小的范围之内。如德国 UMK 10/1318 N 型摄影机,当摄影距离为 1.4m 至 4.2m 时,物镜畸变小于 $12\,\mu\text{m}$;德国 UMK 6.5/1318 型摄影机的物镜最大畸变小于 $5\,\mu\text{m}$;瑞士 P31 型摄影机物镜畸变总小于 $4\,\mu\text{m}$,并提供用于进一步改正畸变的数值表;而美国 GSI 公司的 CRC - 1 型格网量测摄影机,其光学系统的设计以及随后严谨的数学改正,使畸变小于 $1\,\mu\text{m}$。我们要清楚地认识:使用高质量的物镜系统并结合残余畸变的后续数学改正,才能获得高精度测量成果。

(2)采用底片压平技术,将底片贴附在承片框平面上压平全片。德国 UMK 系列摄影机,均采用了真空抽气压平设备。顺便指出,硬片感光材料的玻璃片基的不平度,应严格检定,因其对像点位移的影响十分巨大。现以宽角(如 90°视场角)的摄影机为例,其像片边缘的像点位移与片基不平度几乎等大。不少情况下,与其使用质量低劣的硬片,还不如使用软片。

(3)采用这样或那样的技术,以补偿底片变形的影响。大多数有此功能的摄影机采用有标准格网的承片框,使标准格网在所摄像片上也同时成像。其目的是逐点改正底片变形的影响,其中包括系统变形和局部的偶然变形。此方法比较容易实现,但格网成像的质量取决于各格网点相应目标上的照度。先进的方法是从承片框后方,向底片投射标准位置发光二极管的亮点,如同美国的 CRC - 1 型摄影机那样。

(4)量测摄影机具备记录用于恢复摄影光束形状的内方位元素的功能,甚至还具有记录外方位元素的功能。借助这些功能,使后续的摄影测量处理,或者得以简化,使之能直接使用模拟法;或者为解析法与数字法提供了又一类观测值,使测量成果的精度与可靠性均得到提高。

相比较地,大多数非量测摄影机所摄影像上的点位准确性就难以保证。首先是物镜畸变十分惊人。例如 Pentax PAMS 645 - VL 型物镜,其像片上,向径为 28mm 处的畸变达到 360μm 左右,我国海鸥 4B 型照相机像片边缘的物镜畸变远远高于 100μm。其次,大多数非量测摄影机,最多也只是采用了机械压平的方法。再者,这些摄影机,对底片变形的影响一般都未采取任何应对措施。可以武断地说,这些因素引起的像点位置误差值,一般都远远大于像点的量测误差值(如 ±20μm)。由于这些缺陷,加之它们不能记录内方位元素,无记录外方位元素的功能,使得非量测摄影机一般不能应用于模拟近景摄影测量,并且在解析或数字近景摄影测量中,只能提供中低精度的测量成果。使用非量测摄影机完成摄影测量任务时,必须采取补偿这些误差的措施,包括摄影机的检校或者在解析或数字摄影测量处理中,采纳某种模型,以改正这些误差的一部分或大部分。非量测摄影机一些不可取代的突出优点,包括它的轻便、易操作性、高速性、同步性、遥控操纵能力、高倍放大能力、对特定环境的适应性以及社会拥有量的巨大,这必然使近景摄影测量工作者积极采取相应措施以补偿这些误差。

基于 CCD 的固态摄像机的选择标准,除参考以上叙述的某些问题之外,特别关注 CCD 芯片的分辨率以及所选物镜的焦距和其质量。按目前水准,物镜焦距可短至 1.6mm,而使用变焦物镜时,又可长到数百毫米。CCD 芯片附加简单物镜所构成的所谓一般 CCD(Standard CCD)摄像机,一般都与计算机等外部设备联机作业。目前,CCD 的芯片尺寸(指芯片对角线长度)多数是 $\frac{1}{3}$ ~ $\frac{2}{3}$ 英寸,即对角线长度仅为 8.5 ~ 16.9mm。不是为量测目的而设计的这些物镜,其各种像差十分明显,限制畸变的光学设计并不严谨。尤其短焦距物镜畸变巨大,一般 CCD 摄像机的分辨率,长方向与宽方向一般却仅有数百像素。

固态摄像机,像幅小,分辨率还待提高。但是,已有很多例证,说明它在简化摄影测量流程提高摄影测量全过程的速度的无比优越性。不远的将来,必然会出现固态摄像机技术统治摄影测量摄取影像过程的局面。

三、正直摄影方式中摄影基线的长度的确定

决定摄影机型号后,即已知摄影机的焦距 F 和像幅 a 以后,首先要确定正直摄影情况下摄影基线 B 的长度。

可以使用现场试验法选择摄影基线 B 的长度,其基本原则是:

（1）按式(3-2-4)的分析，使用尽量长的基线 B，以提高测量精度；

（2）应避免不能进行立体测绘的"死角"出现。在被测目标有"陡峭起伏"时，应特别注意此问题。必要时可缩短基线 B，甚至对摄影基线的方向和长度重新考虑。

当被测物体起伏不甚明显时，亦可参照以下分析确定基线 B 的长度，确定摄影距离 H。

现给定一物体，其 X 方向尺寸为 ΔX，像机像幅为 a，现欲将其在一个像对内拍摄下来，如图(4-10-1)有：

$$H = f \cdot \frac{\Delta X + B}{a} \tag{4-10-1}$$

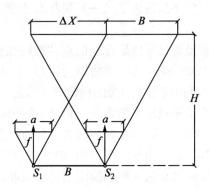

图 4-10-1　摄影基线的确定方法

其中摄影主距 f，与摄影机焦距 F 间的关系为：

$$f = F\left(1 + \frac{1}{n}\right) = F\left(1 + \frac{f}{H}\right) = f\left(1 + \frac{a}{\Delta X + B}\right) \tag{4-10-2}$$

因而有：

$$H = F\left(1 + \frac{a}{\Delta X + B}\right) \cdot \frac{\Delta X + B}{a} = F\left(1 + \frac{\Delta X + B}{a}\right) \tag{4-10-3}$$

这样，式(3-2-4)中的乘积 $k_1 \cdot k_2$ 可表达为：

$$k_1 \cdot k_2 = \frac{H}{B} \cdot \frac{H}{f} = \frac{F\left(1 + \frac{\Delta X + B}{a}\right)}{B} \cdot \frac{F\left(1 + \frac{\Delta X + B}{a}\right)}{F\left(1 + \frac{a}{\Delta X + B}\right)}$$

$$= \left[(\Delta X + B)^2 + a(\Delta X + B)\right] \frac{F}{Ba^2} \tag{4-10-4}$$

不难分析，为了获得 m_H 的最高精度，应使 $k_1 \cdot k_2$ 之值为最小。故应取 $k_1 \cdot k_2$ 对 B 的导数，并使之为零，以确定应选取的基线长度：

$$\frac{\mathrm{d}}{\mathrm{d}B}(k_1 k_2) = \frac{f\{[2(\Delta X + B) + a]B - [(\Delta X + B)^2 + a(\Delta X + B)]\}}{a^2 \cdot B^2} = 0$$

经简化，有：

$$B = \Delta X \sqrt{1 + \frac{a}{\Delta X}} \tag{4-10-5}$$

此式是在给定摄影机条件下，以正直摄影拍摄尺寸为 ΔX 物体，且 Z 方向能达到最高精

度时基线 B 的计算公式。

如 ΔX 大于 a ,并认 $\dfrac{a}{\Delta X}$ 是小值,则有近似关系式:

$$B = \Delta X \left(1 + \frac{1}{2} \cdot \frac{a}{\Delta X} \right) = \Delta X + \frac{a}{2} \tag{4-10-6}$$

如 ΔX 远远大于 a , a 值可以忽略,则:

$$B = \Delta X \tag{4-10-7}$$

摄影距离 H 的严格表达式以及它的两个近似表达式分别列出如下:

$$\left.\begin{array}{l} H = F \left[1 + \dfrac{\Delta X}{a} \left(1 + \sqrt{1 + \dfrac{a}{\Delta X}} \right) \right] \\[2mm] H = F \left(1 + \dfrac{\Delta X + \Delta X + \dfrac{a}{2}}{a} \right) = F \left(1.5 + \dfrac{2\Delta X}{a} \right) \\[2mm] H = F \left(1 + \dfrac{\Delta X + \Delta X}{a} \right) = F \left(1 + \dfrac{2\Delta X}{a} \right) \end{array}\right\} \tag{4-10-8}$$

最弱方向精度 $m_Z\,(=m_H)$ 值的表达式是:

$$m_H = k_1 k_2 = \frac{F\left(1 + \dfrac{2\Delta X}{a}\right)}{\Delta X} \cdot \frac{F\left(1 + \dfrac{2\Delta X}{a}\right)}{F\left(1 + \dfrac{a}{\Delta X + B}\right)} \cdot m_p \approx \frac{F\left(1 + \dfrac{2\Delta X}{a}\right)^2}{\Delta X} \cdot m_p \tag{4-10-9}$$

依上式,举一算例:对 UMK10/1318 型仪器,若 $\Delta X = 5\mathrm{m}$, $m_p = \pm 0.01\mathrm{mm}$,而 $a = 0.18\mathrm{m}$, $F = 0.10\mathrm{m}$,则 B,H,m_H 值分别为:

$$B = \Delta X = 5\mathrm{m}$$

$$H = F\left(1 + \frac{2\Delta X}{a}\right) = 5.66\mathrm{m}$$

$$m_H = \frac{F\left(1 + \dfrac{2\Delta X}{a}\right)^2}{\Delta X} m_p = \pm 0.64\mathrm{mm}$$

此时, Z 方向之相对精度:

$$\frac{m_H}{H} = \frac{1}{8\,828}$$

基线 B 与摄影距离 H 的比值:

$$\frac{B}{H} \approx \frac{1}{1.13}$$

§4.11 人 工 标 志

人工标志的广泛使用是近景摄影测量的一个特点。原因有二:一方面,人工标志可以保证或提高测量精度和可靠性,另一方面,与航空摄影测量相比较,大量人工标志的布设并不是一件困难的事。人工标志的质地、形状和大小与测量方法、测量对象的要求以及环境有关。

一、一般人工标志

近景摄影测量中,经常布置这样或那样的人工标志。这些人工标志或者是用作控制点或者是用作待测未知点。非但环境条件不允许,一般不以自然物作为控制点使用。从发光角度看,人工标志有主动发光标志和被动发光标志之分。主动发光标志就是某种点光源,点光源可以是一般的电灯泡、频闪发光二极管等,它们贴附或固定在被测物体上。图4-11-1是一种频闪发光二极管的使用效果照片。主动发光标志多用于动态物体的测定。一般类型

图4-11-1　频闪发光二极管使用效果图

被动发光标志通过反射外来光源成像,它有一般反射类型和回光反射类型两种。被动发光标志是最常使用的人工标志,依需要,其质地可以是纸张、不锈钢、搪瓷、磁铁等。从形状角度看,人工标志多数是平面形,但也有使用球形标志的众多需要。平面标志多用于从一个角度测量被测物体,球形标志多用于从多个角度测量物体,以至环绕目标测量该物体。

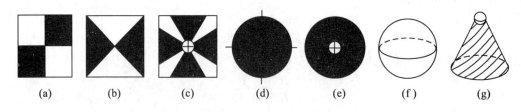

(a)　　　(b)　　　(c)　　　(d)　　　(e)　　　(f)　　　(g)

图4-11-2　人工标志种类

二、人工标志的外形设计

作为控制点使用的人工标志,其几何形状设计需同时考虑两项最基本的要求:一是要以适宜的尺寸成像,二是必须为控制测量测定其坐标时,标示精细而明确的目标。

人工标志外形多种多样,图4-11-2中列出其中几种。这里(a)、(b)、(c)、(d)、(e)

几种为平面形,(f)与(g)为球形。

人工标志的几何形状不宜复杂,否则会影响它的人工的或自动的识别与量测。可选择相应直径的钢珠、钢球、玻璃球、塑料球或特意加工的球形体作为球形标志。平面形人工标志自身常取黑白相间的颜色,如上图的(a)、(b)、(c)。有些情况下,还要考虑标志自身颜色和背景颜色有尽量大的反差。标志基本上是同颜色时,最好使其构像的颜色与坐标量测装置的测标颜色相反。例如,测标为黑色时,如上图的(d),则制作的标志本身亦为黑色,这样标志的构像就基本透明,用黑色标志观测效果好。

人工标志自身大小与摄影比例尺有关,有人认为圆形标志成像尺寸最好为测标的 $1\frac{2}{3}$ 倍,即成像后略大于测标本身。也有人认为标志的构像一般应在 0.05mm ~ 0.20mm 范围内。设坐标量测仪测标尺寸为 0.05 ~ 0.06mm,上述两种见解并不对立。这样说来,圆形标志的直径大体应为 0.10mm 乘以影像比例尺分母。被测物体色调一致时,这种设计应没有任何疑义。譬如,测定抛物面形状的雷达天线时,其金属色调就相当一致。但在丛林中进行变形观测时,寻找这些标志就会出现难度。在此等情况下,所制作的标志往往会大很多。至于标志中心的十字线的粗细度,可据试验予以调整,多数作业员习惯的是:它在望远镜里的成像宽度要略粗于分划板刻划丝的宽度。数字摄影测量处理时,覆盖标志的像素数,直接影响测定精度。与数字图像处理的方法不同,所需覆盖像素数不同,但一般总要有十余像素。过大或过小的标志成像均不利于识别、量测。以彩色感光底片摄影或以彩色摄像机摄像,为设计、识别和量测不同颜色的标志提供了方便。三维摄影测量时,标志置放于不同摄影距离的地方,其构像大小不同,所以标志经常设计成"辐射"状,如上图的(a)、(b)、(c)。为防雨、防锈、防变形,长期使用的标志,可烧瓷到金属底板上。

大量制作人工标志时,可使用先照相再接触晒印的办法,为使标志精确,往往要绘制放大若干倍的标志原图。当然也可利用 CAD 技术,借计算机生成。

三、回光反射标志

回光反射标志 RRT(Retro - Reflective Targets)是西欧北美近年来实施高精度工业摄影测量和特种摄影测量,贴附在被测物体表面上的一种人工标志。在特定位置光源(光源可以是闪光灯或给定方向的红外光等)的照射下,它以反射的亮度较漫反射白色标志高出数百上千倍为特点。

布有回光反射标志的目标物(如运动中的机器人、大型雷达天线等)的像片(影像),是一种目标物的影像清淡、标志点影像密度大而清晰的"准二值影像"。这种"准二值影像"在实时摄影测量和高精度数字工业摄影测量中常常使用,原因是可以对它们进行快速、准确而可靠的定位。在这类像片上,目标物(即被摄物体)自身影像"消隐","回光反射标志的构像却特别清晰而突出,形成了一个背景暗淡、仅有一群一般呈圆形或椭圆形的黑点。凭借图像处理的阈值技术和搜索定位技术,可以快速而准确地测定它们的几何位置。例如,在高精度工业摄影测量中,为了保证高精度和高可靠性,要使用多重摄影测量技术。对目标采用多方位对称交向摄影,使每一个物方点受到 4 ~ 8 张像片乃至 40 张像片的覆盖。当目标上布有数百上千个回光反射标志,被测点点数有数千数万时,采用这种方法,既回避了多方位交向摄影影像相关还未解决的技术问题,又保证了成果的优质。只需用自动坐标量测仪,对"准二值影像"上三种外形的点进行量测就足够了。它们是:外形已知的4～8个框标点(用于内定向),25～121个已知外形的用以补偿非线性底片变形的前向投影或后向投影的格网点,以及数百上千个回光反射标志的圆形或椭圆的构像。

美国3M公司生产涂布有回光反射性能的数百种薄膜,用于工业和商业。用于测量目的薄膜一般有十数微米厚,且厚度均匀。薄膜反面有不干胶,可方便地逐个或成卷连续地贴附在被测物体表面。将设计的图形(类似于图4-11-2e的同心圆形)印制在此类薄膜上,即是回光反射标志。标志的尺寸,以构像大小在0.05～0.20mm为原则。美国航空航天摄影测量人员,常用的薄膜7610或7611型斯科特契利特牌高增益反射膜片(Scotchlite Brand High Gain Reflective Sheeting),其回光性能格外突出。

回光反射膜对光的反射能力取决于两个角度,即光线入射角 γ 与光源偏差角 β,见图4-11-3。光线入射角 γ 是标志所在平面法线与光源至标志连线间的夹角;而光源偏差角 β 则是光源至标志的连线与相机至标志连线间的夹角。根据有关资料[Brown D.C.,1980],对此类反射膜的性能作如下概括分析。

(1)当把回光反射标志与纯白色漫射材料相比,得到性能图表,如图4-11-4所示。图中显示,偏差角 β(=20′)不变,不同的入射角 γ 的情况下,回光反射材料的亮度与纯白色漫射材料亮度的比值(此比值称为亮度系数 η)。该图显示了回光反射标志一个非常有意义的性能:被测物体形状复杂、曲率变化大,标志所在平面法线与成像光线成大角度时,亮度系数 η 仍保持数百以上。例如,当 γ =60°时, η =300;当 γ 小于45°时, η 值均大于900。换句话说,在使用宽角摄影机、且被测表面"倾斜度"较大时,仍保持了高增益反射性能。

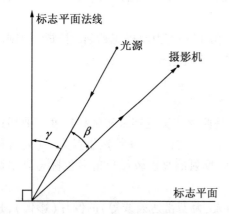

图4-11-3 光线入射角 γ 与光源偏差角 β

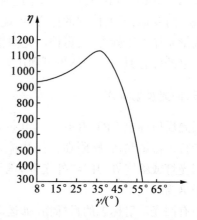

4-11-4 比值 η 与入射角 γ 的关系

(2)亮度系数 η 随 β 角的增大而缩小。当以7610型回光反射膜为试验对象,得到如图4-11-5的亮度系数图形。当 β 角介于0.10°～0.35°,亮度系数高达1 100至1 000之间;介于0.35°至0.50°之间时,为1 000至600之间;介于0.5°至1.0°之间时, η 大约为600至100之间;介于1°至3°时, η 大约为100至10之间。可见,应设法安置光源 L 尽量靠近摄影物镜 S。

顺便指出,靠近物镜的闪光光源,配合回光反射标志使用,还能使远近不同的此类标志,以几乎相同的黑度构像。

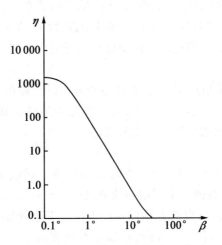

图 4 - 11 - 5　比值 η 与偏差角的关系

设距离物镜为 D 的一个回光反射标志,其偏差角 β 为 1°,相应的亮度系数为 120,如图 4 - 11 - 5,而距离为 2D 的另一个回光反射标志,其偏差角则为 0.5°,相应的亮度系数反而高到 560。两亮度系数的比(120∶560),大体等于它们的距离平方比。不同距离的回光反射标志,在同一闪光灯照明下,得到了基本相同的黑度。相比较地,当使用闪光灯照明普通黑白标志,距离远出一倍的远距离标志,其构像密度仅是近距离标志密度的 25% 。

四、一些特殊结构的标志

数字工业摄影测量中,为了测定某些特征点或特殊需要,可使用下列某种坐标传递杆件。

1. 坐标传递杆

美国 GSI 公司的近景摄影测量系统 VSTARS,配备有如图 4 - 11 - 6(a)的坐标传递杆。

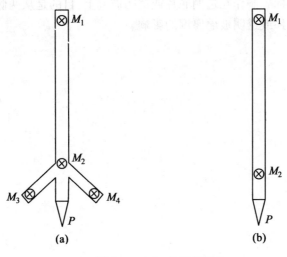

图 4 - 11 - 6　坐标传递件

此杆件上,标志点(M_1、M_2、M_3、M_4)与待测点 P 间的几何关系,已预先精密测定。手扶此杆件,可逐一把触点 P 安放在需要测定的工业部件细部,联机的立体数字摄影测量系统可当即测定点 P 的空间坐标。更为简化的一种坐标传递杆结构如图 4-11-6(b)。

2. 坐标传递件

为测定工业部件上的棱角点位,可以制作各种外形的坐标传递件。例如,为测定工业部件上一角顶 P 的空间坐标,如图 4-11-7,将一坐标传递件靠在此角顶上,传递件上标志(M_1、M_2)与待定点 P 的几何关系预先已精密测定。

3. 万向坐标传递磁铁

由磁铁 A 和球体的一部分的 B 组成,如图 4-11-8。磁铁 A 为一圆柱形,但其上表面是一凹面,半径为 R 的凹球表面。不锈钢制的 B,是半径亦为 R 的球体的一部分,其上表面有标志 M。B 可以相对 A 转动,以使 B 朝向不同方位。工业测量中,把多个万向坐标传递磁铁,吸附在钢制目标的不同部位,并同时使各标志 M 所在面个个均面对摄像机。

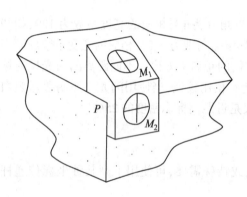

图 4-11-7 角顶型坐标传递件

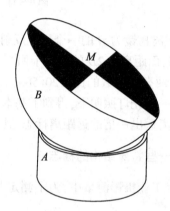

图 4-11-8 万向坐标传递磁铁

4. 透明标志

某些情况下,可以把标志制作在透明底片或透明玻璃上,目的是从两侧同时使用这些标志。这时,应注意透明底片或透明玻璃厚度的影响。

第五章　近景摄影测量的控制

借助控制点或相对控制(或两者并用),把近景摄影测量网纳入到给定的物方空间坐标系,是近景摄影测量中进行控制测量的主要目的。控制测量的工作内容,除包括物方空间坐标系的选定、控制点和相对控制的设计与布置、控制测量方法以及测量仪器的选择外,还可能包括室内控制系统和活动控制系统的建立方法。

多余的控制点和相对控制还可用于检验近景摄影测量工作的质量。

§5.1　关于近景摄影测量控制的一般概念

一、近景摄影测量中实施控制的目的

实施近景摄影测量控制的目的有三个:一是把所构建的近景摄影测量网纳入到给定的物方空间坐标系里;二是通过多余的控制(包括控制点或相对控制)加强摄影测量网的强度;三是通过多余的控制点或相对控制检查摄影测量的精度和可靠性。

二、控制点与相对控制

控制点与相对控制是近景摄影测量中使用的两类控制。

近景摄影测量中,控制点通常是在被测目标上或其周围测定的已知坐标的标志点。控制点有三维控制点(X,Y,Z)、二维控制点(如X,Y)和一维控制点(如X)之分。控制点是近景摄影测量中最常用的控制手段。

相对控制是指摄影测量处理中一些未知点间某种已知的几何关系。例如,物方空间两个未知点间的已知长度,就是一种长度相对控制。相对控制的使用虽然相对较少,但有些情况下则是惟一的选择。

近景摄影测量中,三维控制点的测定,原则上采用常规的测量方法:使用测角的经纬仪或测边的测距仪,利用成熟的测量工艺和数据处理方法。但是,由于控制点测定精度要求高(例如要达到亚毫米级或者更高),作业方法的某些细节有别于常规测量,故应特别注意。三维控制点的测定,有时也使用三维坐标量测仪的直接测定法,包括它的接触式方法和非接触式方法。三维坐标量测仪的直接测定法,受仪器本身尺寸的限制,三维控制的布设空间有限,范围有限,一般仅适用于活动控制系统的测定,这是它的缺陷。但其量测速度较高,有条件时可以使用。

近景摄影测量中二维控制点的布设,除采用上述常规方法外,也使用这样或那样的二维坐标量测装置、二维绘图装置甚至刻度设备。二维控制应布设在一个平面上,故应特别注意二维控制点偏离此平面所造成的影响。例如,当使用绘图仪绘制平面格网作为控制,就是

说,以格网点作为二维控制使用时,就应特别注意一个事实:绘图仪玻璃板的不平度已使各格网点处在不同高度上。这类二维控制,还可用于优化设计的模拟试验,用于检定摄影机或摄像机。

近景摄影测量中一维控制点的布设,除采用上述常规方法外,也使用某种标准尺长,例如殷钢线纹尺、不同等级的水准尺、显微测量中刻在玻璃或金属上的长度乃至某些有标准长度的微生物体。测定运动员瞬时运动速度的一维控制,如图 5 - 1 - 1 所示,原则上仅需布设三个点(A、B、C)。位于 S 上的高速摄像机或标准 CCD 摄像机,摄取运动点 M 的影像 m,借计时装置的协助当即测定 M 的瞬时运动速度 V。而且,这里并不需要 CCD 芯片 P 与运动方向的平行性,其所依据的原理是:非平行线(a,b,c)与(A,B,C)间的一维透视变换。

相对控制的布设,既可采用普通测量方法,也可借助被测目标周围可能存在的一些几何关系。

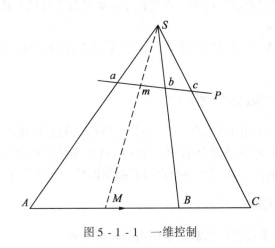

图 5 - 1 - 1   一维控制

三、物方空间坐标系的定义方法

将近景摄影测量网纳入到给定物方空间坐标系有不同方法。之所以存在多种方法,原因是近景摄影测量所测成果一般仅用于描述目标的形状大小,而不注意它的"绝对位置"。即便必须在指定物方空间坐标系内提供测量成果,那也仅仅是在建立摄影测量网之后,再附加三维正形变换的一般坐标换算。现列举几种物方空间坐标系的定义方法。

1. 按控制点定义的物方空间坐标系

在目标 M 附近,如图 5 - 1 - 2,依需要与方便设定一物方空间坐标系 D-XYZ,并在目标 M 上或其周围测定一组控制点。所建近景摄影测量网(图上仅标示了三张像片),可依这些控制点进行绝对定向,从而纳入到物方空间坐标系 D-XYZ。原则说来,在物方最少需要两个三维控制点和一个一维控制点。多余控制点可加强网的强度或用作精度检查。

2. 按物方距离定义的物方空间坐标系

设定自 S_1 拍摄像片的外方位直线元素为已知(如设定 $X_{S_1} = Y_{S_1} = Z_{S_1} = 100\,000$mm,并设定其外方位角元素值,如设定 $\varphi_1 = 45°, \omega_1 = 0°, \kappa_1 = 0°$),如图 5 - 1 - 3 所示,相当于确定了物方空间坐标系 D - XYZ,也确定了像片 P_1 在此坐标系的位置与朝向。原则说来,在物方

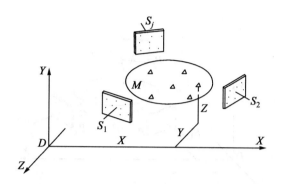

图 5 - 1 - 2　按控制点定义的物方空间坐标系

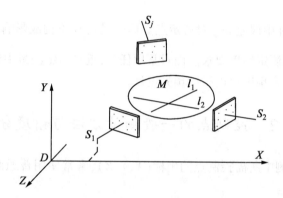

图 5 - 1 - 3　按物方距离定义的物方空间坐标系

空间有一已知长度 l_1，全摄影测量网即可定位。在物方空间布置多余距离可加强网的强度或用作精度检验。

3. **按摄站到物方点距离定义的物方空间坐标系**

假设自 S_1 所摄像的 6 个外方位元素均已知（如设定 $X_{S_1} = Y_{S_1} = Z_{S_1} = 100\ 000\text{mm}$，$\varphi_1 = 45°$，$\omega_1 = \kappa_1 = 0°$），如图 5 - 1 - 4，则物方空间坐标系 $D\text{-}XYZ$ 以及像片 P_1 在空间的方位均已惟一地定义。原则分析，只要实地测定一个从摄站到物方的距离，全摄影测量网即已定位。多余距离可加强网的强度或用作精度检验。

实际工作中，定义物方空间坐标系的方法还有许多，以上仅列举了使用控制点或相对控制定义物方空间坐标系的几个例子。依实际情况，可以选择某种物方空间坐标系的定义方法，以简化控制测量工作。

四、控制点的测定精度要求

关于控制点的测定精度可以作如下的概略分析。

设待定点坐标中误差 m 由控制点坐标中误差 $m_{控}$ 和摄影测量中误差 $m_{摄}$ 两部分组成，即：

$$m^2 = \sqrt{m_{控}^2 + m_{摄}^2} \qquad (5 - 1 - 1)$$

89

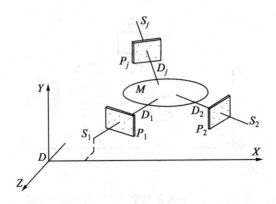

5 - 1 - 4　按摄站到物方点距离定义的物方空间坐标系

为了使控制点坐标中误差 $m_{控}$ 对待定点坐标中误差 m 不构成影响,常取 $m_{控} < \frac{1}{3} m_{摄}$ 的原则,来规定控制点的测定精度要求。面对某项任务,近景摄影测量中误差 $m_{摄}$ 可预先得到估算,所以控制点的测定精度也能得以预先设计。

§5.2　控制点的一般测量方法与精度分析

近景摄影测量实测中所需控制点的坐标(X,Y,Z),常常使用普通测量的方法测算。作业步骤是:

(1)以普通测量的前方交会解算其平面坐标(X,Y);

(2)按"间接高程"的方法再解求其高程(Z)。

需要指出,这里讨论的测量方法,适用于要求亚毫米精度的大多数近景摄影测量目标。那些精度要求较低者,可参照这里叙述的测量方法以及常规测量方法稍加变通地实施。

一、测 量 原 理

在物方空间坐标系 $D\text{-}XYZ$ 内(注意此坐标系为左手坐标系),如图 5 - 2 - 1,自两测站 A (X_A, Y_A, Z_A) 与 $B(X_B, Y_B, Z_B)$ 以前方交会方式解求点 P 的平面坐标(X_P, Y_P):

$$\left. \begin{aligned} X_P &= \frac{X_A \cot B + X_B \cot A - Y_A + Y_B}{\cot A + \cot B} \\ Y_P &= \frac{Y_A \cot B + Y_B \cot A + X_A - X_B}{\cot A + \cot B} \end{aligned} \right\} \tag{5 - 2 - 1}$$

若物方空间坐标系原点与点 A 重合,即 $X_A = Y_A = 0$,则式(5 - 2 - 1)可改写作:

$$\left. \begin{aligned} X_P &= \frac{X_B \cot A + Y_B}{\cot A + \cot B} \\ Y_P &= \frac{Y_B \cot A - X_B}{\cot A + \cot B} \end{aligned} \right\} \tag{5 - 2 - 2}$$

若物方空间坐标系原点与点 A 重合(即 $X_A = Y_A = 0$),且其 Y 轴与 AB 的水平投影重合

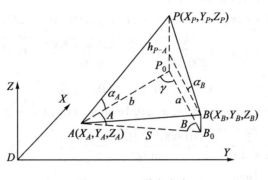

图 5 - 2 - 1　前方交会

（即 $Y_B = S, X_B = 0$），则式（5 - 2 - 1）应写作：

$$X_P = \frac{S}{\cot A + \cot B}$$
$$Y_P = \frac{S \cot A}{\cot A + \cot B}$$

（5 - 2 - 3）

此后可解求被测点 P 与 B 站（和 A 站）经纬仪竖轴间的水平距离 a（及 b）：

$$a = \sqrt{(X_P - X_B)^2 + (Y_P - Y_B)^2}$$
$$b = \sqrt{(X_P - X_A)^2 + (Y_P - Y_A)^2}$$

接着，即可按"间接高程"法求得被测点 P 相对 A 站（和 B 站）经纬仪横竖轴交点的高差 h_{P-A}（及 h_{P-B}）。由间接高程计算式：

$$h = S\tan\alpha + i - v$$

（5 - 2 - 4）

当不考虑 i 与 v 时有：

$$h_{P-A} = b\tan\alpha_A$$
$$h_{P-B} = a\tan\alpha_B$$

（5 - 2 - 5）

因而有被测点 P 的高程 Z_P 为：

$$Z_P = \frac{1}{2}(Z_A + Z_B) + \frac{1}{2}(b\tan\alpha_A + a\tan\alpha_B)$$

（5 - 2 - 6）

显然，没有任何误差的情况下，应存在以下关系式：

$$\Delta Z_{B-A} = Z_B - Z_A = h_{P-A} - h_{P-B} = b\tan\alpha A - a\tan\alpha B$$

（5 - 2 - 7）

就是说，自两测站测量某任意未知点的高差，应与两测站间的高差相等。

二、精度分析

1. 平面坐标精度分析

依式（5 - 2 - 1）有两点法前方交会平面点位中误差 M_P 的关系式为：

$$M_P = \sqrt{\frac{m^2}{\rho^2}\frac{a^2 + b^2}{\sin^2\gamma} + m_A^2(\frac{a}{S})^2 + m_B^2(\frac{b}{S})^2}$$

（5 - 2 - 8）

式中：m——内角 A 或 B 的测角中误差；

m_A、m_B——测站点 A 与 B 的点位中误差。

91

现举两例,以了解各有关值的影响:

若 $a \approx b \approx s = 2\,500\,\text{mm}, m_A = 0, m_B = \pm 0.1\,\text{mm}, \gamma = 60°, m = \pm 2''$,有:

$$M_P = \sqrt{\left(\frac{2}{206\,265}\right)^2 \cdot \frac{2\,500^2 + 2\,500^2}{\sin^2 60°} + 0.1^2}$$

$$= \sqrt{0.039^2 + 0.1^2} = \pm 0.11\,\text{mm} \qquad\qquad (a)$$

若 $a \approx b \approx s = 10\,000\,\text{mm}, m_A = 0, m_B = \pm 0.1\,\text{mm}, \gamma = 60°, m = \pm 2''$,有:

$$M_P = \sqrt{\left(\frac{2}{206\,265}\right)^2 \cdot \frac{10\,000^2 + 10\,000^2}{\sin^2 60°} + 0.1^2} = \sqrt{0.158^2 + 0.1^2}$$

$$= \pm 0.21\,\text{mm} \qquad\qquad (b)$$

由以上式(a)与式(b)的两个例子得知,为了以±0.1mm左右的精度测定标志点的平面坐标,基线 S 的测定精度、内角 A 与 B 的测定精度均比较高。此两例中,被测目标距测站 2.5m~10m,交会角 γ 尚好。

2. 高程精度分析

由式(5-2-4),当没有仪器高 i 和目标高 v 影响时,高程中误差关系式为:

$$m_h = \sqrt{\tan^2 \alpha m_s^2 + \left(\frac{S}{\cos^2 \alpha}\right)^2 \left(\frac{m_\alpha}{\rho}\right)^2} \qquad\qquad (5-2-9)$$

现举一例,以了解有关值对高程误差之影响:

设 $M_P = \pm 0.10\,\text{mm}, m_A = 0, m_B = \pm 0.10\,\text{mm}$,即 $m_S = \sqrt{2}\,0.1\,\text{mm} = \pm 0.14\,\text{mm}$,且 $\alpha = 20°$,$S = 2\,500\,\text{mm}, m_\alpha = \pm 2''$,有:

$$m_h = \sqrt{\tan^2 20° 0.14^2 + \left(\frac{2\,500}{\cos^2 20°}\right)^2 \left(\frac{2''}{206\,265''}\right)^2}$$

$$= \sqrt{0.05^2 + 0.03^2} = \pm 0.06\,\text{mm} \qquad\qquad (c)$$

设 $m_S = \pm 0.14\,\text{mm}, S = 10\,000\,\text{mm}, \alpha = 45°, m_\alpha = \pm 2''$

$$m_h = \sqrt{\tan^2 45° 0.14^2 + \left(\frac{10\,000}{\cos^2 45°}\right)^2 \left(\frac{2''}{206\,265''}\right)^2}$$

$$= \sqrt{0.14^2 + 0.19^2} = \pm 0.24\,\text{mm} \qquad\qquad (d)$$

三、作业方法与几项说明

1. 作业方法

(1)近似量取两测站(A、B)间的距离 S',读至 cm 就可以满足要求;

(2)在物方空间适宜部位布置已知长度的距离 MN,如 3m 长一级因瓦水准标尺、1m 长的日内瓦尺,并且使 MN 处于水平状态;

(3)自测站 A 与 B 按前述普通测量前方交会法,测定 M、N 以及各控制点的平面坐标 (X', Y');

(4)求解比例尺归化系数 λ:

$$\lambda = MN / \sqrt{(X_M' - X_N')^2 + (Y_M' - Y_N')^2}$$

此时还可以计算两测站 A 与 B 间水平投影的实长 S:

$$S = \lambda S' \qquad (5-2-10)$$

(5)按下式计算各控制点的平面坐标:

$$\left.\begin{aligned} X_P &= \lambda X' \\ Y_P &= \lambda Y' \end{aligned}\right\} \qquad (5-2-11)$$

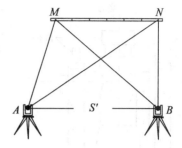

图 5-2-2　两测站水平间距的精密测定

(6)按前述间接高程方法解求各控制点的高程。

2. 关于标准尺与普通测量仪器的选择

(1)标准尺的选择问题

近景摄影测量中之所以采用上述标准尺测量方法,是因为常规测量方法难以达到 ±0.1mm 左右的精度要求。一般的钢尺丈量法不必赘述,而像 ME5000 型高精度测距仪,其标称精度也仅能达到 ±(0.20mm + 0.2ppm × D)的精度,其随机加常数 ±0.20mm已不可容忍,且仪器昂贵。

而未经检定的一级因瓦水准尺,其误差约为 ±0.02mm 或更大一些,此种标准尺或日内瓦尺的利用,配合其他测量技术,可在数米至十数米的测量范围内,满足控制点的测定精度达到 ±0.1mm 左右。

(2)经纬仪的选择问题

分析式(5-2-8)可知,测角精度要求较高。近景摄影测量控制工作中,所用的经纬仪一般是 DJ2、DJ1 甚至 DJ07 等级,即按室内法检定时,其水平方向中误差相应地可达到 ±2.0″、±1.0″和 ±0.7″的级别,甚至更好一些。实际作业中,可参考相应规范执行,但因近景控制作业中,一般环境较好,视情况可适当减少测回数。

(3)测距仪的使用可能性

一些高精度光电测距仪,当其随机加常数较小(如 ±0.2mm)时,可以用在场面较大或精度要求较低的情况。

3. 作业注意事项

(1)水平角起始方向线的确定

水平角起始方向线的确定异常重要,因它直接影响前方交会两个角度(A 与 B)的测角精度。可采用的方法有:

①平行光管法:同时使用两台经纬仪情况时,使它们调焦至无穷远,并能互相看到对方之十字丝。此时,已达到两视准轴平行,如图 5-2-3,但还未重合,且均与两仪器(A,B)连线有夹角 ε。重新调焦,瞄准对方物镜上与物镜同圆心的标志 m,以达到缩小 ε 之目的。本方法精度可达 0.1″左右,但标志 m 的标示位置有严格要求。

图 5-2-3　平行光管法起始方向线定向

②旋转被测经纬仪法:确定测站 A 至测站 B 的起始方向线时,将测站 B 的经纬仪视准轴竖直安放,如图 5-2-4 所示,并在视准轴上选择或设置铅垂目标,读取它的盘左与盘右

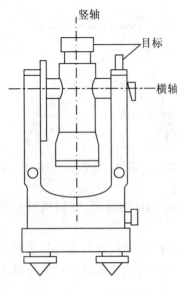

图 5 - 2 - 4 目标选择

的水平角读数。此后,将测站 B 仪器绕竖轴旋转 180°,再由测站 A 观测原来选择的目标。旋转前后,该目标水平方向读数的平均数,即是自 A 站至 B 站的水平起始方向线读数。选择两个目标可作检查或提高测定精度。

(2)两测站间高差的确定

两测站(A 与 B)间高差的精确测定,需要注意的问题是:

①经纬仪一测回垂直角的测定精度比一测回水平角的测定精度要低 2 倍以上,应据式(5 - 2 - 9)加以分析,并确定垂直角的测回数。

②可借助高度尺(如高度卡尺、垂直安放的"钢笔尺"等),按"经纬仪水准法",测求两测站间的高差。高度尺应置放在与仪器大体等高的稳定位置。

③应注意到:一旦重新安置仪器或使用经纬仪脚螺旋,两测站间高差会有变化。

④可选择控制点(其空间坐标为 X, Y, Z),随时监视两测站间的高程变化。

(3)测站位置的稳定性

高精度近景摄影测量控制测量中,使用一般的三角架不一定是稳定的,需要注意的是:

①近景控制中,常常需要建立有强制对中装置的测墩;

②高精度控制测量中,应将基座一直保留在测墩上。

§5.3 特高精度工业测量控制网的建立方法

上一节阐述了近景摄影测量控制点的一般测量方法,本节将叙述工业测量中特高精度控制网的建立方法。

一、概 述

多种工业目标的测量,按处理方法之不同,可能需要建立亚毫米级以至更高坐标精度要求的控制网。这些工业测量目标包括轿车外形、飞机或其部件外形、大型轴流式或混流式水轮机叶片外形、大型轮船螺旋桨外形、大型军用或民用天线外形、航天飞机或其部件外形、特种船体线型、大中型风动或水动试验前后的流线体外形、待放大的石膏或玻璃钢的外形以及其他大型机械或其部件的外形等。测量目的常为质量控制、仿制、组装、试制等。测量精度要求不等,其中不乏有亚毫米级以至更高级别的精度要求者。例如,轿车外壳的线型测量常为 ±0.1mm 的精度要求;而为侦察隐形飞机的直径数十米的天线,其组成部件的装配精度要求可达 ±0.05mm。因而对相应的测量控制(网)必然就提出了更高的要求。

控制网建立过程中,选择精度适宜的精密角度测量设备容易满足要求。但是,选择精密的长度量测手段,却难以顺心。以因瓦线尺作为长度量测工具,虽然可以达到相当高的精度,在严格遵守操作规程的条件下,可达到百万分之一的相对精度,但此法设备笨重,操作费工耗时,且十分繁琐。以高精度的光电测距仪作为长度量测工具,有操作简便的明显优点,但很难达到需要的精度。

在这一节,将叙述利用标准尺和高精度测角仪器建立高精度近景摄影测量控制网的理论与方法。

工业测量中特高精度控制网的形状不同,而其最大控制面积一般只有数百平方米。设有如图5-3-1的一个控制网,各测站(S_1,S_2,$\cdots$,S_6)间必须的角度可精确量测,而为了测定边长S_1S_2及边长S_5S_6,在交会角相宜部位相应地设置了标准尺MN与标准尺OP。在解得各测站近似平面坐标之后,即可按相应的"大地网"或"工程网"进行严格平差,以获得平差后的各测站的平面坐标值。

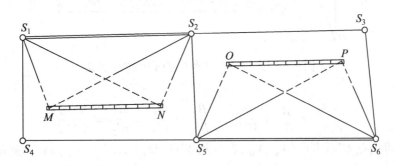

图5-3-1 一种工业测量网的布局

一级因瓦水准标尺,存在有刻划误差(大约$\pm 9\mu m \sim \pm 14\mu m$)以及其他误差。严格检定后的一级因瓦水准标尺,误差可控制在$\pm 1\mu m$。而未经检定的一级因瓦水准标尺,其误差可达到$20\mu m$以至更大。用在本方法中的标准尺,仅需检定其两端点坐标,而不需要注意其间的其他刻划。作为标准尺,还可以选择或制作其他标准长度,例如横基线尺和室内绘图的各类精密尺子,它们的长度一般在1m、2m或更长一些。利用上述1m至3m的标准尺,在进行检定(必要时)并顾及温度变化影响后,可用来布设边长为3m至10m以至更大边长的各种形状和大小的控制网。

二、高精度工业控制网的建立原理

现以一"大地四边形"$S_1S_2S_3S_4$为例,如图5-3-2,其边长约为10m,图形中部有待测工业目标。四测站(S_1、S_2、S_3、S_4)为含有强制对中装置的水泥测墩。"大地四边形"内各相关角度已准确量测。

1. 两测站间基线长度 B 的测定方法

两测站(S_1,S_2)间准确长度B的测定方法,与§5.2三中所述方法相仿。这里,在设定的物方空间坐标系$D-XYZ$内,方向线S_1S_{20}的方位角A设定为已知。测站点S_1与S_2的坐标分别为$S_1(X_1,Y_1,Z_1)$及$S_2(X_2,Y_2,Z_2)$。即两测站一般不等高,且标准尺一般不水平。

在给定S_1S_2间近似基线长度B'后,可形成一个与四边形S_1S_2MN相似的四边形$S_1S_2'M'N'$。这时$S_1S_2' = B'$。

不难注意到有以下关系:

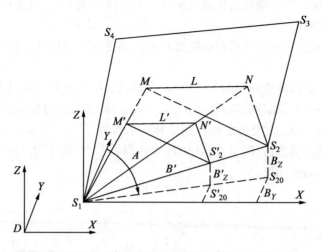

图 5 - 3 - 2　高精度工业控制网中的边长测定

$$\frac{S_1 S_2}{S_1 S'_2} = \frac{B}{B'} = \frac{MN}{M'N'} = \frac{B_Z}{B'_Z} = \frac{B_X}{B'_X} = \frac{B_Y}{B'_Y} = \frac{S_1 S_{20}}{S_1 S'_{20}} \qquad (5 - 3 - 1)$$

当解算得到点 M' 点坐标 $(X_{M'}, Y_{M'}, Z_{M'})$ 及 N' 点坐标 $(X_{N'}, Y_{N'}, Z_{N'})$ 后,有间距 $L' = M'N'$ 为:

$$L' = M'N' = \left[(X_{M'} - X_{N'})^2 + (Y_{M'} - Y_{N'})^2 + (Z_{M'} - Z_{N'})^2 \right]^{1/2} \qquad (5 - 3 - 2)$$

随即求得两测站间的准确基线长 $B = S_1 S_2$ 为:

$$B = S_1 S_2 = S'_1 S'_2 \frac{MN}{M'N'} = S_1 S'_2 \frac{L}{L'}$$

$$= B' \frac{L}{\left[(X_{M'} - X_{N'})^2 + (Y_{M'} - Y_{N'})^2 + (Z_{M'} - Z_{N'})^2 \right]^{1/2}} \qquad (5 - 3 - 3)$$

2. 基线分量以及测站坐标的解算

图 5 - 3 - 2 中,点 S'、M' 与 N' 为近似基线 B' 情况下的虚拟点。依普通前方交会可解得被测虚拟点 M'(或 N')的平面坐标,参照式(5 - 2 - 1),有:

$$\left. \begin{array}{l} X = \dfrac{X_1 \cot B + X''_2 \cot A + Y_1 - Y''_2}{\cot A + \cot B} \\[3mm] Y = \dfrac{Y_1 \cot B + Y''_2 \cot A + X''_2 - X_1}{\cot A + \cot B} \end{array} \right\} \qquad (5 - 3 - 4)$$

式中,(X''_2, Y''_2) 是点 S'_2 的平面坐标,可取自下式的前两式:

$$\left. \begin{array}{l} X''_2 = X'_2 = X_1 + B'_X = X_1 + (B'^2 - B'^2_Z)^{1/2} \cos A \\[2mm] Y''_2 = Y'_2 = Y_1 + B'_Y = Y_1 + (B'^2 - B'^2_Z)^{1/2} \sin A \\[2mm] Z''_2 = Z_1 + B'_Z \end{array} \right\} \qquad (5 - 3 - 5)$$

上式(5 - 3 - 5)中的 B'_Z 值,即虚拟测站 S'_2 相对测站 S_1 的坐标差,可由任意一被测点

（如点 M'）相对 S_1 及 S'_2 的坐标差（$\Delta Z_{M'S_1}$，$\Delta Z_{M'S_2'}$）来确定，即：

$$\left. \begin{array}{l} B'_X = \Delta X_{M'S_1} - \Delta X_{M'S_2'} \\ B'_Y = \Delta Y_{M'S_1} - \Delta Y_{M'S_2'} \\ B'_Z = \Delta Z_{M'S_1} - \Delta Z_{M'S_2'} \end{array} \right\} \qquad (5-3-6)$$

式中：

$$\left. \begin{array}{l} \Delta Z_{M'S_1} = d_{M'S_1} \tan (90° - V_{S_1M'}) \\ \Delta Z_{M'S_2} = d_{M'S_2'} \tan (90° - V_{S_2'M'}) \end{array} \right\} \qquad (5-3-7)$$

且有：

$$\left. \begin{array}{l} d_{M'S_1} = \left[(X_{M'} - X_{S_1})^2 + (Y_{M'} - Y_{S_1})^2 + (Z_{M'} - Z_{S_1})^2 \right]^{1/2} \\ d_{M'S_2} = \left[(X_{M'} - X_{S_2'})^2 + (Y_{M'} - Y_{S_2'})^2 + (Z_{M'} - Z_{S_2'})^2 \right]^{1/2} \end{array} \right\} \qquad (5-3-8)$$

如果 S'_2 相对 S_1 的高差 B'_Z 还从测定 N' 点（以至更多的点）的方面获得，则应取其平均值：

$$B'_Z = \frac{1}{2} (\Delta Z_{M'S_1} - \Delta Z_{M'S_2'} + \Delta Z_{N'S_1} - \Delta Z_{N'S_2}) \qquad (5-3-9)$$

此时虚拟点 M' 点之高程 $Z_{M'}$ 为：

$$\begin{aligned} Z_{M'} &= \frac{1}{2} \left[(Z_1 + \Delta Z_{M'S_1}) + (Z_1 + B'_Z + \Delta Z_{M'S_2'}) \right] \\ &= \frac{1}{2} \left[Z_1 + \Delta Z_{M'S_1} + Z_1 + \frac{1}{2} (\Delta Z_{M'S_1} - \Delta Z_{M'S_2'} + \Delta Z_{N'S_1} - \Delta Z_{N'S_2'}) + \Delta Z_{M'S_2} \right] \\ &= Z_1 + \frac{1}{4} (3\Delta Z_{M'S_1} + \Delta Z_{M'S_2'} + \Delta Z_{N'S_1} - \Delta Z_{N'S_2'}) \end{aligned} \qquad (5-3-10)$$

同样有虚拟被测点 N' 之高程 $Z_{N'}$ 是：

$$Z_{N'} = Z_1 + \frac{1}{4} (3\Delta Z_{N'S_1} + \Delta Z_{N'S_2'} + \Delta Z_{M'S_1} - \Delta Z_{M'S_2'}) \qquad (5-3-11)$$

3. 解算步骤

整个解算过程是一个迭代过程，其中第一次迭代步骤是：

（1）按式（5-3-5），在不顾及 B'_Z 的情况下，解求点 S'_2 的平面坐标 X''_2 及 Y''_2。

（2）按式（5-3-4），解算点 M' 与 N' 之平面坐标。

（3）按式（5-3-7）及式（5-3-10）解两测站间的近似高差值 B'_Z。

（4）按式（5-3-10）及式（5-3-11）解 M' 与 N' 的高程坐标 $Z_{M'}$ 及 $Z_{N'}$。

（5）按式（5-3-2）及式（5-3-3）确定测站间的基线长 B。

在以后的迭代运算中，重复以上过程，仅在步骤（1）里要顾及新的 B'_Z 值，从而解得各测站的近似空间坐标。

（6）按普通测量三角网平差程序，对所建网进行平差，获取测站最终空间坐标成果。

三、基线长 B 的测定精度估算

注意到，边长 B 的测定精度与所选标准尺 L 的自身精度 m_L、量测标准尺上已知点（如点 M）的交会角测角精度 M_γ 以及交会图形（如边长与交会角的大小）有关。设标准尺上所选两点 M 与 N 的交会精度分别为 M_m 与 M_n，而此两点的自身位置精度为 m_m 与 m_n。因而，交

会边长 L' 的精度 M_L 可设定为：

$$M_{L'}^2 = M_m^2 + M_n^2 + M_m^2 + M_n^2 = 2M_m^2 + m_L^2 \qquad (5-3-12)$$

这里，认为 $M_m = M_n, m_L^2 = m_m^2 + m_n^2$。

由式(5-2-8)有一般前方交会交会精度 M_m 的估算式为：

$$M_m = \pm \sqrt{\frac{m_\gamma^2}{\rho^2} \frac{(a^2 + b^2)}{\sin^2 \gamma} + m_A^2 \frac{a^2}{s^2} + m_B^2 \frac{b^2}{s^2}}$$

此式中的 m_A 与 m_B 在本法中是为零的不影响因素，因而，点 M 的坐标交会精度估算式仅与测角精度 m_γ 及交会图形有关，可简化为：

$$M_m = \frac{m_\gamma}{\rho} \frac{a^2 + b^2}{\sin \gamma} \qquad (5-3-13)$$

因交会角总能设计得很好，甚至可使 γ 角在 90°附近。这时，$a^2 + b^2 = B$，即有：

$$M_{L'} = \sqrt{2\left(\frac{m_\gamma}{\rho} \cdot \frac{B}{\sin \gamma}\right)^2 + m_L^2} \qquad (5-3-14)$$

当交会角测定精度 m_γ 摆动在 0.1″至 10″之间，标准尺自身精度 m_L 摆动在 ±5μm 至 ±200μm 之间时，对边长 $B = 10$m 的情况，所得交会边长 L' 的精度 $M_{L'}$，计算结果如表 5-3-1 所示，其中长度单位均为微米(μm)。

表 5-3-1   **基线 B 的测定精度估算**

$M_{L'}$ m_γ m_L	0.1″	0.5″	1″	2″	5″	10″
5μm	6	34	69	137	343	686
10μm	10	36	69	137	343	686
20μm	20	40	71	138	343	686
50μm	50	61	85	146	346	687
100μm	100	106	121	170	357	693
200μm	200	203	211	242	397	714

分析表 5-3-1 可有以下参考意见：

当标准尺自身误差 M_L 可控制在 100μm 以内(例如使用刻划值为 0.2mm 的日内瓦尺并仅予以简单检定)，交会角误差 m_γ 控制在 2″以内时，交会边长 L' 的精度 $m_{L'}$，最大为 179μm；当 $m_L \leqslant 50$μm，m_γ 在 1″以内时，$m_{L'} \leqslant 85$μm。此等精度用其他方法难以达到。

四、应 用 实 例

南海观音铜表面塑像 1998 年年初建成，高 61.9m(相当于 20 层楼高)，现位于广东省南海市西樵山上。1995年,原武汉测绘科技大学信息工程学院以近景摄影测量方法,测定它1:10的中稿模型(高6.19m玻璃钢制)上的三维坐标数据点七万余个。摄影测量三维数据点点位精度要求±2mm,用于BC_2型解析测图仪上的定向点约有30个,其"野外"坐标精度要求控制在±0.6mm以内。而这些环绕目标布置的定向点,是各像对间的公用定向点,是从四个测站(I_1、I_2、I_3、I_4)以前方交会方式得出,如图5-3-3。为此,在原武汉测绘科技大学的礼堂内,在此中稿模型的周围,建立了四个水泥测墩,测墩上布有强制对中装置。测墩呈正方形布置,边长B约12m,中间布有瑞士威特厂3m长一级水准尺两根。以TC2000型全站仪观测五测回。用其测距棱镜支杆置放在强制对中装置上,经置平后,作为测站间的观测标志。为改善观测条件,支杆用黑色油笔涂黑,并以桃红色塑料板作为支杆背景。

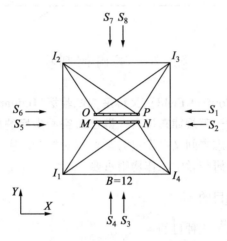

图5-3-3　一种用于近景摄影测量的高精度工业控制网

测站I_1至测站I_4上,各测站上的方位角改正数中误差分别为±0.22″,±0.24″,±0.42″,±0.39″。测站I_2与测站I_3的位置精度(M_X,M_Y,M_P)以及误差椭圆因子(长轴方向E,短轴方向F)见表5-3-2。

表5-3-2　测站位置精度

点号	M_X (mm)	M_Y (mm)	M_P (mm)	E (mm)	F (mm)
3	0.029	0.039	0.048	0.039	0.029
2	0.029	0.039	0.048	0.039	0.029

而方向角与边长的精度列在表5-3-3中,这里方向角中误差MTS以秒为单位,边长中误差MS以毫米为单位,相对误差为1:MS。

表 5 - 3 - 3　　　　　　　　　　　　　方向角与边长精度

测站 *J*—测站 *K*	*MTS* （″）	*MS* （mm）	1:*MS*
1—4	±0.00	±0.000	1:9 999 999
1—3	±0.41	±0.034	1:498 688
1—2	±0.50	±0.039	1:310 991
3—4	±0.50	±0.039	1:309 598
2—4	±0.41	±0.034	1:497 338
2—3	±0.54	±0.032	1:380 567

§5.4　室内控制场

室内控制场（Indoor Control Field），又称室内试验场（Indoor Test Field），是室内建立的三维控制系统，系统内按一定规律布设有一群已知空间坐标的控制标志。控制标志既可当控制点使用，多个控制标志之间又可设定为某种相对控制。室内控制场是近景摄影测量工作的一项基本建设，对科研与教学工作均很重要。

一、建立室内控制场的目的

建立室内控制场，有以下三种目的：

（1）用于近景摄影测量的有关研究，包括对新理论、新仪器和新方法的检验、摄影（摄像）方式的优化设计以及检验控制点数量、质量和分布对精度的影响等。

在原武汉测绘科技大学信息工程学院的控制场内，从科研和教学的不同目的出发，曾经进行多种试验与研究，现举几例如下：

●直接线性度换新算法的试验与研究，涉及程序正确性的验证、控制点数量与分布对精度的影响；

●近景摄影测量空间后方交会与直接线性变换后方交会的比较性研究；

●近景摄影测量光线束解法程序的验证；

●多重交向摄影的优化设计，包括交向角、摄影站数以及每站摄影片数对精度之影响等；

●结构光摄影测量试验；

●基于数码相机的精度检验；

●为学生准备的多种教学实验。

虽然验证新理论与新方法可以使用模拟数据，但借助控制场的试验将更切合实际，容易发现理论上的和实践中的问题。

（2）实测目标形状以及其运动状态

将被测静态目标置放于控制场内，可以使用普通测量的前方交会法或近景摄影测量法测定其大小与外形。动态运动目标（或模型）的运动状态，可借助摄像头或高速摄影机予以测定。

在原武汉测绘科技大学信息工程学院的控制场内,也曾进行过多项此类工作,如:

• 借助已知相对坐标的两个测墩,按普通前方交会法,直接测定外形不同的多种活动控制系统;

• 使用量测摄影机及光线束法测定活动控制系统上控制点标志的三维空间坐标;

• 借两台高速摄影机对运动员的单个动作进行空间分析;

• 基于 CCD 摄像机的残疾人步态分析。

(3)检定摄影机及摄像机

摄影机或摄像机内方位元素及光学畸变的检定是近景摄影测量的一个重要工作方面,因为它们涉及到摄影瞬间光束形状的恢复。在原武汉测绘科技大学信息工程学院的控制场内,曾按"实验室检定法"检定过国内很多单位的摄影机,主要包括:

• 检定多种型号的量测摄影机的内方位元素与畸变系数,其中多台摄影机曾经受碰损;

• 检定多种型号的非量测摄影机的内方位元素,包括添加有框标以至格网的承片玻璃,以及添加主距变化值刻度;

• 检定一些型号的立体量测用摄影机的基线长及两摄影机的内方位元素和外方位元素。

二、三维室内控制场的布设

1. 两种室内三维控制场

室内三维控制场,视其用途,可有单侧用室内三维控制场(如图 5 - 4 - 1)和多侧用室内三维控制场(如图 5 - 4 - 2)。

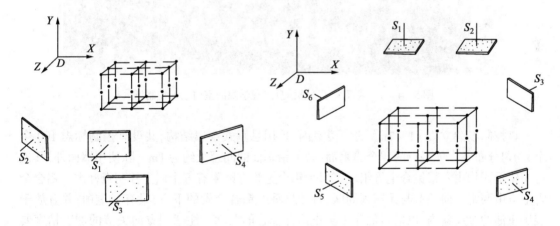

图 5 - 4 - 1 单侧用三维控制场　　　　　图 5 - 4 - 2 多侧用三维控制场

2. 三维室内控制场的一般布设原则

布设三维室内控制场至少应满足以下条件:

(1)应布设足够数量(一般有数十个或更多)的三维控制点标志;

(2)控制点一般是均匀分布的,并且在三个坐标方向的分布上,均有足够的延伸;

(3)为摄影机留有足够的拍摄活动空间;

101

(4)最好安置两个(或以上)稳定的测墩,以测定并定期复查控制点坐标。

因为近景摄影测量中,常用各种型号的摄影机以及摄像机的焦距,在数毫米至数百毫米之间,它们的视场角可变动在几度至近百度之间,常用摄影比例尺可变化在1:10 至1:100之间(甚至更宽)。所以,设计一个适应上述所有情况的通用室内控制场是不现实的。加之在标志形状上的不同要求(可能是人工量测的或是自动识别的),使建立通用控制场越发不尽现实。所以,一般总是根据现实需要来建立相应结构的控制场。

3. 一种控制场的建立方法

现以原武汉测绘科技大学信息工程学院的室内三维控制场为例,如图5 - 4 - 3,介绍建立三维控制场的一般方法。

图5 - 4 - 3　武汉大学遥感信息工程学院的室内三维控制场

该控制场建立在$11 \times 7m^2$的一楼室内,采用悬垂式金属结构,共设有控制标志100 余个,均匀分布在大体平行的四个铅垂面内,各铅垂面的间距大约为1m。除使用墙面外,其他每个铅垂面均由六根铝合金管组成。每个铝合金管上贴附有五个以上控制点标志。铝合金管上方由两组方向关节与天花板固联,自然悬垂的铝合金管的下方,设有一重锤,并置放于装满重油的金属盆内,以借阻尼作用防止铝合金管的摆动。注意到方向关节的加工精度要求,使铝管不能绕合金管轴线有0.05mm 以上的转动。各控制点形成了一个体积大约为$63m^3(7m \times 3m \times 3m)$的控制空间。

各控制标志的三维空间坐标(X,Y,Z),由设置在两个稳定的水泥测墩上的经纬仪测定,其俯视图如图5 - 4 - 4。水泥测墩,钢筋混凝土结构,埋入地下约有0.8m。两测墩(A,B)间距约为5m,量测控制标志的平均交会角γ约为60°。所选坐标点如图所示,Y轴向上为正,X轴为两经纬仪横竖交点连线在水平面上的投影。本控制场历经多次改造与复测,曾应用于

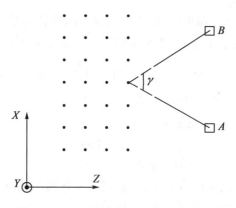

图 5 - 4 - 4　测墩与被测点间的位置关系

多种摄影测量与工程测量的试验与研究,也曾多次对摄影机和摄像机进行了几何参数的检定。

现再将一些其他相关技术细节作如下概括介绍。

(1)控制场内目前使用了三种标志。一种是印制在铝片上的标牌,以能长期使用,不受南方潮湿天气影响而损害药膜,其形状如图 5 - 4 - 5。一种是圆形黑色标志,用于摄像机的自动识别数字影像处理,如图 5 - 4 - 6。一种是回光反射标志,也用于数字影像处理,外形如图 5 - 4 - 7。

图 5 - 4 - 5　用于摄影机的
一种标志

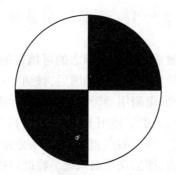

图 5 - 4 - 6　圆形黑色标志

图 5 - 4 - 7　回光反射标志

(2)控制场内使用日光灯照明。

(3)本控制场一般适用于焦距为数十毫米以上的摄影机(摄像机)。对过小焦距的摄像机,理应使用更密集点的小型控制系统。原则说来,超焦距值 H 小于 8m 者的摄影过程,均可在本控制场实施完成。

(4)两测墩(A,B)间的距离,以三米一级水准尺 MN 按本章 5.2 节三中所述方法测定。各控制标志三维空间坐标(X,Y,Z)的测定,按本章 5.2 节一中所述方法测定。曾使用的仪器,包括 T_3 型经纬仪以及联机的两架日本索佳 Set 2C 型全站仪。控制点坐标精度均在 $\pm0.1mm$ 左右。

（5）控制标志的测定精度要求

控制场内控制标志的测定精度,应以不影响像点的位置质量为原则。若控制标志的测定精度为$m_{控}$,像片比例尺分母为m,像点量测精度为$m_{像}$,则应保持如下关系:

$$m_{控} = \frac{1}{3}m \cdot m_{像} = \frac{1}{3}\frac{Y}{f}m_{像} \qquad\qquad (5-4-1)$$

此式中,Y为摄影距离,f为所摄像片的主距。

若$Y=5\mathrm{m}$,$f=50\mathrm{mm}$,$m_{像}=\pm 3\mu\mathrm{m}$,则

$$m_{控} = \pm 0.1\mathrm{mm}$$

（6）关于悬垂金属杆的线胀系数的影响

悬垂铝合金杆受线胀系数K的影响,随温度的变化而改变其长度,由测定时间温度为T_0时的长度L,变为使用时温度为T的长度L:

$$L = L_0[1 + K(T - T_0)]$$

对于铝,其$K=23.8 \cdot 10^{-6}$。

当$\Delta T = T - T_0$为10°时,对$L_0=3\mathrm{m}$的铝杆,其长度改正值$\Delta L(=L-L_0)$达到0.714mm。所以,使用控制场时,应将其竖向坐标进行温度改正。

（7）控制场应用的局限性

按本控制场的设计,它特别适用于宽角以至特宽角的各类摄影机的检校或其他近景摄影测量试验。对于宽角摄影机,特别是那些像幅小、长焦距的CCD摄像机而言,当应设计使用别种控制点布置的控制场或活动控制系统,以使每张影像上有足够的均匀分布的控制点构像。

§5.5 活动控制系统

均匀分布有一定数量的二维或三维控制标志的可携带的轻型金属构架,称之为活动控制系统。当同时对目标物及此活动控制系统摄影后,被测物自然即纳入它的坐标系内。

近景摄影测量中,包括使用非量测用摄影机对小型目标物进行摄影测量时,需要在被测物体周围布设一定数量的控制点。为了使用上的方便,可以用轻金属管料制成某种形状的框架,并在框架的适当部位布置一些控制点,它们的三维坐标事先予以测定。这样就形成了一种携带式的三维坐标控制系统,即活动控制系统。将此种控制架连同被摄物体一起拍摄,即可将被摄物体纳入控制架所规定的坐标系内,从而测定目标物相应点的坐标,进而求算其他所需要的数据、图形。被摄物体可以是多种多样的,如井下岩层,展览馆内的机器,建筑物的某一细部等。利用活动控制系统,可以快速地在被摄物体周围建立尽量理想的控制。此种活动控制系统在显微摄影测量中也有应用。

一、建立活动控制系统的目的

活动控制系统,常用于下列场合:

（1）被测目标较小,为数众多,且目标处在不同位置;

（2）不宜使用常规测量方法在现场施测控制;

（3）用于长途运输后摄影机的检校。

活动控制系统自身,应具有坚固、不变形、携带方便等特点。框架上控制标志的分布、质

地、形状与大小,与摄影测量的目标以及摄影测量方法有关。大型油轮停靠码头时,为测定数十万吨油轮对码头的压力,使用了一种形状如图 5 - 5 - 1 的金属活动控制系统。此控制系统外框取圆柱面形状,目的是为把它平稳地骑放在被测的外形为圆柱形的橡胶护舷上。此控制架上布有 21 个控制点,在三维空间形成均匀分布。控制点坐标精度约为 ± 0.1mm。相比较地,为测定两钢板相接时,各钢板上许

图 5 - 5 - 1 一种马鞍形活动控制系统

多孔位在同一坐标系内的平面坐标,使用了一种形状如图 5 - 5 - 2 的金属活动控制系统,外形基本上是平面形的,但其上布置的十余个控制标志,均测有三维坐标,坐标精度约为 ± 0.1mm。

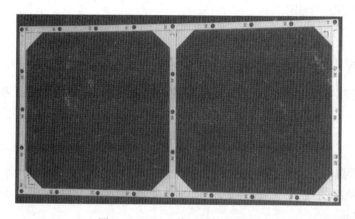

图 5 - 5 - 2 二维活动控制系统

为使用上的方便与明了,常将控制标志所测的坐标 $[X', Y', Z']^T$ 按下式进行某种三维正形变换:

$$\begin{bmatrix} X \\ Y \\ Z \end{bmatrix} = \begin{bmatrix} X_0 \\ Y_0 \\ Z_0 \end{bmatrix} + \lambda \boldsymbol{R} \begin{bmatrix} X' \\ Y' \\ Z' \end{bmatrix} \qquad (5 - 5 - 1)$$

上式中 $[X, Y, Z]^T$ 为变换后的坐标,缩放系数 λ 一般取 1,旋转矩阵 $\boldsymbol{R}$ 由坐标系 S'-$X'YZ'$ 在坐标系 S – XYZ 中的朝向角 $(\varPhi, \varOmega, K)$ 的方向余弦构成,$[X_0, Y_0, Z_0]^T$ 为坐标平移量。此正形变换的操作可参考下列原则进行。

(1)视需要,选择三个控制标志 A、B、C,它们变换前的坐标为 (X'_A, Y'_A, Z'_A),(X'_B, Y'_B, Z'_B),(X'_C, Y'_C, Z'_C)。

(2)取标志 A 变换后的坐标为坐标原点,即 $X_A = Y_A = Z_A = 0$。

(3)取两个标志 A 与 B 的连线为新坐标系 S-XYZ 的 X 轴,并使点 B 的 X 坐标值 X_B 为:

$$X_B = \sqrt{(X'_A - X'_B)^2 + (Y'_A - Y'_B)^2 + (Z'_A - Z'_B)^2} \qquad (5 - 5 - 2)$$

（4）令三个标志点 A、B、C 变换后的坐标值均为零，即：

$$Z_A = Z_B = Z_C = 0$$

（5）利用此三个标志点变换前与变换后的两套坐标，解求式(5 - 5 - 1)中的坐标平移量 $[X_0, Y_0, Z_0]^T$ 和变换角(Φ, Ω, K)。

（6）对所有其他标志，按式(5 - 5 - 1)解算变换后的坐标，即解算在新坐标系 S-XYZ 中的坐标。

二、活动控制系统控制标志的三维测量方法

活动控制系统上各控制标志的三维坐标测量方法，一般有下列三种：

（1）使用室内控制系统的测墩，以普通工程测量的前方交会法测定。

（2）使用三维坐标量测仪，用接触法的触针测定。在一些大型企业(如大型汽车制造厂)，有不同种类的三维坐标量测仪可以使用。大型的三维坐标量测仪长、宽、高有数米，最小分划值可达 $\pm 0.05\text{mm}$。

（3）使用"景深法"测定。

现将景深法作详细的介绍。

三、基于显微镜景深原理的三维坐标测定法

活动三维控制系统上标志点三维坐标的"景深"测定法，其测定原理是基于光学显微镜的景深关系式：

$$2\text{d}_x = \frac{250n\varepsilon}{\Gamma N_A} \qquad (5 - 5 - 3)$$

式中：2d_x——景深，以 mm 为单位；

  ε——模糊圈的极限角(约为 $2'.75$)的弧度值，取值 $0.000\ 8$，相当于明视距离上的 0.2mm；

  n——光折射率，这里取值1；

  N_A——显微镜的数值孔径(Numerical Aperture)，取 0.5，即 $n \cdot \sin u = 0.5$，这里的孔径角 u 取 $30°$；

  Γ——显微镜的总放大倍数。

若 $\Gamma = 100$，景深 2d_x 仅为 0.004mm。即便考虑了人眼的调节适应能力，其景深也只有 0.01mm。

基于上述的小景深原理，对于一个具有三维坐标量测功能的仪器，可在其竖直方向的适宜部位固定安置显微镜。借助显微镜在三个坐标方向上的移动，当肉眼观察到的标志影像一旦清晰，且瞄准标志中央时，即能读取其三维坐标。

武汉大学近景摄影测量教研室，使用 Stereoplanigraph C_5 型精密立体测图仪，将一工具显微镜的镜身，用一特制的夹具固定在测图仪的投影支架上，并使技术人员能方便地观察。将另一特制夹具固定在测图仪的滑轨上，以安放被测定的活动三维控制系统。被施测的三维控制系统有多种。按体积划分，最小体积约为 $80\text{mm} \times 80\text{mm} \times 40\text{mm}$，最大者约为 $500\text{mm} \times 500\text{mm} \times 20\text{mm}$。按质地与结构划分有铸铁底座，其上固有不同高度的螺杆，螺杆顶部贴

附标志,如图 5 - 5 - 3,以及方型钢管焊制而成的另一种二维活动控制系统,如图 5 - 5 - 2。

图 5 - 5 - 3　铸铁底座螺杆形三维控制系统

§5.6　一些特殊控制方法

近景摄影测量中有一些特殊的建立物方空间控制的方法,现列举几例如下。

一、量距控制

当确知物方空间有一平面,却又不允许在其上贴附标志(如平面壁画)时,可选择它上面的明显点,构成某种形状的多边形。用精密钢尺量测各边长及"对角线",如图 5 - 6 - 1,继而按常规"测边网"进行数字处理,获得以某点为原点的各点坐标。

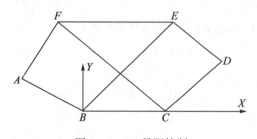

图 5 - 6 - 1　量距控制

这种方法,仅用于低精度的控制。

二、被测物体特殊几何特征的控制

当被测物有一些明显的几何特征,例如明显的平行线组、成群的线与线的直角关系、线段间的等矩或成某比例关系(例如古建筑和现代建筑的窗门外轮廓,工厂厂车间里的轨道等)等,在模拟法近景摄影测量或解析法近景摄影测量里均可用作控制。详情可参见§5.7。

三、格网与光栅

不同尺寸(大至1~2m,小至数十微米)的格网、光栅在近距离摄影测量以至显微摄影测量中,可用作控制。

四、利用微生物有固定长度的控制

在显微或电子显微测量中,当难于人工制作太小的控制时,可以利用某种微生物的几何尺寸直接作为控制。微生物自身具有固定尺寸,一定生命期的某种微生物有一定的固定尺寸,如$0.5\mu m$。

五、"日内瓦尺"法的控制网建立

当需要在一个狭小空间建立中低精度的控制网时,可以采用"日内瓦尺"法。设四边形控制网($MNOP$)的边长约为3m,现将1m长日内瓦尺置放于控制网中部并置平,如图5-6-2。随后的作业方法是:

(1)认定日内瓦尺有刻划线的边缘为设定物方空间坐标系的X轴,Y轴与X轴在同一水平面上,铅垂线为Z轴。

(2)取日内瓦尺上一定数量(如9个)的刻划线,作为已知平面控制点,并在尺子的两端和中央各取数个。这些点的X坐标可以由X刻划确定,而它们的Y坐标均相等。

(3)将一台全站仪顺次置放于M、N、O、P各点,这些点位的选择要考虑前方交会、后方交会和角度。

(4)根据日内瓦尺上的选定点位,实施后方交会,测定经纬仪竖轴的平面位置。后方交会的点位中误差依下式计算:

$$M_p = \frac{mb}{\rho\sin(\gamma+\delta)}\sqrt{(\frac{a_1}{s_1})^2 + (\frac{a_2}{s_2})^2 - (\frac{a_1}{s_1})(\frac{a_2}{s_2})\cos(\gamma+\delta)} \qquad (5-6-1)$$

注意到已知点在一直线上,如图5-6-3,应有关系式:

$$a_1 \approx a_2 \approx b$$
$$s_1 \approx s_2 \approx s$$
$$(\alpha+\beta) = 180° - (\gamma+\delta)$$

故

$$M_p = \frac{mb^2}{\rho s}\frac{\sqrt{2+\cos(\alpha+\beta)}}{\sin(\gamma+\delta)} \qquad (5-6-2)$$

设

$$s = 0.5\text{m}$$
$$b \approx 2.0\text{m}$$
$$(\alpha + \beta) = 30°$$
$$m = \pm 2''$$

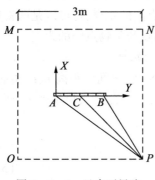

图 5 - 6 - 2　日内瓦尺法

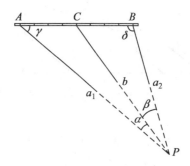

图 5 - 6 - 3　日内瓦尺法详图

则后方交会的点位中误差为：

$$M_p = \pm \frac{2.0}{206\,265} \times 2000\,\frac{2}{0.5} \cdot \frac{\sqrt{2 + 0.87}}{0.5} = \pm 0.26\text{mm}$$

取多组独立的后方交会成果,测站点平面位置的精度还有望提高。若以常规方法测定两测站间的距离,并达到此等精度并不容易。

随后可在各测站实施前方交会,以测定控制网内部和控制网外部特征点的空间坐标。

本方法显著优点是可以不必测定控制网的有关角度,因而无需相应的"对中"装置并且仅需要一台测角仪器。

§5.7　相对控制的应用

此前我曾给出相对控制的定义:摄影测量处理中未知点间的已知几何关系。不同于航空摄影测量,近景摄影测量中常常可更方便地布置或选用相对控制。相对控制的引用,使控制手段多样化,对简化和减少控制工作和提高近景摄影测量工作质量有明显作用。

布置在物空间的这类相对控制可以是某已知距离(包括两物点间,物点与摄站点间,摄站点间等);位于某平面内的一些点子;位于某直线上的一些点子;某已知角度;位于某种已知几何图形上的点子等等。举例说来,当把一根水准尺随手放在被摄物体前方,就引进了距离的相对控制。又如,当确信某些点的高程相等,即同在一水平面上,那么这时就引进了水平平面相对控制,虽然它的绝对高程不一定知晓。

可按两种方式使用相对控制,第一种方式是把相对控制认作观测值,另一种方式是把相对控制认作真值。

当把相对控制认作观测值时,是将相对控制所建立的误差方程式,与像点坐标误差方程式一并解算,从而引进控制并加强所建模型的内部强度。

当把相对控制认作真值时,则提供了某种制约条件,并按带有制约条件的间接观测平差处理,从而引进控制并加强所建模型的内部强度。

相对控制的形式多种多样,现摘要介绍于下。

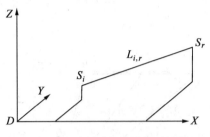

图 5 - 7 - 1　摄站间距离相对控制

一、距离相对控制

以距离作为相对控制是常用的一种方式。此距离可以是两摄站点间的距离,也可以是两物点间的距离,或者是一摄站点与某物点间的距离。

1. 摄站点间的距离

设两摄影站 S_i, S_r 之间的距离 L_{ir} 经实地量测,如图 5 - 7 - 1。若 X_S、Y_S、Z_S 代表摄站坐标,那么应存在条件方程式:

$$F_{i,r} = L_i^2 - (X_{S_i} - X_{S_r})^2 - (Y_{S_i} - Y_{S_r})^2 - (Z_{S_i} - Z_{S_r})^2 = 0 \qquad (5 - 7 - 1)$$

若函数 $F_{i,r}$ 的近似值为 $F_{i,r}^0$,改正数为 $\Delta F_{i,r}$,则有:

$$F_{i,r} = F_{i,r}^0 + \Delta F_{i,r} = 0 \qquad (5 - 7 - 2)$$

其中,$F_{i,r}^0$ 的值是在趋近计算中,根据式(5 - 7 - 1)由两摄站的坐标趋近值计算而得。

上式(5 - 7 - 2)的线性化形式为:

$$F_{i,r} = F_{i,r}^0 + \Delta F_{i,r}$$
$$= F_{i,r}^0 + \frac{\partial F}{\partial L_{i,r}}\Delta L + \frac{\partial F}{\partial X_{S_i}}\Delta X_{S_i} + \frac{\partial F}{\partial Y_{S_i}}\Delta Y_{S_i} + \cdots + \frac{\partial F}{\partial Z_{S_r}}\Delta Z_{S_r} = 0 \qquad (5 - 7 - 3)$$

式中:

$$\left.\begin{array}{l} \dfrac{\partial F}{\partial L_{i,r}} \cdot \Delta L = 2L_{i,r} \cdot dL = 2L_{i,r} \cdot V_L \\[2mm] \dfrac{\partial F}{\partial X_{S_i}}\Delta X_{S_i} = -2(X_{S_i} - X_{S_r})\Delta X_{S_i} \\[2mm] \dfrac{\partial F}{\partial Y_{S_i}}\Delta Y_{S_i} = -2(Y_{S_i} - Y_{S_r})\Delta Y_{S_i} \\[2mm] \cdots \\[2mm] \dfrac{\partial F}{\partial Z_{S_r}}\Delta Z_{S_r} = -2(Z_{S_i} - Z_{S_r})\Delta Z_{S_r} \end{array}\right\} \qquad (5 - 7 - 4)$$

将式(5 - 7 - 4)代入式(5 - 7 - 3)有:

$$F_{i,r}^0 + 2L_{i,r} \cdot V_L - [2(X_{S_i} - X_{S_r})(\Delta X_{S_i} - \Delta X_{S_r}) +$$
$$2(Y_{S_i} - Y_{S_r})(\Delta Y_{S_i} - \Delta Y_{S_r}) +$$
$$2(Z_{S_i} - Z_{S_r})(\Delta Z_{S_i} - \Delta Z_{S_r})] = 0 \qquad (5 - 7 - 5)$$

那么观测值 L 的改正数 V_L 为:

$$V_L = A_L t - L_L \qquad (5 - 7 - 6)$$

其中:

110

$$\underset{2\times 6}{\boldsymbol{A}_L} = \frac{1}{L_{i,r}} \cdot \begin{bmatrix} X_{S_i} - X_{S_r} \\ -(X_{S_i} - X_{S_r}) \\ Y_{S_i} - Y_{S_r} \\ -(Y_{S_i} - Y_{S_r}) \\ Z_{S_i} - Z_{S_r} \\ -(Z_{S_i} - Z_{S_r}) \end{bmatrix}^{\mathrm{T}}$$

$$\underset{6\times 1}{\boldsymbol{t}} = \begin{bmatrix} \Delta X_{S_i} \\ \Delta X_{S_r} \\ \Delta Y_{S_i} \\ \Delta Y_{S_r} \\ \Delta Z_{S_i} \\ \Delta Z_{S_r} \end{bmatrix}$$

$$\boldsymbol{L}_L = \left(\frac{F_{i,r}^0}{2L_{i,r}} \right)$$

把式(5-7-6)经过适当的安排即可很方便地与像点坐标误差方程式进行整体平差。

这里,引进距离 $L_{i,r}$ 相对控制,实质上就是在测定摄站 S_i、S_r 坐标的同时,要使实地测定长度 $L_{i,r}$ 作为观测值,参加整体平差,即以第一种方式使用相对控制。

相比较地,当把 $L_{i,r}$ 认作真值时,则可建立一条件方程式为:

$$\begin{aligned} F_{i,r} = L_{i,r}^2 &= F_{i,r}^0 + \Delta F \\ &= \left[(X_i^0 - X_r^0)^2 + (Y_i^0 - Y_r^0)^2 + (Z_i^0 - Z_r^0)^2 \right] + \Delta F \\ &= F_{i,r}^0 - 2(X_i - X_r)(\Delta X_i - \Delta X_r) - \\ &\quad 2(Y_i - Y_r)(\Delta Y_i - \Delta Y_r) - \\ &\quad 2(Z_i - Z_r)(\Delta Z_i - \Delta Z_r) \end{aligned} \tag{5-7-7}$$

此式可改作:

$$\begin{bmatrix} X_i - X_r \\ Y_i - Y_r \\ Z_i - Z_r \\ -(X_i - X_r) \\ -(Y_i - Y_r) \\ -(Z_i - Z_r) \end{bmatrix}^{\mathrm{T}} \begin{bmatrix} \Delta X_i \\ \Delta Y_i \\ \Delta Z_i \\ \Delta X_r \\ \Delta Y_r \\ \Delta Z_r \end{bmatrix} = \frac{F_{i,r}^0 - L_{i,r}^2}{2} \tag{5-7-8}$$

或写作矩阵式为:

$$\underset{1\times 6}{\boldsymbol{C}_{SSd}}\, \underset{1\times 6}{\boldsymbol{t}} = \boldsymbol{G}_{SSd} \tag{5-7-9}$$

当以此式(5-7-9)作为制约条件,与像点坐标误差方程式一起,按附有制约条件的间接观测平差模型进行处理,相当于以第二种方式使用此距离相对控制。

2. 两物点间的距离

如果已测知两个物点 i 和 j 间的距离 $S_{i,j}$,从而形成条件方程式:

$$S_{i,j}^2 = (X_i - X_j)^2 + (Y_i - Y_j)^2 + (Z_i - Z_j)^2 \qquad (5 - 7 - 10)$$

其相应的误差方程式为:

$$\boldsymbol{V}_{S_{1\times1}} = \boldsymbol{B}_{S_{1\times6}} \boldsymbol{X}_{6\times1} - \boldsymbol{L}_{S_{1\times1}} \qquad (5 - 7 - 11)$$

式中的 $\boldsymbol{X}$ 内包含两个物点 i 和 j 的待定坐标改正值 ΔX、ΔY、ΔZ 等共六项。

把此距离 $S_{i,j}$ 认作观测值,即可列出如式(5 - 7 - 3)的误差方程式,相比较地,如把此距离 $S_{i,j}$ 认作真值,则可列出相应的制约条件式。

3. 一个摄站点与一个物点间的距离

如已测知摄站点 S 与物点 i 间的距离 $D_{S,i}$,则形成如下条件方程式:

$$D_{S,i}^2 = (X_i - X_S)^2 + (Y_i - Y_S)^2 + (Z_i - Z_S)^2 \qquad (5 - 7 - 12)$$

其相应的误差方程式为:

$$\boldsymbol{V}_D = \boldsymbol{A}_{D_{1\times3}} \boldsymbol{t}_{3\times1} + \boldsymbol{B}_{D_{1\times3}} \boldsymbol{X}_{3\times1} - \boldsymbol{L}_D \qquad (5 - 7 - 13)$$

式中,$\boldsymbol{t}$ 内含摄站点 S 待定坐标改正值三项;$\boldsymbol{X}$ 内含物点 i 的特定坐标改正值三项。如把 $D_{S,i}$ 认作真值,则可列出相应的制约条件式。

二、平面相对控制

位于一平面上的一群未知点,可用作平面相对控制。因此,在摄影测量测定这些未知点坐标的同时,要保持它们位于一个平面上的条件。这个平面在物空间坐标系的方位可以是任意的。现对竖直平面相对控制、水平平面相对控制以及任意平面相对控制分述如下。一般均以提供制约条件的方式来使用平面相对控制。

1. 竖直平面相对控制

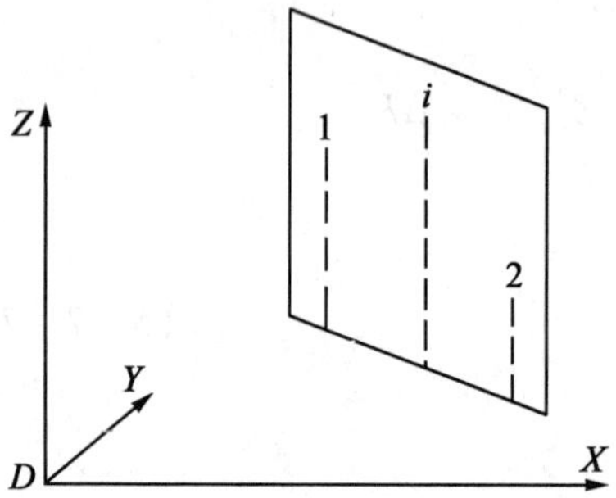

竖直平面相对控制是指一些被测点确实位于平行物空间坐标系 Z 轴的一个竖直平面上,如图 5 - 7 - 2。设未知点 1、2、i 各点位于一个平行物空间坐标系 Z 坐标轴的竖直平面 V_p 上。因竖直面 V_p 的方程与 Z 值无关,故有:

图 5 - 7 - 2 竖直平面相对控制

$$\frac{X_i - X_1}{Y_i - Y_1} = \frac{X_i - X_2}{Y_i - Y_2} \qquad (5 - 7 - 14)$$

或写作:

$$(X_i - X_2)(Y_i - Y_1) - (X_i - X_1)(Y_i - Y_2) = 0 \qquad (5 - 7 - 15)$$

将此方程式按泰勒级数展开:

$$F = F_0 + \Delta F = 0 = F_0 + \frac{\partial F}{\partial Y_i}\Delta Y_i +$$

$$\frac{\partial F}{\partial Y_2}\Delta Y_2 + \frac{\partial F}{\partial Y_1}\Delta Y_1 + \frac{\partial F}{\partial X_i}\Delta X_i +$$

$$\frac{\partial F}{\partial X_2}\Delta X_2 + \frac{\partial F}{\partial X_1}\Delta X_1 \qquad (5 - 7 - 16)$$

按此式及式(5 - 7 - 15)有:

$$\frac{\partial F_i}{\partial Y_i} = (X_i - X_2) - (X_i - X_1) = -(X_2 - X_1)$$

$$\frac{\partial F_i}{\partial Y_2} = X_i - X_1$$

$$\frac{\partial F}{\partial Y_1} = -(X_i - X_2)$$

$$\frac{\partial F}{\partial X_i} = (Y_i - Y_1) - (Y_i - Y_2) = Y_2 - Y_1$$ (5 - 7 - 17)

$$\frac{\partial F}{\partial X_2} = -(Y_i - Y_1)$$

$$\frac{\partial F}{\partial X_1} = Y_i - Y_2$$

式(5 - 7 - 16)中的 F_0 系根据竖直平面上点的坐标逐渐趋近值计算而得:

$$- F_0 = (X_i - X_2)(Y_i - Y_1) - (X_i - X_1)(Y_i - Y_2)$$

为简明起见,这里的坐标趋近值没有另用符号。

取式(5 - 7 - 16)的矩阵形式为:

$$C_{V_{p1\times6}} X_{6\times1} = G_{V_{p1\times1}}$$ (5 - 7 - 18)

其中:

$$C_{V_p} = [-(X_2 - X_1) \qquad (X_i - X_1) \qquad -(X_i - X_2)$$
$$(Y_2 - Y_1) \qquad -(Y_i - Y_1) \qquad (Y_i - Y_2)]$$
$$X = [\Delta Y_i \quad \Delta Y_2 \quad \Delta Y_1 \quad \Delta X_i \quad \Delta X_2 \quad \Delta X_1]^T$$
$$G_{V_p} = -F_0$$

竖直平面可以由不位于同一铅垂线上的两个点 1、2 来确定,每增加一个点 i,就能写出如式(5 - 7 - 18)的一个方程式,若总共给定 n 个点,则能写出($n - 2$)个条件式,即如式(5 - 7 - 18)的方程式能列出($n - 2$)组。

把式(5 - 7 - 18)作为制约条件与像点坐标误差方程式一并解算,即相当于引进竖直平面相对控制信息。

2. 水平平面相对控制

位于同一水平平面上的一群点,虽然不知道其确切高程,但它们的高程总是相等的,据此可对此平面上的点 i 和点 1 列出条件方程式:

$$Z_i - Z_1 = 0$$ (5 - 7 - 19)

上式中的坐标近似值(Z_i^0, Z_1^0)的改正数若为 ΔZ_i 与 ΔZ_1,则:

$$\Delta Z_i - \Delta Z_1 = -(Z_i^0 - Z_1^0)$$ (5 - 7 - 20)

取式(5 - 7 - 20)的矩阵形式为:

$$C_{h_{p1\times2}} X_{2\times1} = G_{h_{p1\times1}}$$ (5 - 7 - 21)

其中:

$$C_{hp} = [1 \quad -1]$$
$$X = [\Delta Z_i \quad \Delta Z_1]^r \qquad (5 - 7 - 22)$$
$$G_{h_p} = -(Z_i^0 - Z_1^0)$$

3. 任意平面相对控制

据平面方程式：

$$\begin{bmatrix} (X_i - X_1) & (Y_i - Y_1) & (Z_i - Z_1) \\ (X_2 - X_1) & (Y_2 - Y_1) & (Z_2 - Z_1) \\ (X_3 - X_1) & (Y_3 - Y_1) & (Z_3 - Z_1) \end{bmatrix} = 0 \qquad (5 \text{-} 7 \text{-} 23)$$

将此式线性化，仿式(5-7-17)的推导过程，可得如下制约条件式矩阵：

$$\boldsymbol{C}_{p1 \times 1} \boldsymbol{X}_{12 \times 1} = \boldsymbol{G}_{p1 \times 1} \qquad (5 \text{-} 7 \text{-} 24)$$

因包含点1、2、3及点i，共四个点，故$\boldsymbol{X}$中含12个未知数。在平面中每增加一个点就可列出如式(5-7-24)的一个制约条件方程。

式(5-7-24)是一般式，而式(5-7-18)式(5-7-21)则是它的特例。

三、直线相对控制

位于一直线上的一群未知点可用作直线相对控制。

1. 铅垂线相对控制

假设铅垂线上的点1相对该线上另一点i的条件方程式为：

$$\left. \begin{array}{l} X_i - X_1 = 0 \\ Y_i - Y_1 = 0 \end{array} \right\} \qquad (5 \text{-} 7 \text{-} 25)$$

此式外形与式(5-7-19)相仿，其相应的制约条件矩阵式为：

$$\boldsymbol{C}_{V_{l_2 \times 4}} \boldsymbol{X}_{4 \times 1} = \boldsymbol{G}_{V_{l_2 \times 1}} \qquad (5 \text{-} 7 \text{-} 26)$$

其中：

$$\boldsymbol{C}_{V_l} = \begin{bmatrix} +1 & -1 & 0 & 0 \\ 0 & 0 & +1 & -1 \end{bmatrix}$$

$$\boldsymbol{X} = \begin{bmatrix} \Delta X_i & \Delta X_1 & \Delta Y_i & \Delta Y_1 \end{bmatrix}^{\mathrm{T}}$$

2. 任意方向直线相对控制

$$\frac{(X_i - X_1)}{(X_2 - X_1)} = \frac{(Y_i - X_1)}{(Y_2 - X_1)} = \frac{(Z_i - X_1)}{(Z_2 - X_1)}$$

此式或写作：

$$\left. \begin{array}{l} (X_i - X_1)(Y_2 - Y_1) - (Y_i - Y_1)(X_2 - X_1) = 0 \\ (X_i - X_1)(Z_2 - Z_1) - (Z_i - Z_1)(X_2 - X_1) = 0 \end{array} \right\} \qquad (5 \text{-} 7 \text{-} 27)$$

此处共有两个方程式，1、2和i三个点，仿照前述的线性化过程，其线性化的形式为：

$$\boldsymbol{C}_{2 \times 9} \boldsymbol{X}_{9 \times 1} = \boldsymbol{G}_{l_2 \times 1} \qquad (5 \text{-} 7 \text{-} 28)$$

3. 水平直线相对控制

水平直线相对控制的条件方程式应写作：

$$\left. \begin{array}{l} Z_i - Z_1 = 0 \\ (X_i - X_1)(Y_2 - Y_1) - (Y_i - Y_1)(X_2 - X_1) = 0 \end{array} \right\} \qquad (5 \text{-} 7 \text{-} 29)$$

如果仅有点1、点2和点i三个点，那么线性化的形式应写作：

$$\boldsymbol{C}_{h_{l_2 \times 9}} \boldsymbol{X}_{9 \times 1} = \boldsymbol{G}_{h_{l_3 \times 1}} \qquad (5 \text{-} 7 \text{-} 30)$$

四、角度相对控制

在点 1 处,边 L_{12} 与边 L_{13} 所夹角 θ 已经量测,如图 5 - 7 - 3,根据余弦定律可列出下列条件方程:

$$L_{23}^2 - L_{12}^2 - L_{13}^2 + 2L_{12}L_{13}\cos\theta = 0 \qquad (5 - 7 - 31)$$

其中:

$$\left. \begin{aligned} L_{12}^2 &= (X_1 - X_2)^2 + (Y_1 - Y_2)^2 + (Z_1 - Z_2)^2 \\ L_{13}^2 &= (X_1 - X_3)^2 + (Y_1 - Y_3)^2 + (Z_1 - Z_3)^2 \\ L_{23}^2 &= (X_2 - X_3)^2 + (Y_2 - Y_3)^2 + (Z_2 - Z_3)^2 \end{aligned} \right\}$$

$$(5 - 7 - 32)$$

参照式(5 - 7 - 32)对式(5 - 7 - 31)进行线性化,并可把角 θ 看做观测值,则有:

$$\boldsymbol{V}_{\theta_{1 \times 1}} = \boldsymbol{B}_{\theta_{1 \times 9}} \hat{\boldsymbol{X}}_{9 \times 1} - \boldsymbol{L}_{\theta_{1 \times 1}} \qquad (5 - 7 - 33)$$

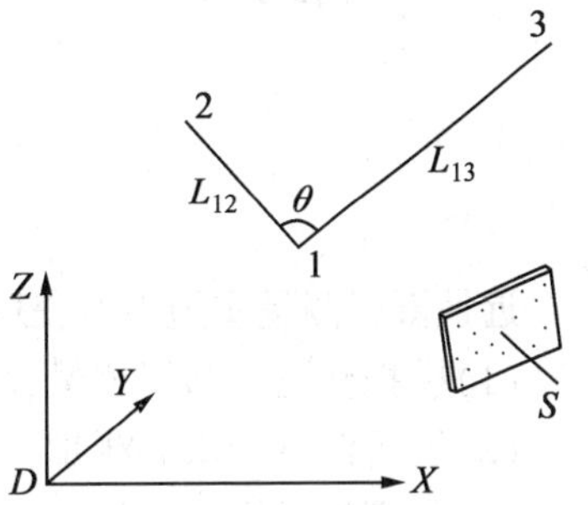

图 5 - 7 - 3　角度相对控制

当然也可把角度 θ 看做真值。

假如这个角又位于一个竖直平面或水平平面上,那么除可以引进角度相对控制方程(5 - 7 - 33)外,还可附加竖直平面制约方程式(5 - 7 - 18)或水平平面制约方程式(5 - 7 - 21)。

引用相对控制的方法,可以分作两种类型。其中一类,是把具体量测数据(如距离、角度)看做观测值,这时首先要建立条件方程式,然后把它们转化为误差方程式(必要时需线性化),使此误差方程式中所含的未知数仅包括外方位元素改正数 t 及目标点的物空间坐标改正值 X,从而形成与像点坐标误差方程式相似的形式。相对控制所形成的误差方程式中的未知数,就是像点坐标误差方程式中的未知数,故未知数的数量并未增加。另外一类,则仅是建立制约条件,按附有制约条件的间接平差法计算。

不难理解,只要被观测物体含有规则的几何图形,例如长方形、立方体等,当然就可以把组成这些规则几何图形的点,理解为一系列已知的长度、直线、角度和平面,并构成相应的相对控制。

第六章 基于共线条件方程式的近景像片解析处理方法

近景摄影测量实施中所获取的像片或影像,原则上可以采用下列三种方法进行处理:

(1)模拟法近景摄影测量;

(2)解析法近景摄影测量;

(3)数字近景摄影测量。

在以后的几章中,将陆续对以上三种方法做较详尽的叙述。其中,解析法近景摄影测量,又可分为基于共线条件方程式的近景像片解析处理方法、直接线性变换解法、基于共面条件方程式的近景像片解析处理方法、近景摄影测量的具有某些特点的其他解析处理方法等四大类。

本章介绍的基于共线条件方程式的各种近景像片解析处理方法,是解析法近景摄影测量中最重要、使用最为广泛的方法,也是数字近景摄影测量的重要运算方法。基于共线条件方程式的近景像片解析处理方法,其内容包括以共线条件方程式为基础的像点坐标误差方程式的一般式、多片空间前方交会解法、单片空间后方交会解法以及各种光线束解法等。

§6.1 基于共线条件方程式的像点坐标误差方程式的一般式

一、共线条件方程式的分析

参考式(1-3-9)及图6-1-1,有共线条件方程式:

$$
\left.
\begin{aligned}
x - x_o + \Delta x &= -f\frac{a_1(X - X_S) + b_1(Y - Y_S) + c_1(Z - Z_S)}{a_3(X - X_S) + b_3(Y - Y_S) + c_3(Z - Z_S)} = -f\frac{\overline{X}}{\overline{Z}} \\
y - y_o + \Delta y &= -f\frac{a_2(X - X_S) + b_2(Y - Y_S) + c_2(Z - Z_S)}{a_3(X - X_S) + b_3(Y - Y_S) + c_3(Z - Z_S)} = -f\frac{\overline{Y}}{\overline{Z}}
\end{aligned}
\right\} \quad (6-1-1)
$$

分析共线条件方程式(6-1-1),不难有以下认识:

(1)共线条件方程式(6-1-1),是描述摄影中心S、像点a及物点A位于一直线上的关系式。

(2)在给定的物方空间坐标系$D-XYZ$中,物点A的坐标为(X,Y,Z),摄影中心S的坐标为(X_S,Y_S,Z_S)。在选取的像片坐标系$c-xy$中,主点的坐标为(x_0,y_0),像点a的坐标为(x,y),像片的主距为f。像片(光束)P在物方空间坐标系$D-XYZ$中的朝向(方位),以(φ,ω,κ)定义,方向余弦$(a_i,b_i,c_i,i=1,2,3)$是它们的函数。物点A在像空间坐标系$S-xyz$中的坐标为$(\overline{X},\overline{Y},\overline{Z})$。

(3)像点a在成像过程中存在某种系统误差,其改正数$(\Delta x,\Delta y)$添加在式(6-1-1)的

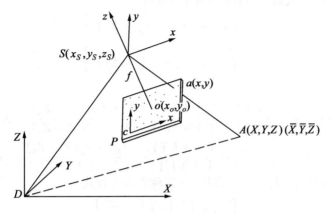

图 6 - 1 - 1   共线条件方程式示意图

左方。

（4）出于不同的解算目的，共线条件方程式可用以解算以下五类未知数：

①可用于解算外方位元素$(X_S,Y_S,Z_S,\varphi,\omega,\kappa)$，如空间后方交会解法。

②可用于解算内方位元素(f,x_0,y_0)，如空间后方交会解法、光线束解法。

③可用于解算物方空间坐标(X,Y,Z)，如空间前方交会解法、光线束解法。

④可用于解算像点坐标(x,y)，如生成模拟数据、逆反摄影测量（Inverse Photogramme-try）、光线束解法。

⑤可用于解求系统误差（或解算系统误差数学模型中的一些有关参数），如自检校光线束解法。

（5）共线条件方程式（6 - 1 - 1）是非线性关系式，对该方程式的各种观测值（如像点坐标观测值x,y）进行最小二乘平差处理时，总应将此方程式进行线性化。

二、共线条件方程式像点坐标误差方程式的一般式

推导共线条件方程式像点坐标误差方程式一般式，可用于方便地解算前面所提及的五类未知数，也便于认识各种解算方法间的关系。

近景摄影测量处理中，像点坐标(x,y)是主要的一类观测值。此时，式（6 - 1 - 1）可写作：

$$\left.\begin{array}{l} x = \left(x_0 - f\dfrac{\overline{X}}{\overline{Z}} - \Delta x\right) \\[3mm] y = \left(y_0 - f\dfrac{\overline{Y}}{\overline{Z}} - \Delta y\right) \end{array}\right\} \qquad (6\text{-}1\text{-}2)$$

平差处理过程中，因存在多余观测值（即存在观测值的改正数v_x、v_y），而且计算过程是一个迭代运算过程（即存在近似值的改正数d_x,d_y），故式（6 - 1 - 2）应写作：

$$\left.\begin{array}{l} x + v_x = \left(x_0 - f\dfrac{\overline{X}}{\overline{Z}} - \Delta x\right) + d_x = (x) + d_x \\[3mm] y + v_y = \left(y_0 - f\dfrac{\overline{Y}}{\overline{Z}} - \Delta y\right) + d_y = (y) + d_y \end{array}\right\} \qquad (6\text{-}1\text{-}3)$$

117

式中(x)与(y),是前一次迭代运算结果的近似值:

$$
\left.\begin{array}{l}
(x) = (x_0 - f\dfrac{\overline{X}}{\overline{Z}} - \Delta x)\\[2mm]
(y) = (y_0 - f\dfrac{\overline{Y}}{\overline{Z}} - \Delta y)
\end{array}\right\}
$$

即:

$$
\left.\begin{array}{l}
(x) = x_0 - f\dfrac{a_1(X - X_S) + b_1(Y - Y_S) + c_1(Z - Z_S)}{a_3(X - X_S) + b_3(Y - Y_S) + c_3(Z - Z_S)} - \Delta x\\[4mm]
(y) = y_0 - f\dfrac{a_2(X - X_S) + b_2(Y_0 - Y_S) + c_2(Z - Z_S)}{a_3(X - X_S) + b_3(Y - Y_S) + c_3(Z - Z_S)} - \Delta y
\end{array}\right\}
\quad (6\text{-}1\text{-}4)
$$

由式(6-1-3),有像点坐标改正数方程式(俗称误差方程式):

$$
\begin{bmatrix} v_x \\ v_y \end{bmatrix} = \begin{bmatrix} d_x \\ d_y \end{bmatrix} - \begin{bmatrix} x - (x) \\ y - (y) \end{bmatrix}
\quad (6\text{-}1\text{-}5)
$$

这里的(d_x, d_y),取自按泰勒级数展开的一次项式,上式应写作:

$$
\begin{bmatrix} v_x \\ v_y \end{bmatrix} =
\begin{bmatrix}
\frac{\partial x}{\partial X_S} & \frac{\partial x}{\partial Y_S} & \frac{\partial x}{\partial Z_S} & \frac{\partial x}{\partial \varphi} & \frac{\partial x}{\partial \omega} & \frac{\partial x}{\partial \kappa} & \frac{\partial x}{\partial f} & \frac{\partial x}{\partial x_0} & \frac{\partial x}{\partial y_0} & \frac{\partial x}{\partial X} & \frac{\partial x}{\partial Y} & \frac{\partial x}{\partial Z} & \cdots \\[2mm]
\frac{\partial y}{\partial X_S} & \frac{\partial y}{\partial Y_S} & \frac{\partial y}{\partial Z_S} & \frac{\partial y}{\partial \varphi} & \frac{\partial y}{\partial \omega} & \frac{\partial y}{\partial \kappa} & \frac{\partial y}{\partial f} & \frac{\partial y}{\partial x_0} & \frac{\partial y}{\partial y_0} & \frac{\partial y}{\partial X} & \frac{\partial y}{\partial Y} & \frac{\partial y}{\partial Z} & \cdots
\end{bmatrix}
\begin{bmatrix} \Delta X_S \\ \Delta Y_S \\ \Delta Z_S \\ \Delta \varphi \\ \Delta \omega \\ \Delta \kappa \\ \Delta f \\ \Delta x_0 \\ \Delta y_0 \\ \Delta X \\ \Delta Y \\ \Delta Z \\ \vdots \end{bmatrix}
- \begin{bmatrix} x - (x) \\ y - (y) \end{bmatrix}
\quad (6\text{-}1\text{-}6)
$$

给上式中各偏导数取相应代号$(a_{11}, \cdots)$,注意到$\dfrac{\partial x}{\partial Z} = -\dfrac{\partial x}{\partial Z_S}$的一些规律,且把未知数分类为外方位元素、物方空间坐标、内方位元素和附加参数,有:

$$
\begin{bmatrix} v_x \\ v_y \end{bmatrix} =
\begin{bmatrix} a_{11} & a_{12} & a_{13} & a_{14} & a_{15} & a_{16} \\ a_{21} & a_{22} & a_{23} & a_{24} & a_{25} & a_{26} \end{bmatrix}
\begin{bmatrix} \Delta X_S \\ \Delta Y_S \\ \Delta Z_S \\ \Delta \varphi \\ \Delta \omega \\ \Delta \kappa \end{bmatrix}
+ \begin{bmatrix} -a_{11} & -a_{12} & -a_{13} \\ -a_{21} & -a_{22} & -a_{23} \end{bmatrix}
\begin{bmatrix} \Delta X \\ \Delta Y \\ \Delta Z \end{bmatrix} +
$$

$$
\begin{bmatrix} a_{17} & a_{18} & a_{19} \\ a_{27} & a_{28} & a_{29} \end{bmatrix}
\begin{bmatrix} \Delta f \\ \Delta x_0 \\ \Delta y_0 \end{bmatrix}
+ \begin{bmatrix} \overline{b}_1 & \overline{b}_2 & \cdots & 0 & 0 & \cdots \\ 0 & 0 & \cdots & \overline{c}_1 & \overline{c}_2 & \cdots \end{bmatrix}
\begin{bmatrix} \alpha_1 \\ \alpha_2 \\ \vdots \\ \beta_1 \\ \beta_2 \\ \vdots \end{bmatrix}
- \begin{bmatrix} x - (x) \\ y - (y) \end{bmatrix}
\quad (6\text{-}1\text{-}7)
$$

此式中$[\alpha_1, \alpha_2, \cdots, \beta_1, \beta_2, \cdots]^{\mathrm{T}}$为附加参数。例如,对畸变差改正项$\Delta x = xr^2\kappa_1$,可设$\alpha_1 = \kappa_1$,

118

此时$\bar{b_1} = \dfrac{\partial(\Delta x)}{\partial \kappa_1} = xr^2$。并设定一些矩阵符号:

$$V = \begin{bmatrix} v_x \\ v_y \end{bmatrix}^{T}$$

$$A = \begin{bmatrix} a_{11} & a_{12} & a_{13} & a_{14} & a_{15} & a_{16} \\ a_{21} & a_{22} & a_{23} & a_{24} & a_{25} & a_{26} \end{bmatrix}$$

$$t = \begin{bmatrix} \Delta X_S & \Delta Y_S & \Delta Z_S & \Delta \varphi & \Delta \omega & \Delta \kappa \end{bmatrix}^{T}$$

$$B = \begin{bmatrix} -a_{11} & -a_{12} & -a_{13} \\ -a_{21} & -a_{22} & -a_{23} \end{bmatrix}$$

$$X_1 = \begin{bmatrix} \Delta X & \Delta Y & \Delta Z \end{bmatrix}^{T}$$

$$C = \begin{bmatrix} a_{17} & a_{18} & a_{19} \\ a_{27} & a_{28} & a_{29} \end{bmatrix}$$

$$X_2 = \begin{bmatrix} \Delta f & \Delta x_0 & \Delta y_0 \end{bmatrix}^{T}$$

$$D_{ad} = \begin{bmatrix} \bar{b_1} & \bar{b_2} & \cdots & 0 & 0 & \cdots \\ 0 & 0 & \cdots & \bar{c_1} & \bar{c_2} & \cdots \end{bmatrix}$$

$$X_{ad} = \begin{bmatrix} \alpha_1 & \alpha_2 \cdots \beta_1 & \beta_2 \cdots \end{bmatrix}^{T}$$

$$L = \begin{bmatrix} x - (x) & y - (y) \end{bmatrix}^{T}$$

此时,式(6-1-7)可写作:

$$V = At + BX_1 + CX_2 + D_{ad}X_{ad} - L \qquad (6-1-8)$$

如再把物方点空间坐标未知数 X_1 分作控制点未知数 X_c 和待定点未知数 X_u 两组,则得共线条件方程式像点坐标误差方程式的一般式:

$$V = At + B_c X_c + B_u X_u + CX_2 + D_{ad}X_{ad} - L \qquad (6-1-9)$$

据此一般式可导出多种近景摄影测量解法的误差方程式。

二、像点坐标误差方程式一般式各偏导数的严格关系式

基于共线条件方程式的像点坐标误差方程式一般式(6-1-7)中的各偏导数(a_{11},a_{12},a_{29})应推导其严格的表达式,这是因为在近景摄影中,常出现以下两种情况:

(1)大角度摄影(如多重交向摄影)时,像片的外方位角元素(φ,ω,κ)值变动范围很大,甚至变动在 $0° \sim 360°$ 之间;

(2)被测物体深度上的差别与摄影距离的比值,常较航空摄影测量为大。

经推证,各偏导数(a_{11},a_{12},a_{29})的严格关系式是:

$$\left.\begin{aligned}
a_{11} &= \frac{\partial x}{\partial X_S} = \frac{1}{\bar{Z}}\left[a_1 f + a_3(x - x_0) \right] \\
a_{12} &= \frac{\partial x}{\partial Y_S} = \frac{1}{\bar{Z}}\left[b_1 f + b_3(x - x_0) \right] \\
a_{13} &= \frac{\partial x}{\partial Z_S} = \frac{1}{\bar{Z}}\left[c_1 f + c_3(x - x_0) \right] \\
a_{21} &= \frac{\partial y}{\partial X_S} = \frac{1}{\bar{Z}}\left[a_2 f + a_3(y - y_0) \right] \\
a_{22} &= \frac{\partial y}{\partial Y_S} = \frac{1}{\bar{Z}}\left[b_2 f + b_3(y - y_0) \right] \\
a_{23} &= \frac{\partial y}{\partial Z_S} = \frac{1}{\bar{Z}}\left[c_2 f + c_3(y - y_0) \right]
\end{aligned}\right\} \qquad (6-1-10a)$$

$$a_{14} = \frac{\partial x}{\partial \varphi} = (y - y_0)\sin\omega - \left\{\frac{x - x_0}{f}\left[(x - x_0)\cos\kappa - (y - y_0)\sin\kappa\right] + f\cos\kappa\right\}\cos\omega$$

$$a_{15} = \frac{\partial x}{\partial \omega} = -f\sin\kappa - \frac{x - x_0}{f}\left[(x - x_0)\sin\kappa + (y - y_0)\cos\kappa\right]$$

$$a_{16} = \frac{\partial x}{\partial \kappa} = (y - y_0)$$

$$a_{24} = \frac{\partial y}{\partial \varphi} = -(x - x_0)\sin\omega - \left\{\frac{y - y_0}{f}\left[(x - x_0)\cos\kappa - (y - y_0)\sin\kappa\right] - f\sin\kappa\right\}\cos\omega$$

$$a_{25} = \frac{\partial y}{\partial \omega} = -f\cos\kappa - \frac{y - y_0}{f}\left[(x - x_0)\sin\kappa + (y - y_0)\cos\kappa\right]$$

$$a_{26} = \frac{\partial y}{\partial \kappa} = -(x - x_0)$$

$$(6 - 1 - 10\text{b})$$

$$a_{17} = \frac{\partial x}{\partial f} = \frac{x - x_0}{f}$$

$$a_{18} = \frac{\partial x}{\partial x_0} = 1$$

$$a_{19} = \frac{\partial x}{\partial y_0} = 0$$

$$a_{27} = \frac{\partial y}{\partial f} = \frac{y - y_0}{f}$$

$$a_{28} = \frac{\partial y}{\partial x_0} = 0$$

$$a_{29} = \frac{\partial y}{\partial y_0} = 1$$

$$(6 - 1 - 10\text{c})$$

现以偏导数 a_{11} 与 a_{14} 的推证过程为例演证如下。

依共线条件方程式(6 - 1 - 1),有像点坐标 x 对某变量 η 的偏导数的一般式是:

$$\frac{\partial x}{\partial \eta} = -\frac{f}{(\bar{Z})^2}\left(\frac{\partial \bar{X}}{\partial \eta}\bar{Z} - \frac{\partial \bar{Z}}{\partial \eta}\bar{X}\right) \qquad (6 - 1 - 11)$$

因而,有 a_{11} 的推证过程如下:

$$a_{11} = \frac{\partial x}{\partial X_S} = -\frac{f}{(\bar{Z})^2}\left(\frac{\partial \bar{X}}{\partial X_S}\bar{Z} - \frac{\partial \bar{Z}}{\partial X_S}\bar{X}\right) = -\frac{f}{(\bar{Z})^2}(-a_1\bar{Z} + a_3\bar{X})$$

$$= \frac{1}{\bar{Z}}\left[a_1 f + a_3(x - x_0)\right] \qquad (6 - 1 - 12)$$

而 a_{14} 的推证过程是:

$$a_{14} = \frac{\partial x}{\partial \varphi} = -\frac{f}{(\bar{Z})^2}\left(\frac{\partial \bar{X}}{\partial \varphi}\bar{Z} - \frac{\partial \bar{Z}}{\partial \varphi}\bar{X}\right) \qquad (6 - 1 - 13)$$

上式(6 - 1 - 13)中的 $\frac{\partial \bar{X}}{\partial \varphi}$ 与 $\frac{\partial \bar{Z}}{\partial \varphi}$ 取自下式:

120

$$\frac{\partial}{\partial\varphi}\begin{bmatrix}\overline{X}\\\overline{Y}\\\overline{Z}\end{bmatrix} = \frac{\partial}{\partial\varphi}\begin{bmatrix}a_1 & b_1 & c_1\\a_2 & b_2 & c_2\\a_3 & b_3 & c_3\end{bmatrix}\begin{bmatrix}X-X_S\\Y-Y_S\\Z-Z_S\end{bmatrix} = \frac{\partial}{\partial\varphi}R_\kappa^{-1}\begin{bmatrix}X-X_S\\Y-Y_S\\Z-Z_S\end{bmatrix}$$

$$= R_\kappa^{-1}R_\omega^{-1}\frac{\partial R_\varphi^{-1}}{\partial\varphi}\begin{bmatrix}X-X_S\\Y-Y_S\\Z-Z_S\end{bmatrix} = R^{-1}R_\varphi\frac{\partial R_\varphi^{-1}}{\partial\varphi}\begin{bmatrix}X-X_S\\Y-Y_S\\Z-Z_S\end{bmatrix}$$

$$= R^{-1}\begin{bmatrix}\cos\varphi & 0 & -\sin\varphi\\0 & 1 & 0\\\sin\varphi & 0 & \cos\varphi\end{bmatrix}\begin{bmatrix}-\sin\varphi & 0 & \cos\varphi\\0 & 0 & 0\\-\cos\varphi & 0 & -\sin\varphi\end{bmatrix}\begin{bmatrix}X-X_S\\Y-Y_S\\Z-Z_S\end{bmatrix}$$

$$= R^{-1}\begin{bmatrix}0 & 0 & 1\\0 & 0 & 0\\-1 & 0 & 0\end{bmatrix}\begin{bmatrix}X-X_S\\Y-Y_S\\Z-Z_S\end{bmatrix} = \begin{bmatrix}-c_1(X-X_S)+a_1(Z-Z_S)\\-c_2(X-X_S)+a_2(Z-Z_S)\\-c_3(X-X_S)+a_3(Z-Z_S)\end{bmatrix}$$

故式(6 - 1 - 13)继续写作:

$$a_{14} = -\frac{f}{(\overline{Z})^2}\Big\{\big[-c_1(X-X_S)+a_1(Z-Z_S)\big]\overline{Z} - \big[-c_3(X-X_S)+a_3(Z-Z_S)\big]\overline{X}\Big\}$$

$$= -\frac{f}{\overline{Z}}\Big\{\big[c_1(a_1\overline{X}+a_2\overline{Y}+a_3\overline{Z})+a_1(c_1\overline{X}+c_2\overline{Y}+c_3\overline{Z})\big] -$$

$$\frac{\overline{X}}{\overline{Z}}\big[-c_3(a_1\overline{X}+a_2\overline{Y}+a_3\overline{Z})+a_3(c_1\overline{X}+c_2\overline{Y}+c_3\overline{Z})\big]\Big\}$$

$$= -f\Big[b_2 - b_3\frac{\overline{Y}}{\overline{Z}}+b_2\Big(\frac{\overline{X}}{\overline{Z}}\Big) - b_1\frac{\overline{X}\,\overline{Y}}{(\overline{Z})^2}\Big]$$

$$= -f\Big[\cos\omega\cos\kappa + \sin\omega\frac{\overline{Y}}{\overline{Z}}+\cos\omega\cos\kappa\Big(\frac{\overline{X}}{\overline{Z}}\Big)^2 - \cos\omega\sin\kappa\frac{\overline{X}}{\overline{Z}}\frac{\overline{Y}}{\overline{Z}}\Big]$$

$$= (y-y_0)\sin\omega - \Big\{\frac{x-x_0}{f}\big[(x-x_0)\cos\kappa - (y-y_0)\sin\kappa\big]+f\cos\kappa\Big\}\cos\omega$$

§6.2 近景摄影测量的多片空间前方交会解法

基于共线条件方程式的近景摄影测量的多片空间前方交会解法,是根据已知内外方位元素的两张或两张以上像片,把待定点的像点坐标视作观测值,以解求其或是值并逐点解求待定点物方空间坐标的过程。

此解法多用于量测用摄影机所摄像片的处理,各像片的外方位元素的获取方法有:

(1)在实地测量或记录外方位元素。例如在变形测量中,可以用普通测量的方法直接测定摄站点(摄影中心)的外方位元素(X_S、Y_S、Z_S),而用摄影机的自身设备或附加精密跨水准管器记录外方位角元素(φ、ω、κ)。

（2）按物方空间布置适宜的一定数量控制点,通过近景摄影测量空间后方交会法,解求各像片的外方位元素值$(X_S \text{、} Y_S \text{、} Z_S \text{、} \varphi \text{、} \omega \text{、} \kappa)$。

（3）通过适当的检校方式,预先测定两立体摄影机(或立体视觉系统)在给定物方空间坐标系内的外方位元素值。

近景摄影测量的多片空间前方交会解法与航空摄影测量的同名方法的区别在于:近景解法中交会图形相对复杂,包括较多的像片张数,可能出现大的外方位角元素等。

一、多片空间前方交会解法及其误差方程式

在此解法中,因内方位元素已知(即 $\boldsymbol{X}_2 = 0$),外方位元素已知并视为真值(即 $\boldsymbol{t}_E = 0$),不顾及控制点空间坐标误差(即 $\boldsymbol{X}_c = 0$),各附加参数认作已知(即 $\boldsymbol{X}_{ad} = 0$),故像点坐标观测值的误差方程式的一般式(6 - 1 - 9)取以下形式:

$$\boldsymbol{V}_2 = \boldsymbol{B}_u \boldsymbol{X}_u - \boldsymbol{L} \qquad (6 \text{ - } 2 \text{ - } 1)$$

如由三张像片 P_1、P_2、P_3(如图 6 - 2 - 1)按前方交会解法,解求未知点 A 在物方空间坐标系 $D - XYZ$ 内的空间坐标(X, Y, Z),由上式(6 - 2 - 1),对每一个像点(如像片 P_1 上的像点 a_1),可列出下列误差方程式:

$$\boldsymbol{V}_2 = \begin{bmatrix} v_x \\ v_y \end{bmatrix} = \begin{bmatrix} -a_{11} & -a_{12} & -a_{13} \\ -a_{21} & -a_{22} & -a_{23} \end{bmatrix} \begin{bmatrix} \Delta X \\ \Delta Y \\ \Delta Z \end{bmatrix} - \begin{bmatrix} x - (x) \\ y - (y) \end{bmatrix} \qquad (6 \text{ - } 2 \text{ - } 2)$$

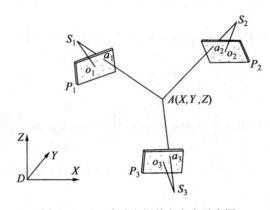

图 6 - 2 - 1 多片空间前方交会示意图

解算的原则是:要使点 A 的三个像点(a_1, a_2, a_3)的像片坐标观测值的改正数的平方和为最小,即:

$$(v_{x_{a_1}}^2 + v_{y_{a_1}}^2) + (v_{x_{a_2}}^2 + v_{y_{a_2}}^2) + (v_{x_{a_3}}^2 + v_{y_{a_3}}^2) = \min$$

组成法方程,解得近似值(X_0, Y_0, Z_0)的改正值$(\Delta X, \Delta Y, \Delta Z)$,即可获得未知数坐标下一次的趋近值$(X, Y, Z)$:

$$\begin{bmatrix} X \\ Y \\ Z \end{bmatrix} = \begin{bmatrix} X_0 + \Delta X \\ Y_0 + \Delta Y \\ Z_0 + \Delta Z \end{bmatrix} \qquad (6 \text{ - } 2 \text{ - } 3)$$

由迭代判据确定迭代次数,迭代判据一般是可能获取精度的下一位的1。

逐点地解求待定点坐标的这个特点,即每次仅仅解求一个待定点的三个空间坐标说明:

(1)多片空间前方交会解法的最少像片数为2张,这时有一个多余观测值。

(2)计算过程简单,速度快,可以在很简单的计算机上实现。

未知数(X,Y,Z)的近似值(X_0,Y_0,Z_0),可参照上列共线条件方程式的另一种表达式解算:

$$\left.\begin{array}{l} \dfrac{X_0 - X_S}{Z_0 - Z_S} = \dfrac{a_1 x + a_2 y - a_3 f}{c_1 x + c_2 y - c_3 f} = m \\[3mm] \dfrac{Y_0 - Y_S}{Z_0 - Z_S} = \dfrac{b_1 x + b_2 y - b_3 f}{c_1 x + c_2 y - c_3 f} = n \end{array}\right\} \qquad (6\text{-}2\text{-}4)$$

取两张像片,可列出以下两组方程,并据以解算未知点坐标的近似值(X_0,Y_0,Z_0):

$$\left.\begin{array}{l} \dfrac{X_0 - X_{S_1}}{Z_0 - Z_{S_1}} = m_1 \\[3mm] \dfrac{Y_0 - Y_{S_1}}{Z_0 - Z_{S_1}} = n_1 \end{array}\right\} ; \quad \left.\begin{array}{l} \dfrac{X_0 - X_{S_2}}{Z_0 - Z_{S_2}} = m_2 \\[3mm] \dfrac{Y_0 - Y_{S_2}}{Z_0 - Z_{S_2}} = n_2 \end{array}\right\} \qquad (6\text{-}2\text{-}5)$$

上式中系数$(m_1,n_1;m_2,n_2)$以及$(X_{S_1},Y_{S_1},Z_{S_1};X_{S_2},Y_{S_2},Z_{S_2})$均已知。

实用中,多片空间前方交会解法的像片数,最多5～6片。此解法用途甚广,在高、中、低精度要求的应用中,均有众多实例。

二、影响多片空间前方交会解法精度的因素

有一个很繁复的关系式,用以描述近景摄影测量空间前方交会解法的精度,这里不予列出。不难估计,影响精度的主要因素是:

(1)空间前方交会各像片间以及它们与未知点间的几何构形,包括像片张数与其布局、交会角度等。

(2)像点坐标的质量,即像点坐标的量测精度以及改正各类像点系统误差的程度。原则说来,像点坐标的量测精度取决于所用坐标量测仪的等级。而各类像点系统误差的改正,包括光学畸变差的改正和底片变形误差的改正等。

(3)各像片外方位元素$(X_S,Y_S,Z_S,\varphi,\omega,\kappa)$的测定精度。

(4)所用摄影机内方位元素(x_0,y_0,f)的检定水准。

三、空间前方交会解法中外方位元素的获取方法

近景摄影测量空间前方交会解法中,外方位元素的获取方法,依实际情况与要求,有多种方法。

(1)在摄影实地测量或记录外方位元素。例如,以普通工程测量的方法直接测定摄站的外方位直线元素(X_S,Y_S,Z_S),利用量测摄影机自身设备或添加某种辅助设备记录外方位角元素(φ,ω,κ)等。

(2)以某种摄影测量网,并依据部分物方控制点,计算每张像片的外方位元素。例如,通过摄影测量光线束法,计算各像片的外方位元素。其中,借助每张像片上足够的物方控制点的影像,按近景摄影测量的单像空间后方交会法解算外方位元素,是最简单的例子。

(3)通过检校方法,事先测定立体摄影机在摄影机坐标系内的外方位元素。

§6.3 近景摄影测量单像空间后方交会解法

近景摄影测量中,基于共线条件方程式的单像空间后方交会,是把一张像片覆盖的一定数量的控制点的像方坐标(必要时包含其物方坐标)视作观测值,以解求该像片内方位元素(即光束形状)、外方位元素(即光束的空间位置与朝向)以及其他附加参数的摄影测量过程。

一、解求外方位元素的单像空间后方交会

仅解算外方位元素的单像空间后方交会,是普通单像空间后方交会的一个特例。这种特例方法,用于内方位元素已知的条件下,因而常用于量测用摄影机所摄像片的处理。

在此种解法中,因内方位元素已知(即 $X_2 = 0$),不解求未知点坐标(即 $X_u = 0$),控制点坐标可视作真值($X_c = 0$),而仅解求外方位元素值。故共线条件方程式误差方程式的一般式(6 - 1 - 9)取形式为:

$$V_1 = At - L \tag{6 - 3 - 1}$$

参照式(6 - 1 - 6),与上式对应的式子为:

$$\begin{bmatrix} v_x \\ v_y \end{bmatrix} = \begin{bmatrix} \dfrac{\partial x}{\partial X_S} & \dfrac{\partial x}{\partial Y_S} & \dfrac{\partial x}{\partial Z_S} & \dfrac{\partial x}{\partial \varphi} & \dfrac{\partial x}{\partial \omega} & \dfrac{\partial x}{\partial \kappa} \\ \dfrac{\partial y}{\partial X_S} & \dfrac{\partial y}{\partial Y_S} & \dfrac{\partial y}{\partial Z_S} & \dfrac{\partial y}{\partial \varphi} & \dfrac{\partial y}{\partial \omega} & \dfrac{\partial y}{\partial \kappa} \end{bmatrix} \begin{bmatrix} \Delta X_S \\ \Delta Y_S \\ \Delta Z_S \\ \Delta \varphi \\ \Delta \omega \\ \Delta \kappa \end{bmatrix} - \begin{bmatrix} x - (x) \\ y - (y) \end{bmatrix} \tag{6 - 3 - 2}$$

单像空间后方交会解法,常作为"后方交会—前方交会"解法的一个步骤,目的是解求外方位元素值。当无法在实地直接量测外方位元素时,则可利用足够的控制点按此后方交会的方法,以解算外方位元素值。控制点的最少个数为未知外方位元素个数的0.5倍。

如前所述,近景摄影测量现场,有时无法以足够的精度测定像片的外方位元素。原因是多方面的:或摄影机自身没有测定或安置 φ 角的功能,或仪器的水准器泡精度不足,或仪器不能以足够的精度检测 φ 角的变化,或未曾以足够的精度检定偏心值 EC 等。

解算外方位元素的内精度与像点坐标的质量、控制点的数量与分布、控制点物方空间坐标的质量以及像场角有关。使控制点均匀构像于全像幅和提高像点坐标的观测精度,是保证后方交会精度的基本措施。

在下述内精度的估算式中,δ_0 是像点坐标质量的指标,而协因数矩阵对角线元素 $Q_{XX_{ii}}$ 则是图形强度指标,它们直接影响到外方位元素的理论解算精度值 m_{t_E}:

$$m_{t_E} = \delta_0 \sqrt{Q_{XX_{ii}}} \tag{6 - 3 - 3}$$

此种方法当然也适用于仅解求部分外方位元素的情况,例如仅解求外方位角元素(φ、ω、κ)中的某几个。

二、同时解求内、外方位元素的单像空间后方交会

在此种解法中,因不解算未知点(即 $X_u = 0$),控制点视作真值(即 $X_c = 0$),解求的是外方位元素 t_E 与内方位元素 X_2,故共线条件方程式像点坐标误差方程式的一般式(6 - 1 - 9)的形式变为:

$$V_2 = At + CX_2 - L \tag{6-3-4}$$

再按单像空间后方交会法解求所摄像片的内方位元素和外方位元素,以及多项光学畸变系数。

§6.4　近景摄影测量的光线束平差解法概述

一、近景摄影测量光线束平差解法的定义

基于共线条件方程式的近景摄影测量光线束平差解法(Method of Bundle Adjustment),是一种把控制点的像点坐标、待定点的像点坐标以至其他内业、外业量测数据的一部分或全部均视作观测值,以整体地同时地解求它们的或是值和待定点空间坐标的解算方法。这里,解求观测值的或是值的原则是:使各类观测值的改正数 V 满足 $V^T P V$ 为最小。

二、光线束平差解法与空间后方交会—空间前方交会解法的区别

此解法与近景摄影测量空间后方交会—前方交会解法的根本区别在于:在光线束平差解法中,为数众多的待定点影响外方位元素的确定,就是说,在确定各个光束位置与朝向的计算中,待定点坐标观测值的改正数的平方和就要最小。确切说来,所有内外业观测值或是值的确定,其中包括大量未知点像点坐标观测值或是值的确定,以及各像片光束形状和朝向的确定是包含在同一个计算过程中的。而在空间后方交会—前方交会解法中,则是仅仅由控制点坐标观测值确定外方位元素,之后,再执行另一个独立的运算步骤,即根据已算得的外方位元素以及待定点像点坐标确定其空间坐标。

当解算精度要求较高,而控制条件不足或不利于按空间后方交会—前方交会进行解算时,则可应用近景摄影测量光线束解法。使用光线束平差解法要求在每一道工序中格外的严格作业,例如同名点的准确辨认和像点坐标系统误差的严格剔除。应充分认识到某些未知点像点坐标质量的缺陷会影响全体测量成果。

因而,光线束解法是以内业和外业直接量取的数据(如内业量取的像点坐标,如外业量取的控制点坐标、外方位元素、或其他大地测量信息)作为观测值的一种严格的摄影测量数据处理方法。在确定外方位元素最或是值的平差过程中,即确定光束在空间的位置与朝向中,所有上述的观测值,包括大量待定点的像点坐标观测值都起明显作用。换言之,所有这些观测值的质量直接影响所建模型的质量,影响所建模型的强度,影响待定点空间坐标的确定精度。

三、近景摄影测量光线束平差解法与航空摄影测量光线束平差解法之比较

近景摄影测量的光线束平差解法与常规航空摄影测量的光束平差解法,在原理上没有

区别,而在具体操作上又有以下明显的不同。

(1)测量目标品种繁多,测量环境与精度要求变化很大,故所构成的网形千姿百态。在摄影方式上就决不像航空摄影测量保持规则的竖直平行摄影。作为一个功能齐全的近景摄影测量系统,它应具备处理0°~360°大角度像片的功能,具备多重摄影测量的功能(如多达十数片以至数十片的多重覆盖、多台摄影机、每站不止一片的多片摄影)等。对每一项重大工程都应重新进行认真的近景摄影测量网的优化设计,包括摄影机的选择与网形的重新设计,以保证精度与可靠性,并同时达到降低成本的目的。

(2)应注意摄影工作与控制工作里一系列的技术环节,包括确保近距离摄影条件下各个标志点在所有影像上的清晰,确保控制点的数量、分布与质量,确保相对控制的分布与施测方法的质量。

(3)近景摄影测量网所构成的法方程不具有带状结构特性,而且一般有控制与相对控制的灵活使用问题。

(4)一般近景摄影测量任务中,在被测物体表面需施测的点子,一般是数十个至数百个标志点。由于避免了辨认与转刺误差,因此在使用光线束解法以提高平差效果方面,较常规的航空摄影测量有利。

(5)因使用可以准确记录外方位元素的量测摄影机,近景摄影测量的光线束平差解法,可以按不同的方案进行处理,如控制点坐标视作真值且实地不测外方位元素的解法、无控制点且外方位元素视作观测值的解法以及控制点坐标和外方位元素均视作观测值的解法等。

这些解法适用于不同条件下的不同场合,或者为了减少工作量,或者为了满足高精度的要求,或者为了充分利用可准确量测或记录外方位元素的有利条件,或者为了利用比较容易布置大量相对控制的有利条件以提高测量成果的可靠性。

四、近景摄影测量光线束平差解法需处理的几种典型图形

利用近景摄影测量光线束平差法可以处理一个或一个以上立体像对所构成的各种网形。可处理两张像片构成的单个立体像对,如图6-4-1;可处理四像片所构成的网形,如图6-4-2;可处理类如"航带网"(如图6-4-3)或"区域网"(如图6-4-4)的网形;可处理环绕目标形成的网形,如图6-4-5;可处理目的为测定目标内部形状的网形,如图6-4-6,等等。

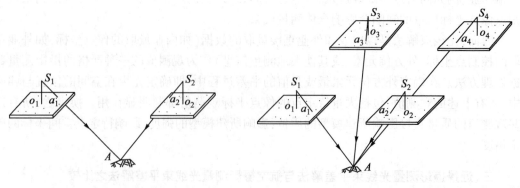

图6-4-1 单像对处理   图6-4-2 四像片处理

由于测量目的、环境、精度要求和设备的不同,近景摄影测量光线束平差解法有不同的方案。这些方案相同之处是无一例外地把像点坐标均作为观测值处理,而各方案之间的主要区别在于如何处理外方位元素和控制点物方空间坐标等数据,把它们看做带权观测值、看做真值还是看做自由未知数。

以下我们介绍几种典型的近景摄影测量光线束平差解法。

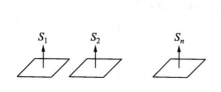
图 6-4-3 "航带网"处理

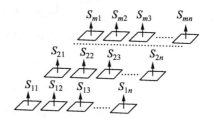
图 6-4-4 "区域网"处理

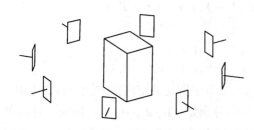
图 6-4-5 环绕目标的网形处理

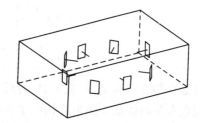
图 6-4-6 用于内部形状测定的网形处理

§6.5 控制点坐标视作真值且实地不测外方位元素的光线束平差解法

一、适 用 场 合

控制点坐标视作真值且实地不测外方位元素的光线束平差解法,在满足下列条件下可予以采用。

(1)在被测目标上或其周围可以布置稳定的控制点,控制点自身质量好,且分布合理。

(2)使用量测摄影机,即已知内方位元素,且在同一调焦距下作业。

由于控制点数量要求不多,控制测量工作有限,无须记录外方位元素,所以是一种常用方法。

二、解 算 过 程

1. 误差方程式的列出

这时,不测内方位元素(即 $X_2 = 0$),控制点坐标视作真值(即 $X_c = 0$),需测定的未知数有外方位元素 t 及待定点空间坐标 X_u,故自共线条件方程式误差方程式一般式(6-1-9)出发,有下列控制点像点坐标误差方程式和待定点像点坐标误差方程式共两类:

$$V_1 = A_c t \qquad\qquad - L_1 \quad , \qquad P_1\Big\}$$
$$V_2 = A_u t + B_u X_u \quad - L_2 \quad , \qquad P_2\Big\} \qquad (6-5-1)$$

对每一张像片上的每一个像点列有两个误差方程式

$$
\begin{aligned}
\boldsymbol{V}_{2\times1} &= \begin{bmatrix} v_x & v_y \end{bmatrix}^{\mathrm{T}} \\[4pt]
\boldsymbol{A}_{2\times6} &= \begin{bmatrix} a_{11} & a_{12} & a_{13} & a_{14} & a_{15} & a_{16} \\ a_{21} & a_{22} & a_{23} & a_{24} & a_{25} & a_{26} \end{bmatrix} \\[4pt]
\boldsymbol{t}_{6\times1} &= \begin{bmatrix} \Delta X_s & \Delta Y_s & \Delta Z_s & \Delta\varphi & \Delta\omega & \Delta\kappa \end{bmatrix}^{\mathrm{T}} \\[4pt]
\boldsymbol{B}_{2\times3} &= \begin{bmatrix} -a_{11} & -a_{12} & -a_{13} \\ -a_{21} & -a_{22} & -a_{23} \end{bmatrix} \\[4pt]
\boldsymbol{X}_{3\times1} &= \begin{bmatrix} \Delta X & \Delta Y & \Delta Z \end{bmatrix}^{\mathrm{T}} \\[4pt]
\boldsymbol{L}_{2\times1} &= \begin{bmatrix} l_x & l_y \end{bmatrix}^{\mathrm{T}} = \begin{bmatrix} x-(x) & y-(y) \end{bmatrix}^{\mathrm{T}}
\end{aligned}
\quad\Bigg\} \qquad (6-5-2)
$$

上式中的常数项 $\boldsymbol{L} = \begin{bmatrix} x-(x) & y-(y) \end{bmatrix}^{\mathrm{T}}$ 按下式计算:

$$
\begin{aligned}
x-(x) &= x + f\frac{a_1(X-X_S) + a_2(Y-Y_S) + a_3(Z-Z_S)}{c_1(X-X_S) + c_2(Y-Y_S) + c_3(Z-Z_S)} \\[6pt]
y-(y) &= y + f\frac{b_1(X-X_S) + b_2(Y-Y_S) + b_3(Z-Z_S)}{c_1(X-X_S) + c_2(Y-Y_S) + c_3(Z-Z_S)}
\end{aligned}
\quad\Bigg\}
$$

待定点物方空间坐标 (X,Y,Z) 的近似值,按 §6.2 节中所述的空间前方交会解法求得。

假设对某物体从不同角度拍摄了 5 张像片,编号分别是 $(\mathrm{I},\mathrm{II},\cdots,\mathrm{V})$,构成一种简单的多重摄影测量网,共有 25 个物方点,其中有 5 个控制点,20 个未知点,如图 6-5-1,它们在 5 张像片中的至少 3 张具有构像。为清晰起见,假设计算机上为系数矩阵($\boldsymbol{A}$ 与 $\boldsymbol{B}$)开辟有一个内存空间,仅用以表示误差方程式(6-5-2)的构成,如图 6-5-2。不难看到控制点 1 在像片 I 上构像,因而在矩阵 $\boldsymbol{A}$ 中有对应的 12 个偏导数系数,并在矩阵 $\boldsymbol{B}$ 中有对应的 6 个偏导数系数。未知点 1 在像片 V 上未构像,故在 $\boldsymbol{A}$ 阵与 $\boldsymbol{B}$ 阵上对应位置上无内容。而且,对应于误差方程式(6-5-2),如果每个物方点在每张像片上均有构像,那么各矩阵的阶数为 $\boldsymbol{V}_{(2\times25\times5)\times1}$,$\boldsymbol{A}_{(2\times25\times5)\times(6\times5)}$,$\boldsymbol{B}_{(2\times20\times5)\times(20\times3)}$,$\boldsymbol{t}_{(6\times5)\times1}$,$\boldsymbol{X}_{(3\times20)\times1}$,$\boldsymbol{L}_{(2\times25\times5)\times1}$。

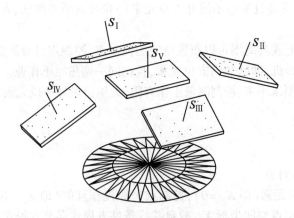

图 6-5-1 简单的多重摄影测量网

128

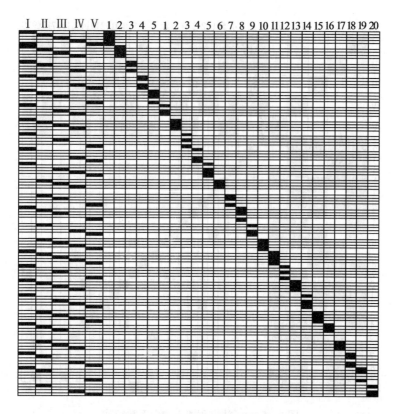

图 6 - 5 - 2　误差方程式构成

2. 法方程的解算

当有 N_p 张像片,n 个物方点时,前述误差方程式各矩阵的阶数是 $V_{2nP \times 1}$,$A_{2nP \times 6N_p}$,$B_{2nP \times 3n}$,$t_{6N_p \times 1}$,$X_{3n \times 1}$,$L_{2nP \times 1}$。与误差方程式(6 - 5 - 2)对应的法方程式为:

$$\begin{bmatrix} A^{\mathrm{T}}A & A^{\mathrm{T}}B \\ B^{\mathrm{T}}A & B^{\mathrm{T}}B \end{bmatrix}_{(6N_p+3n) \times (6N_p+3n)} \begin{bmatrix} t \\ X \end{bmatrix}_{(6N_p+3n) \times 1} - \begin{bmatrix} A^{\mathrm{T}}L \\ B^{\mathrm{T}}L \end{bmatrix}_{(6N_p+3n) \times 1} = 0 \qquad (6 - 5 - 3)$$

对 5 张像片,25 个物方点的情况,法方程式未知数系数矩阵的结构如图 6 - 5 - 3 所示。

$A^{\mathrm{T}}A$ 是一对称方阵,对角线方阵,阶数为 $6N_p$,其子块阶数为 6,故 $A^{\mathrm{T}}A$ 的大小仅与像片数 N_p 有关。

$B^{\mathrm{T}}B$ 也是一对称方阵,也是对角线方阵,阶数为 $3n$,其子块阶数为 3,故 $B^{\mathrm{T}}B$ 的大小仅与物方点个数 n 有关。

$A^{\mathrm{T}}B$(或 $B^{\mathrm{T}}A$)只能认为是满阵,这是因为近景摄影测量中多张像片对物方点的覆盖(如多重对称交向摄影和无规律的多重摄影),不像航空摄影测量中多张像片对物方点的覆盖(各像片主光轴竖直地彼此平行,且保持摄影比例尺 1:m 的一致),因而常不具有带状结构。就是说,每个物方点在哪几张像片上构像并无规律可循。

长方阵 $A^{\mathrm{T}}B$ 的阶数为 $6N_p \times 3n$。

我们可以按法方程式(6 - 5 - 3)并直接解求外方位元素未知数 t 和物方点坐标未知数 X。但是,当像片张数 N_p 较多(如 $N_p = 40$),待定点个数 n 较多(如 $n = 10\ 000$)时,未知数总

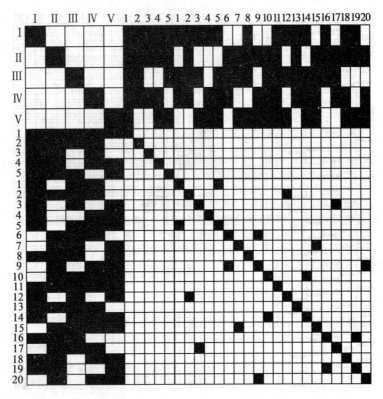

图6-5-3　法方程式未知数系数矩阵

数$(6N_p + 3n = 240 + 30\,000 = 30\,240)$会十分庞大。实际操作时,是先消去物方点坐标未知数$X$,因为外方位元素未知数$6N_p$远远小于$3n$。此时可将法方程式(6-5-3)取用一些代号后作如下改化。

$$N_{11}t + N_{12}X = W_1 \left.\right\} \qquad (6\text{-}5\text{-}4\text{a})$$
$$N_{21}t + N_{22}X = W_2 \qquad (6\text{-}5\text{-}4\text{b})$$

将式(6-5-4b)改化:

$$N_{12}N_{22}^{-1}N_{21}t + N_{12}X = N_{12}N_{22}^{-1}W_2 \qquad (6\text{-}5\text{-}4\text{c})$$

因而,根据式(6-5-4a)及式(6-5-4c),得到已消去了未知数X的改化法方程式为:

$$(N_{11} - N_{12}N_{22}^{-1}N_{21})t = W_1 - N_{12}N_{22}^{-1}W_2 \qquad (6\text{-}5\text{-}5)$$

取代号后可写作:

$$\overline{N}_{11}t = \overline{W}_1 \qquad (6\text{-}5\text{-}6)$$

此线性方程组仅含有$6N_p$个未知数,未知数t的系数矩阵$\overline{N}_{11}$的阶数仅为$6N_p \times 6N_p$。

改化的法方程式的系数矩阵$\overline{N}_{11}$的生成过程是直接的:对每一个物点,在所有像片上寻找它的像点,并代回至式(6-5-4b),有待定点物方空间坐标X的解为:

$$X = N_{22}^{-1}{}_{3n\times 3n}(W_2 - N_{21}t)_{3n\times 1} \qquad (6\text{-}5\text{-}7)$$

3. 精度问题

两类未知数t与X的协因数矩阵与法方程式未知数系数矩阵之间的关系为:

130

$$\begin{bmatrix} \boldsymbol{Q}_{tt} & \boldsymbol{Q}_{tX_u} \\ \boldsymbol{Q}_{X_u t} & \boldsymbol{Q}_{X_u X_u} \end{bmatrix} = \begin{bmatrix} \boldsymbol{N}_{11} & \boldsymbol{N}_{12} \\ \boldsymbol{N}_{21} & \boldsymbol{N}_{22} \end{bmatrix}^{-1} \tag{6-5-8}$$

依式(6-5-5),有外方位元素的协因数矩阵 $\boldsymbol{Q}_{tt}$ 为:

$$\boldsymbol{Q}_{tt} = (\boldsymbol{N}_{11} - \boldsymbol{N}_{12}\boldsymbol{N}_{22}^{-1}\boldsymbol{N}_{11})^{-1} \tag{6-5-9}$$

参见式(6-5-8),按分块矩阵求逆法,还有待定点空间坐标协因数矩阵 $\boldsymbol{Q}_{xx}$ 为:

$$\boldsymbol{Q}_{X_u X_u} = \boldsymbol{N}_{22}^{-1} + \boldsymbol{N}_{22}^{-1}\boldsymbol{N}_{21}(\boldsymbol{N}_{11} - \boldsymbol{N}_{12}\boldsymbol{N}_{22}^{-1}\boldsymbol{N}_{21})^{-1}\boldsymbol{N}_{12}\boldsymbol{N}_{22}^{-1} \tag{6-5-10}$$

因而有外方位元素和待定点空间坐标的精度分别为:

$$m_t = \sigma_0 \sqrt{\boldsymbol{Q}_{tt}} \tag{6-5-11}$$

$$m_{X_u} = \sigma_0 \sqrt{\boldsymbol{Q}_{X_u X_u}} \tag{6-5-12}$$

其中,单位权中误差 σ_0 的计算式是:

$$\sigma_0 = \sqrt{\boldsymbol{V}^\mathrm{T}\boldsymbol{P}\boldsymbol{V}/r} \tag{6-5-13}$$

以上的精度解算方法与法方程的健康程度有密切关系,更为客观的精度检验方法,应依据多余的控制点、多余的相对控制(如多个长度相对控制)进行。即比较控制点的坐标真值与它们的摄影测量坐标,比较长度真值与摄影测量所解算的长度。

1983~1986 年原武汉测绘科技大学与原水电部华东勘测设计院联合进行了如下的试验:环绕大楼,自 9 个摄站对此建筑物拍摄了 12 张像片,使用德国 UMK 20/1318 型像机和天津红特硬干板,像片比例尺范围 1:130~1:600;最大重叠数为 9,最小重叠数为 2。参加平差的控制点总个数为 13,参加平差物方点总个数 76。干板用德国蔡司厂 Stecometer 型坐标仪观测两测回。使用该校航测系近景摄影测量教研室编制的微机程序,经三次迭代得到计算结果:像点坐标单位权中误差 ±4.6μm,待定点物方空间坐标中误差 ±4.1mm(与实地精密工程测量成果比较)。

§6.6 无控制点且外方位元素视作观测值的光线束平差解法

一、适 用 场 合

无控制点且外方位元素视作观测值的近景摄影测量光线束平差解法可适用于下列情况:

(1)被测目标上无法或不宜布置控制点,例如正处于变形的目标、处于危险环境的目标以及难于布置满足精度要求且分布合理的控制点的目标;

(2)使用量测摄影机,即已知内方位元素;

(3)可在实地量测所摄像片的外方位元素,包括使用常规工程测量方法量测摄影中心的外方位直线元素,利用量测摄影机自身的量角设备和水准器量测或记录外方位角元素,或者为摄影机添加某种精密的光学设备,得以更高的精度测定外方位角元素;

(4)对已量测得的外方位元素的精度存在某种程度的疑虑,故不能认作真值,而认作是观测值,即在解算中需要解求它们的观测值改正数 $\boldsymbol{V}_E$,以求得外方位元素的最或是值。

二、间接观测平差误差方程式的列出

此时,因为不测定控制点坐标($X_c = 0$),不测定内方位元素(即 $X_2 = 0$),以外方位元素为观测值(即应列出另一类误差方程 $V_E = t$),而仅解求未知点空间坐标,故自误差方程式一般式(6-1-9)应有:

$$\left.\begin{array}{ll} V_2 = At + B_u X_u - L & , P_2 \\ V_E = \quad t & , P_E \end{array}\right\} \qquad (6-6-1)$$

综合写作:

$$V = \begin{bmatrix} V_2 \\ V_E \end{bmatrix} = \begin{bmatrix} A & B \\ E & 0 \end{bmatrix} \begin{bmatrix} t \\ X_u \end{bmatrix} - \begin{bmatrix} L \\ 0 \end{bmatrix} \quad , \quad \begin{bmatrix} P_2 & 0 \\ 0 & P_E \end{bmatrix} \qquad (6-6-2)$$

对应的法方程为:

$$\begin{bmatrix} A^{\mathrm{T}} & E \\ B^{\mathrm{T}} & 0 \end{bmatrix} \begin{bmatrix} P_2 & 0 \\ 0 & P_E \end{bmatrix} \begin{bmatrix} A & B \\ E & 0 \end{bmatrix} \begin{bmatrix} t \\ X_u \end{bmatrix} - \begin{bmatrix} A^{\mathrm{T}} & E \\ B^{\mathrm{T}} & 0 \end{bmatrix} \begin{bmatrix} P_2 & 0 \\ 0 & P_E \end{bmatrix} \begin{bmatrix} L \\ 0 \end{bmatrix} = 0$$

$$(6-6-3)$$

即为:

$$\begin{bmatrix} A^{\mathrm{T}} P_2 A + P_E & A^{\mathrm{T}} P_2 B \\ B^{\mathrm{T}} P_2 A & B^{\mathrm{T}} P_2 B \end{bmatrix} \begin{bmatrix} t \\ X_u \end{bmatrix} - \begin{bmatrix} A^{\mathrm{T}} P_2 L \\ B^{\mathrm{T}} P_2 L \end{bmatrix} = 0 \qquad (6-6-4)$$

式中 V_2 为待定点像点坐标观测值改正数向量;V_E 为外方位元素观测值改正数向量,它等于外方位元素近似值的改正数 t,此 t 值对像点坐标误差方程式的影响为 At。权矩阵 P_2 与 P_E 分别代表待定点像点坐标观测值的权以及外方位元素观测值的权,可以用验后估权方式来确定它们。

本解法常用于大场面的高精度工业摄影测量,例如大型建筑物变形测量、滑坡监测等。这些被测目标处于变形状态,常不可能或不容易在被测物或其周围布置有效的分布合理的控制点,可使用大半径的灵敏的跨水准管以及附加的光学设备,以提高摄影机外方位元素的测定(记录)精度。摄影机投影中心 S 与摄影机旋转轴间的偏心值 EC(参见本书摄影机的检校一章)值可事先检定。

可按间接观测平差法或带有未知数的条件平差法进行解算,现分别介绍于后。

三、间接观测平差法方程的解算

分析式(6-6-1)可以看出。如直接由它组成法方程式,则该法方程式的阶数(即 t 和 X_u 的未知数个数)是像片张数 N_p 的 6 倍加上未知点个数 N_u 的 3 倍,即为 $6N_P + 3N_u$。当像片张数为 10,未知点个数为 100 时,此阶数已达 360。

注意到待定点坐标未知数的个数远远大于像片未知数的个数这一事实,即 $3N_u$ 远大于 $6N_p$,所以常采用先消去 X_u,即先解算外方位元素未知数 t 的方法。解算中,应从原始观测值直接组成 $6N_p$ 阶的改化法方程式。而在解求 t 之后,再实施回代过程,以求取待定点坐标未知数 X_u。近景摄影测量中,改化法方程式标准的带状结构是不常见的,这也是采用上述直接解法的原因。

132

由式(6-6-1)组成的法方程式若表示作:

$$\begin{bmatrix} N_{11} & N_{12} \\ N_{21} & N_{12} \end{bmatrix} \begin{bmatrix} t \\ X_u \end{bmatrix} - \begin{bmatrix} W_1 \\ W_2 \end{bmatrix} = 0 \qquad (6-6-5)$$

此后的解算过程与前一节雷同。

而单位权中误差 σ_0 的计算式是:

$$\boldsymbol{\sigma}_0 = \sqrt{V^T P V / r} = \sqrt{V^T P V / (2N_i - 3N_u)} \qquad (6-6-6)$$

上式中多余观测分量 r,可据下式计算而得:

$$\begin{aligned} r &= 观测值总数 - 未知数个数 \\ &= (2N_i + 6N_p) - (6N_p + 3N_u) \\ &= 2N_i - 3N_u \end{aligned}$$

这里 N_i 表示各像片上的像点总数, N_u 为未知点个数, N_p 为像片总数。

假设所有物方点在所有像片上构像,那么多余观测值 r 为:

$$r = 2N_p N_u - 3N_u \qquad (6-6-7)$$

此时的平均多余观测分量 RI:

$$RI = \frac{r}{n} = \frac{2N_p N_u - 3N_u}{2N_p N_u} = \frac{2N_p - 3}{N_p} \qquad (6-6-8)$$

仍举前例(当 $N_p = 10$, $N_u = 100$),则 $n = 2\,000$, $r = 1\,700$, $RI = 0.85$ 。

可见,由于客观的多余观测量,光线束法中像点坐标相差的定位是比较容易实现的。

分析以上各式,很容易得出以下结论:

(1)增加像片覆盖次数,即实施多重摄影将明显提高未知点坐标的测定精度,尤其是在实施100%重叠度的多重交向摄影的时候;

(2)增加像片覆盖次数,将明显增加多余观测分量,这有利于提高测量过程的可靠性,有利于剔除含粗差的观测数据。

四、带有未知数的条件平差法

这种无控制点且外方位元素视作观测值的解法,常用在"地面摄影测量"的变形测量中,而且还用带有未知数的条件平差法进行处理。

选择如图6-6-1的右手坐标系,可使本书各理论关系式得以通用,并且可与现有常用量测摄影机的转轴和其称谓(φ, ω, κ)相一致。上述物方空间坐标系与现有物方空间坐标系的称谓与方向如有不同,仅需更改名称或更改方向。

按共线条件方程式:

$$\left. \begin{aligned} x + f \frac{a_1(X - X_S) + a_2(Y - Y_S) + a_3(Z - Z_S)}{c_1(X - X_S) + c_2(Y - Y_S) + c_3(Z - Z_S)} = 0 \\ y + f \frac{b_1(X - X_S) + b_2(Y - Y_S) + b_3(Z - Z_S)}{c_1(X - X_S) + c_2(Y - Y_S) + c_3(Z - Z_S)} = 0 \end{aligned} \right\} \qquad (6-6-9)$$

取代号,简写上式

$$\left. \begin{aligned} x + (x) = 0 \\ y + (y) = 0 \end{aligned} \right\} \qquad (6-6-10)$$

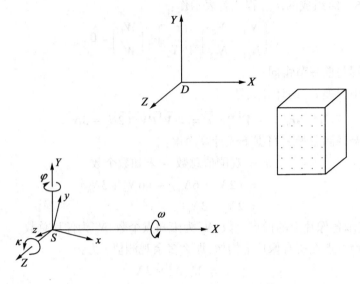

图 6 - 6 - 1　合理选择物方空间坐标系的重要性

把像点坐标(x,y)和外方位元素$(X_S,Y_S,Z_S,\varphi,\omega,\kappa)$当做观测值,待定点坐标$(X,Y,Z)$自然是未知数,上式应改写作:

$$
\left.\begin{aligned}
(x+v_x)+\Big[(x)^0+\frac{\partial(x)}{\partial X_S}v_{X_S}+\frac{\partial(x)}{\partial Y_S}v_{Y_S}+\frac{\partial(x)}{\partial Z_S}v_{Z_S}+\frac{\partial(x)}{\partial\varphi}v_{\varphi}+\frac{\partial(x)}{\partial\omega}v_{\omega}+\frac{\partial(x)}{\partial\kappa}v_{\kappa}+ \\
\frac{\partial(x)}{\partial X}\Delta X+\frac{\partial(x)}{\partial Y}\Delta Y+\frac{\partial(x)}{\partial Z}\Delta Z\Big]=0 \\
(y+v_y)+\Big[(y)^0+\frac{\partial(y)}{\partial X_S}v_{X_S}+\frac{\partial(y)}{\partial Y_S}v_{Y_S}+\frac{\partial(y)}{\partial Z_S}v_{Z_S}+\frac{\partial(y)}{\partial\varphi}v_{\varphi}+\frac{\partial(y)}{\partial\omega}v_{\omega}+\frac{\partial(y)}{\partial\kappa}v_{\kappa}+ \\
\frac{\partial(y)}{\partial X}\Delta X+\frac{\partial(y)}{\partial Y}\Delta Y+\frac{\partial(y)}{\partial Z}\Delta Z\Big]=0
\end{aligned}\right\}
$$

$$(6 - 6 - 11)$$

将各种观测值改正数归类,注意到上式中各偏导数与式(6 - 1 - 10)相同,对每一个像点可写成如下的带有未知数的条件方程式为:

$$AV+BX+W=0 \qquad (6 - 6 - 12)$$

式中

$$A=\begin{bmatrix}1 & 0 & a_{11} & a_{12} & a_{13} & a_{14} & a_{15} & a_{16} \\ 0 & 1 & a_{21} & a_{22} & a_{23} & a_{24} & a_{25} & a_{26}\end{bmatrix}_{2\times8}$$

$$V=\begin{bmatrix}v_x & v_y & v_{X_S} & v_{Y_S} & v_{Z_S} & v_{\varphi} & v_{\omega} & v_{\kappa}\end{bmatrix}_{8\times1}^{\mathrm{T}}$$

$$B=\begin{bmatrix}-a_{11} & -a_{12} & -a_{13} \\ -a_{21} & -a_{22} & -a_{23}\end{bmatrix}_{2\times3}$$

$$X=\begin{bmatrix}\Delta X & \Delta Y & \Delta Z\end{bmatrix}_{3\times1}^{\mathrm{T}}$$

$$W=\begin{bmatrix}x+(x) \\ y+(y)\end{bmatrix}_{2\times1}$$

对应的法方程式为：

$$\begin{bmatrix} AP^{-1}A^T & B \\ B^T & 0 \end{bmatrix} \begin{bmatrix} K \\ X \end{bmatrix} + \begin{bmatrix} W \\ 0 \end{bmatrix} = 0 \qquad (6\text{-}6\text{-}13)$$

有文章报道,当借助特殊野外设备时,外方位角元素(φ,ω,κ)的记录精度达到 ±5″,像点坐标的量测精度达到 ±6μm 时,两摄站间基线的量测精度达到 ±1cm 时,摄影测量最弱方向坐标的相对精度可达到1/100 000的级别。当目标距离为100m 时,最弱方向的坐标测定精度为 ±1mm。

包括本方法在内的种种近景摄影测量光线束法常以多站摄影测量的方式出现,从所安排的数个或十数个摄站,从各个角度对物体进行摄影,环绕物体的各摄站间的位置关系不像航空摄影测量那样规律,也远不存在摄影方向线间的彼此平行。摄影后,每个物点至少三次地构像在有关像片上,形成了对整个物体各个部分的多次覆盖,并且有可能使测定精度在三个坐标方向大体相仿,同时又使精度和可靠性得到明显的改善。

§6.7 控制点坐标以及外方位元素均视作
观测值的光线束平差解法

一、适用场合

控制点以及外方位元素均视作观测值的近景摄影测量光线束平差解法常适用于下列情况：

(1)使用量测摄影机,且量测摄影机自身或通过添加的光学设备具备高精度记录或量测外方位角元素的性能；

(2)物方被测物体上或其周围布有控制点；

(3)对实地测得的方位元素及控制点坐标不认作真值,而认作是某种观测值,即以最严格的方法来处理这两类起始数据。

因解算中除像点坐标外,还把外方位元素和控制点物方空间坐标均看做观测值处理,所以它是理论最为严谨的光线束平差解法。美国 Veress S. N 在其有关著作中所介绍的方法,也是把这两类数据视作观测值处理,只是在具体解算时采用的是附有未知数的条件平差法。

二、此解法的间接观测平差误差方程式

从误差方程式的一般式(6-1-9)出发,因不解内方位元素(即 $X_2 = 0$),外方位元素值看做观测值(即应有 $V_E = t$),控制点坐标也看做观测值(即还有 $V_c = X_c$)。当各观测值的权相应为 P_i 时($i = 1,2,E,C$),需解求的未知数是待定点的空间坐标值 X_u,故有：

$$\left.\begin{aligned} V_1 &= A_c t + B_c X_c & - L_1 &\quad ,P_1 \\ V_2 &= A_u t + B_u X_u & - L_2 &\quad ,P_2 \\ V_E &= \quad t & &\quad ,P_E \\ V_c &= \quad\quad X_c & &\quad ,P_c \end{aligned}\right\} \qquad (6\text{-}7\text{-}1)$$

此式中的第一式与第二式分别代表控制点像点坐标误差方程式和待定点像点坐标误差方程式，P_1 与 P_2 是它们观测值的权值。作为观测值的外方位元素，其观测值改正数 V_E，就是近似值的改正数 t_E，此 t_E 显然将对像点坐标量测误差方程式产生影响，对 V_1 和 V_2 的影响分别为 $A_c t$ 与 $A_u t$。

三、解 算 方 法

与误差方程式(6 - 7 - 1)相应的法方程式的系数矩阵，一般不具有航空摄影测量那样的带状结构，这是由于近景摄影测量中各摄站的摄影方向，不像航测那样有规律所造成的。

与式(6 - 7 - 1)对应的法方程式结构为：

$$\begin{bmatrix} A_c^T P_1 A_c + A_u^T P_2 A_u + P_E & \cdots & A_c P_1 B_c & A_u^T P_2 B_u \\ \vdots & & \vdots & \vdots \\ B_c^T P_1 A_c & \cdots & B_c^T P_1 B_c + P_c & 0 \\ B_u^T P_2 A_u & \cdots & 0 & B_u^T P_2 B_u \end{bmatrix} \cdot \begin{bmatrix} t \\ \vdots \\ X_c \\ X_u \end{bmatrix} -$$

$$\begin{bmatrix} A_c^T P_1 L_1 + A_u^T P_2 L_2 \\ \vdots \\ B_c^T P_1 L_1 \\ B_u^T P_2 L_2 \end{bmatrix} = 0 \qquad (6 - 7 - 2)$$

将以上矩阵按虚线分块，并仍用简化符号有：

$$\begin{bmatrix} N_{11} & N_{12} \\ N_{21} & N_{22} \end{bmatrix} \begin{bmatrix} t \\ X \end{bmatrix} - \begin{bmatrix} W_1 \\ W_2 \end{bmatrix} = 0 \qquad (6 - 7 - 3)$$

此时法方程式的阶数 n 为：

$$n = 6 \times 像片数 + 3 \times 控制点数 + 3 \times 未知点数$$
$$= 6N_p + 3N_c + 3N_u$$
$$= 6N_p + 3(N_c + N_u) \qquad (6 - 7 - 4)$$

参照图 6 - 3 - 5 可以看出，由于一般情况下有：

$$3(N_c + N_u) \gg 6N_p \qquad (6 - 7 - 5)$$

而且，N_{22} 自身是一对角线矩阵，N_{22}^{-1} 容易解求，所以可采用分块消去法：先消去物方点(含控制点和未知点)未知数 X，即先解出外方位元素 t_E，然后再回代解求 X 的方法。

由式(6 - 7 - 3)可直接写出消去 X 的约化法方程式为：

$$(N_{11} - N_{12} N_{12}^{-1} N_{21}) t - (W_1 - N_{12} N_{22}^{-1} W_2) = 0 \qquad (6 - 7 - 6)$$

不妨可简记作

$$\bar{N}_{11} t - W_2 = 0 \qquad (6 - 7 - 7)$$

分析此方程式可知：

(1)此法方程式的阶数 n 为 $6N_p$，即为像片张数的六倍，而与物方点的个数完全无关：

$$n = 6N_p$$

(2)由于近景摄影测量中，未知点点位与摄站点的布设常无规律，位置任意的两张像片

136

间都会有公共点。N_{12}（及 $N_{12}{}^{\mathrm{T}}$）中非零元素零乱，因而 $\bar{N}_{12}$（即 $N_{11} - N_{12}N_{22}{}^{-1}N_{21}$）不是带状矩阵，只能认作满阵。

（3）$N_{22}{}^{-1}$ 的解求并不困难，$\bar{N}_{11}$ 也易求算。但此繁琐约化过程，即消去物方点坐标未知数 X 的过程，是对物方点逐一进行的。

三、约化法方程的形成

约化法方程的形成过程大体是：

（1）读取此点空间坐标近似值（X、Y、Z）；

（2）检查此点在某像片上是否构像，可根据点号在该片上核对；

（3）如该点在某像片上有构像，则取此像片的外方位元素近似值；

（4）计算该点在此片上的偏导数（即误差方程式中的系数 A_c 或 A_u），并计算该点在该片上的误差方程式常数项（即 L_1，或 L_2）；

（5）计算该点在此像片上相应的 N_{11}；

（6）重复以上各步骤，直至该点在所有像片上的内容均已计算完毕；

（7）计算相应的系数矩阵 B_c 和 B_u 后，计算 N_{22}（若为控制点，则应考虑权 P_c 对 N_{22} 的影响）；

（8）求 N_{22} 的逆阵 $N_{22}{}^{-1}$ 后，进行约化计算，即解算约化后的 $\bar{N}_{11}$ 及 $\bar{W}_1$：

$$\bar{N}_{11} = N_{11} - N_{12}N_{22}{}^{-1}N_{21}$$
$$\bar{W}_1 = W_1 - N_{12}N_{22}{}^{-1}W_2 \tag{6-7-8}$$

（9）对每个物方点重复以上所有步骤，直至全部计算完毕。

假若有四张像片，并且 100 个点在每张像片都有构像，那么从步骤 1 至步骤 9 要重复 100 次，而且在其中每一次计算里，从步骤 1 至步骤 9 的过程都还要重复四回（因有四张像片）。

至于待定点坐标近似值改正数 X_u 以及控制点上的坐标改正数 X_c，则可在求得 t 后，按下式回代求取：

$$N_{21}t + N_{22}X = W_2 \tag{6-7-9}$$

其中

$$
\begin{aligned}
X = \begin{bmatrix} X_c \\ X_u \end{bmatrix} &= N_{22}{}^{-1}(W_2 - N_{21}t) \\
&= N_{22}{}^{-1}\left\{ \begin{bmatrix} B_c^{\mathrm{T}}P_1L_1 \\ B_u^{\mathrm{T}}P_2L_2 \end{bmatrix} - \begin{bmatrix} B_c^{\mathrm{T}}P_1A_c \\ B_u^{\mathrm{T}}P_2A_u \end{bmatrix} t \right\} \\
&= N_{22}{}^{-1}\begin{bmatrix} B_c^{\mathrm{T}}P_1(L_1 - A_c t) \\ B_u^{\mathrm{T}}P_2(L_2 - A_u t) \end{bmatrix} \\
&= N_{22}{}^{-1}\begin{bmatrix} B_c^{\mathrm{T}}P_1W'_1 \\ B_u^{\mathrm{T}}P_2W'_2 \end{bmatrix}
\end{aligned} \tag{6-7-10}
$$

式中

$$W'_1 = L_1 - A_c t$$

$$W'_2 = L_2 - A_u t$$

这里 W'_1 及 W'_2 是用刚解出的外方位元素 t 计算的。

事实上,物方点空间坐标改正数 X_c 与 X_u 的计算,仍是逐点一一进行的。

精度计算方法与前两节雷同,这里不予重复。

这里顺便指出光线束解法中未知点个数 n 的问题。假若光线束解法中仅解求 N_p 张像片的外方位元素和 n 个未知点的空间坐标,即未知数总数为 $6N_p + 3n$。而且,n 个未知点在所有像片上均有构像,那么误差方程式总个数 $N_p(2n)$ 与未知数总个数 $6N_p + 3n$ 间的关系应满足下式:

$$N_p(2n) \geqslant 6N_p + 3n \qquad (6 - 7 - 11)$$

即未知点的个数 n 应满足:

$$n \geqslant \frac{6N_P}{2N_P - 3} \qquad (6 - 7 - 12)$$

可见,对不同的像片数 N_P,未知点的最少个数 n 应不低于表 6 - 1 中所示。

表 6 - 1　　　　　　　　　　　未知点的最少个数分析

N_P	2	3	6	7	100	
n	12	6	4	4	4	

§6.8　含相对控制的光线束平差解法

相对控制是在摄影测量物方空间坐标系内某些未知点间的一些已知几何关系。例如,两待定未知点间的已知距离,某几个未知点在一个可数学描述的平面或曲面上等等。近景环境下比较容易布设相对控制,特别是长度相对控制。

含相对控制的光线束平差解法的误差方程可写作:

$$\left. \begin{array}{ll} V = At + B_c X_c + B_u X_u - L & , \quad P_1 \\ V_r = \qquad\qquad B_r X_c - L_r & , \quad P_r \end{array} \right\} \qquad (6 - 8 - 1)$$

上式中第一式可由共线条件方程式误差方程式一般式(6 - 1 - 9)写出,表示为像点坐标观测值的误差方程式。为明了起见,这里没有区别控制点像点或待定点像点。上式中的第二式,为相对控制的误差方程式,它表示在某几个未知点间(其坐标未知数是 X_u),存在一定的几何关系(以 B_r 表示),相对控制的观测值表示在 L_r 中。

参照图 6 - 5 - 3,若引入距离相对控制,如未知点点 1 与点 5 间的距离以及点 7 与点 15 间的距离,已经量测并视为观测值,这时误差方程式的个数虽然增加了两条,但未知数总数并未改变。比较由式(6 - 8 - 1)所形成的法方程式系数矩阵,以及根据式(6 - 5 - 1)所形成的法方程式矩阵,它们在结构上的区别仅是前者 N_{22} 子块内出现了如图 6 - 5 - 3 所示的涂黑部分,表示点与点存在相对控制。顺便指出,为了解算上的方便,应将涉及相对控制的待定点归放在一起,使晕线部分集中起来,以便于未知数 X_u 的消去。

相对控制的引进,使控制手段多样化,对加快和简化控制工作起着明显的作用。

常见的相对控制形式可参见 §5.7。

§6.9 近景摄影测量的解析自检校光线束平差解法

近景摄影测量的解析自检校光线束平差解法,以无需额外的附加观测来实现残余系统误差的自动补偿为特点。

针对此种解法,参照式(6-1-9),当不解内方位元素(即 $X_2 = 0$),以外方位元素 t 及物方点坐标 X(不区分已知点和未知点时)作为未知数,且把附加参数应看做是虚拟观测值(即 $V_{ad} = X_{ad}$)的情况下,有下列误差方程式为:

$$\left. \begin{aligned} V &= At + DX_{ad} + BX - L &&, \quad P \\ V_{ad} &= \qquad\qquad X_{ad} &&, \quad P_{ad} \end{aligned} \right\} \tag{6-9-1}$$

上式中的第一式为像点坐标观测值的误差方程式,第二式为虚拟附加参数观测值误差方程式。如同航空摄影测量一样,这样处理较之把附加参数作为自由未知数来处理要稳妥。

与式(6-9-1)相应的法方程式是:

$$\begin{bmatrix} A^{\mathrm{T}}PA & A^{\mathrm{T}}PD & A^{\mathrm{T}}PB \\ D^{\mathrm{T}}PA & D^{\mathrm{T}}PD + P_{ad} & D^{\mathrm{T}}PB \\ B^{\mathrm{T}}PA & D^{\mathrm{T}}PD & B^{\mathrm{T}}PB \end{bmatrix} \begin{bmatrix} t \\ X_{ad} \\ X \end{bmatrix} - \begin{bmatrix} A^{\mathrm{T}}PL \\ D^{\mathrm{T}}PL \\ B^{\mathrm{T}}PL \end{bmatrix} = 0 \tag{6-9-2}$$

如有 N_{ad} 个附加参数,则消去物方点坐标未知数 X 后,改化法方程式的阶数是近景摄影测量光线束法中参加平差的像片张数的六倍加上附加参数个数,即为 $6N_p + N_{ad}$。

附加参数的选择个数不能过多,以避免过度参数化,而且,在附加参数的选择上还应注意:

(1)在航测解析自检校所选择的附加参数,有相当一部分是补偿软片的系统变形的,当近景摄影测量中选用玻璃硬片作为感光材料时,就不应搬用。

(2)近景摄影测量中的多站摄影方式(而不是航测中的竖直摄影方式),较之航测为大的相对"地面起伏",因为不是规则的九个像点分布,所以适于航测情况的低相关的正交二次多项式的模型,在近景中不宜采用。

当然,必须进行包括内方位元素在内的附加参数的统计检验。

加拿大的新布伦瑞克大学解析自检校法 $UNBASC_2$(The University of NewBrunswick Analytical Self-Calibration Method)也是这一类的方法。

从共线条件方程式(6-1-1)出发:

$$\left. \begin{aligned} (x - x_0) + \Delta x &= -f \frac{a_1(X - X_S) + a_2(Y - Y_S) + a_3(Z - Z_S)}{c_1(X - X_S) + c_2(Y - Y_S) + c_3(Z - Z_S)} = -f \frac{\overline{X}}{\overline{Z}} \\ (y - y_0) + \Delta y &= -f \frac{a_1(X - X_S) + a_2(Y - Y_S) + a_3(Z - Z_S)}{c_1(X - X_S) + c_2(Y - Y_S) + c_3(Z - Z_S)} = -f \frac{\overline{Y}}{\overline{Z}} \end{aligned} \right\}$$

$$\tag{6-9-3}$$

在自检校过程中的系统误差改正数$(\Delta x,\Delta y)$取作：

$$\left.\begin{array}{l} \Delta x = \mathrm{d}r_x + \mathrm{d}p_x + \mathrm{d}q_x \\ \Delta y = \mathrm{d}r_y + \mathrm{d}p_y + \mathrm{d}q_y \end{array}\right\} \qquad (6\text{-}9\text{-}4)$$

上式中的径向畸变改正数$(\mathrm{d}r_x,\mathrm{d}r_y)$，切向畸变改正数$(\mathrm{d}q_x,\mathrm{d}q_y)$以及补偿比例尺不一性 $\mathrm{d}S$ 的和不正交性 $\mathrm{d}\beta$ 的改正数$(\mathrm{d}q_x,\mathrm{d}q_y)$分别表示作：

$$\left.\begin{array}{l} \mathrm{d}r_x = (x - x_0)(k_1 r^2 + k_2 r^4 + k_3 r^6) \\ \mathrm{d}r_y = (y - y_0)(k_1 r^2 + k_2 r^4 + k_3 r^6) \\ \mathrm{d}p_x = p_1 \left[r^2 + 2(x - x_0)^2 \right] + 2p_2(x - x_0)(y - y_0) \\ \mathrm{d}p_y = p_2 \left[r^2 + 2(y - y_0)^2 \right] + 2p_1(x - x_0)(y - y_0) \\ \mathrm{d}q_x = (1 + \mathrm{d}s)\sin\mathrm{d}\beta(y - y_0) = A(y - y_0) \\ \mathrm{d}q_y = \left[(1 + \mathrm{d}s)\cos\mathrm{d}\beta - 1 \right](y - y_0) = B(y - y_0) \end{array}\right\} \qquad (6\text{-}9\text{-}5)$$

后三组式子各符号与前几章有关式中的符号意义相同。在已知 A 与 B 的情况下，有 $\tan\mathrm{d}\beta = A/B$；$\mathrm{d}s = \dfrac{A}{\sin\mathrm{d}\beta} - 1$。

作为自检校方法之一的 UNBASC$_2$ 法，具备自动校正多种像点坐标系统误差的功能。此方法最主要的特点是：除满足共线条件方程式外，还把控制点坐标视作观测值，又要满足同名光线必须共面的共面条件方程式。上述多种约束条件的同时满足，影响各类观测值改正数的重新分配，继而可以改善待定点空间坐标的测定精度。这样，有三类条件方程式，即共线条件方程式、控制点坐标普通测量观测值应与它们的摄影测量观测值相等的方程式以及共面条件方程式表示为：

$$\left.\begin{array}{l} F_x = \left[(x - x_0) + \mathrm{d}r_x + \mathrm{d}p_x + \mathrm{d}q_x \right]\overline{Z} + f\overline{X} = 0 \\ F_y = \left[(y - y_0) + \mathrm{d}r_y + \mathrm{d}p_y + \mathrm{d}q_y \right]\overline{Z} + f\overline{Y} = 0 \\ G_X = X_G - X = 0 \\ G_Y = Y_G - Y = 0 \\ G_Z = Z_G - Z = 0 \\ H = \begin{vmatrix} X_{S_2} - X_{S_1} & u & u' \\ Y_{S_2} - Y_{S_1} & v & v' \\ Z_{S_2} - Z_{S_1} & w & w' \end{vmatrix} = 0 \end{array}\right\} \qquad (6\text{-}9\text{-}6)$$

这些方程式还可简写作：

$$\left.\begin{array}{l} F_x(\quad X_1, \quad X_2, L) = 0 \\ F_y(\quad X_1, \quad X_2, L) = 0 \\ G_X(\qquad\qquad X_2, L) = 0 \\ G_Y(\qquad\qquad X_2, L) = 0 \\ F_Z(\qquad\qquad X_2, L) = 0 \\ H(\quad X_1, \qquad\quad L) = 0 \end{array}\right\} \qquad (6\text{-}9\text{-}7)$$

140

上式中 X_1 代表内外方位元素未知数和与像点系统误差改正数有关的未知系数,即:$(x_0, y_0, f, X_S, Y_S, Z_S, \varphi, \omega, \kappa, k_1, k_2, k_3, p_1, p_2, A, B)$,$X_2$ 代表待定点空间坐标未知数 (X, Y, Z),L 代表方程式的常数项,它们是像点坐标 (x, y) 观测值和控制点坐标普通测量观测值的函数。

第七章　直接线性变换解法

直接线性变换(Direct Linear Transformation)解法是建立像点坐标仪坐标和相应物点物方空间坐标之间直接的线性关系的算法。这里,坐标仪坐标是指坐标仪上坐标的直接读数,是指无需化算到以像主点为原点的坐标仪上的坐标读数。

直接线性变换解法,因无需内方位元素值和外方元素的初始近似值,故特别适用于非量测相机所摄影像的摄影测量处理。近景摄影测量经常使用各类非量测相机,诸如普通相机,高速摄影(像)机、CCD 摄像机等等,故本算法成为近景摄影测量的重要组成部分。

相比较地,前一章所述的空间后方交会—前方交会解法以及光线束光平差法,因需要内方位元素值,故仅适用于处理量测相机所摄影像。

§7.1　直接线性变换解法的基本关系式

直接线性变换解法于 1971 年提出,现将几何概念清晰且便于深入分析的一种介绍如下。

直接线性变换(DLT)解法,原则上也是从共线条件方程式演绎而来。按共线条件方程式:

$$\left.\begin{aligned}x - x_0 + \Delta x + f\frac{a_1(X - X_S) + b_1(Y - Y_S) + c_1(Z - Z_S)}{a_3(X - X_S) + b_3(Y - Y_S) + c_3(Z - Z_S)} = 0 \\ y - y_0 + \Delta y + f\frac{a_2(X - X_S) + b_2(Y - Y_S) + c_2(Z - Z_S)}{a_3(X - X_S) + b_3(Y - Y_S) + c_3(Z - Z_S)} = 0\end{aligned}\right\} \quad (7\text{-}1\text{-}1)$$

当把非量测相机所摄像片安置在某坐标仪上,如图 7-1-1,上式中的系统误差改正数(Δx, Δy)假设暂时仅包含坐标轴不垂直性误差 dβ 和比例尺不一误差 ds 引起的线性误差改正数部分。坐标仪坐标系 $c-xy$ 是非直角坐标系,其两坐标轴间的不垂直度为 dβ。以像主点 o 为原点有两个坐标系,分别是直角坐标系 $o-\bar{x}\bar{y}$ 和非直角坐标系 $o-xy$。像主点 o 的坐标为 (x_0, y_0)。某像点 p' 的坐标仪坐标为 (x, y),点 p' 在非直角坐标系 $o-xy$ 中的坐标为 $(om_2$, $om'_1)$,此坐标受 dβ 和 ds 的影响而包含线性误差。与点 p' 相应的点 p 是理想位置,它在直角坐标系 $o-\bar{x}\bar{y}$ 中的坐标 $(\bar{x}, \bar{y})$ 不含误差。这里 $\bar{x} = on_2$, $\bar{y} = on_1$。

假设 x 向无比例尺误差(x 方向比例尺归化系数为 1),而 y 向比例尺归化系数为 $1 + $ds。此时 x 向像片主距若为 f_x,则 y 向像片主距 f_y 为:

$$f_y = \frac{f_x}{1 + \mathrm{d}s} \quad (7\text{-}1\text{-}2)$$

这里,比例尺不一误差 ds 可以认为是所用坐标仪 x 轴和 y 轴的单位长度不一以及摄影材料的不均匀变形等因素引起的;而不正交性误差 dβ 可以认为是所用坐标仪 x 轴与 y 轴的

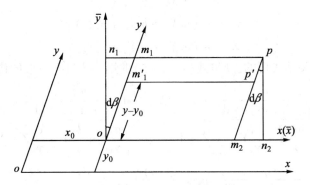

图 7 - 1 - 1　直接线性变换理论式的导出

不垂直性等因素引起的。

这样,线性误差改正数 Δx 与 Δy 应为:

$$
\begin{aligned}
\Delta x &= on_2 - om_2 = m_2 p \mathrm{sind}\beta \\
&= (1 + \mathrm{d}s)(y - y_0)\mathrm{sind}\beta \\
&\approx (y - y_0)\mathrm{sind}\beta \\
\Delta y &= on_1 - om'_1 = (om_1\mathrm{cosd}\beta) - om'_1 \\
&= (1 + \mathrm{d}s)(y - y_0)\mathrm{cosd}\beta - (y - y_0) \\
&= \left[(1 + \mathrm{d}s)\mathrm{cosd}\beta - 1\right](y - y_0) \\
&\approx (y - y_0)\mathrm{d}s
\end{aligned}
\tag{7 - 1 - 3}
$$

这时,只含线性误差改正数的共线条件方程式取形式为:

$$
\left.
\begin{aligned}
(x - x_0) + (1 + \mathrm{d}s)\mathrm{sind}\beta(y - y_0) + f_x \frac{a_1(X - X_S) + b_1(Y - Y_S) + c_1(Z - Z_S)}{a_3(X - X_S) + b_3(Y - Y_S) + c_3(Z - Z_S)} = 0 \\
(y - y_0) + \left[(1 + \mathrm{d}s)\mathrm{cosd}\beta - 1\right](y - y_0) + f_x \frac{a_2(X - X_S) + b_2(Y - Y_S) + c_2(Z - Z_S)}{a_3(X - X_S) + b_3(Y - Y_S) + c_3(Z - Z_S)} = 0
\end{aligned}
\right\}
$$

$$
\tag{7 - 1 - 4}
$$

上式中含有十一个独立的参数:六个外方位元素(X_S、Y_S、Z_S、φ、ω、κ),三个内方位元素(主点的坐标仪坐标(x_0, y_0)以及所摄影像片的 x 向主距 f_x),y 方向相对 x 方向的比例尺不一系数 $\mathrm{d}s$ 以及 x、y 轴间的不正交性 $\mathrm{d}\beta$。

现在可对式(7 - 1 - 4)进行改化,以导出坐标仪坐标(x, y)与物方空间坐标(X、Y、Z)的关系式。

首先,将式(7 - 1 - 4)改写作:

$$
\left.
\begin{aligned}
(x - x_0) + (1 + \mathrm{d}s)\mathrm{sind}\beta(y - y_0) + f_x \frac{a_1 X + b_1 Y + c_1 Z + \gamma_1}{a_3 X + b_3 Y + c_3 Z + \gamma_3} = 0 \\
(1 + \mathrm{d}s)\mathrm{cosd}\beta(y - y_0) + f_x \frac{a_2 X + b_2 Y + c_2 Z + \gamma_2}{a_3 X + b_3 Y + c_3 Z + \gamma_3} = 0
\end{aligned}
\right\}
$$

$$
\tag{7 - 1 - 5}
$$

其中:

$$\left.\begin{array}{l} \gamma_1 = -(a_1X_S + b_1Y_S + c_1Z_S) \\ \gamma_2 = -(a_2X_S + b_2Y_S + c_2Z_S) \\ \gamma_3 = -(a_3X_S + b_3Y_S + c_3Z_S) \end{array}\right\} \qquad (7\text{-}1\text{-}6)$$

出于导出基本关系式目的,现将式(7-1-5)的第二式进行一般的代数演绎:

$$y + \frac{\dfrac{1}{\gamma_3}\left[\dfrac{a_2f_x}{(1+\mathrm{d}s)\cos\mathrm{d}\beta} - a_3y_0\right]X}{\dfrac{a_3}{\gamma_3}X + \dfrac{b_3}{\gamma_3}Y + \dfrac{c_3}{\gamma_3}Z + 1} + \frac{\dfrac{1}{\gamma_3}\left[\dfrac{b_2f_x}{(1+\mathrm{d}s)\cos\mathrm{d}\beta} - b_3y_0\right]Y}{\dfrac{a_3}{\gamma_3}X + \dfrac{b_3}{\gamma_3}Y + \dfrac{c_3}{\gamma_3}Z + 1} +$$

$$\frac{\dfrac{1}{\gamma_3}\left[\dfrac{c_2f_x}{(1+\mathrm{d}s)\cos\mathrm{d}\beta} - c_3y_0\right]Z}{\dfrac{a_3}{\gamma_3}X + \dfrac{b_3}{\gamma_3}Y + \dfrac{c_3}{\gamma_3}Z + 1} + \frac{\dfrac{1}{\gamma_3}\left[\dfrac{\gamma_2f_x}{(1+\mathrm{d}s)\cos\mathrm{d}\beta} - \gamma_3y_0\right]}{\dfrac{a_3}{\gamma_3}X + \dfrac{b_3}{\gamma_3}Y + \dfrac{c_3}{\gamma_3}Z + 1} =$$

$$y + \frac{l_5X + l_6Y + l_7Z + l_8}{l_9X + l_{10}Y + l_{11}Z + 1} = 0 \qquad (7\text{-}1\text{-}7)$$

其中各 l 系数的意义是:

$$l_5 = \frac{1}{\gamma_3}\left[\frac{a_2f_x}{(1+\mathrm{d}s)\cos\mathrm{d}\beta} - a_3y_0\right]$$

$$l_6 = \frac{1}{\gamma_3}\left[\frac{b_2f_x}{(1+\mathrm{d}s)\cos\mathrm{d}\beta} - b_3y_0\right]$$

$$l_7 = \frac{1}{\gamma_3}\left[\frac{c_2f_x}{(1+\mathrm{d}s)\cos\mathrm{d}\beta} - c_3y_0\right] \qquad (7\text{-}1\text{-}8)$$

$$l_8 = \frac{1}{\gamma_3}\left[\frac{\gamma_2f_x}{(1+\mathrm{d}s)\cos\mathrm{d}\beta} - \gamma_3y_0\right]$$

$$= (l_5X_S + l_6X_S + l_7X_S)$$

出于导出基本关系式的同样目的,现在将式(7-1-5)的第一式乘以 $\cos\mathrm{d}\beta$ 并减去其第二式与 $\sin\mathrm{d}\beta$ 的乘积,有:

$$(x - x_0)\cos\mathrm{d}\beta + f_x\cos\mathrm{d}\beta\frac{a_1X + b_1Y + c_1Z + \gamma_1}{a_3X + b_3Y + c_3Z + \gamma_3} -$$

$$f_x\sin\mathrm{d}\beta\frac{a_2X + b_2Y + c_2Z + \gamma_1}{a_3X + b_3Y + c_3Z + \gamma_3} = 0$$

经化简通分后又得到:

$$x + \frac{\dfrac{1}{\gamma_3}(a_1f_x - a_2f_x\tan\mathrm{d}\beta - a_3x_0)X}{\dfrac{a_3}{\gamma_3}X + \dfrac{b_3}{\gamma_3}Y + \dfrac{c_3}{\gamma_3}Z + 1} + \frac{\dfrac{1}{\gamma_3}(b_1f_x - b_2f_x\tan\mathrm{d}\beta - b_3x_0)X}{\dfrac{a_3}{\gamma_3}X + \dfrac{b_3}{\gamma_3}Y + \dfrac{c_3}{\gamma_3}Z + 1} +$$

$$\frac{\dfrac{1}{\gamma_3}(c_1f_x - c_2f_x\tan\mathrm{d}\beta - c_3x_0)Z}{\dfrac{a_3}{\gamma_3}X + \dfrac{b_3}{\gamma_3}Y + \dfrac{c_3}{\gamma_3}Z + 1} + \frac{\dfrac{1}{\gamma_3}(\gamma_1f_x - \gamma_2f_x\tan\mathrm{d}\beta - \gamma_3x_0)}{\dfrac{a_3}{\gamma_3}X + \dfrac{b_3}{\gamma_3}Y + \dfrac{c_3}{\gamma_3}Z + 1} =$$

$$x + \frac{l_1 X + l_2 Y + l_3 Z + l_4}{l_9 X + l_{10} Y + l_{11} Z + 1} = 0 \qquad (7\text{-}1\text{-}9)$$

对 l_4 还可导出以下关系:

$$
\begin{aligned}
l_4 &= \frac{1}{\gamma_3}\big[\,\gamma_1 f_x - \gamma_2 f_x \mathrm{tan} \mathrm{d}\beta - \gamma_3 x_0\,\big] \\
&= \frac{1}{\gamma_3}\big[-(a_1 X_S + b_1 Y_S + c_1 Z_S) f_x + (a_2 X_S + b_2 Y_S + c_2 Z_S) f_x \mathrm{tan} \mathrm{d}\beta + \\
&\qquad (a_3 X_S + b_3 Y_S + c_3 Z_S) x_0\,\big] \\
&= -(l_1 X_S + l_2 Y_S + l_3 Z_S) \qquad (7\text{-}1\text{-}10)
\end{aligned}
$$

综合以上各有关关系式,我们获取各 l 系数的严格表达式,知道这些 l 系数是内、外方位元素以及 $\mathrm{d}s$ 和 $\mathrm{d}\beta$ 的函数:

$$
\left.
\begin{aligned}
l_1 &= \frac{1}{\gamma_3}(a_1 f_x - a_2 f_x \mathrm{tan} \mathrm{d}\beta - a_3 x_0) \\[4pt]
l_2 &= \frac{1}{\gamma_3}(b_1 f_x - b_2 f_x \mathrm{tan} \mathrm{d}\beta - b_3 x_0) \\[4pt]
l_3 &= \frac{1}{\gamma_3}(c_1 f_x - c_2 f_x \mathrm{tan} \mathrm{d}\beta - c_3 x_0) \\[4pt]
l_4 &= -(l_1 X_S + l_2 Y_S + l_3 Z_S) \\[4pt]
l_5 &= \frac{1}{\gamma_3}\Big[\frac{a_2 f_x}{(1 + \mathrm{d}s)\cos\mathrm{d}\beta} - a_3 y_0\Big] \\[4pt]
l_6 &= \frac{1}{\gamma_3}\Big[\frac{b_2 f_x}{(1 + \mathrm{d}s)\cos\mathrm{d}\beta} - b_3 y_0\Big] \\[4pt]
l_7 &= \frac{1}{\gamma_3}\Big[\frac{c_2 f_x}{(1 + \mathrm{d}s)\cos\mathrm{d}\beta} - c_3 y_0\Big] \\[4pt]
l_8 &= -(l_5 X_S + l_6 Y_S + l_7 Z_S) \\[4pt]
l_9 &= \frac{a_3}{\gamma_3} \\[4pt]
l_{10} &= \frac{b_3}{\gamma_3} \\[4pt]
l_{11} &= \frac{c_3}{\gamma_3}
\end{aligned}
\right\} \qquad (7\text{-}1\text{-}11)
$$

以上我们导出了直接线性变换(DLT)解法的基本关系式:

$$
\left.
\begin{aligned}
x + \frac{l_1 X + l_2 Y + l_3 Z + l_4}{l_9 X + l_{10} Y + l_{11} Z + 1} &= 0 \\[4pt]
y + \frac{l_5 X + l_6 Y + l_7 Z + l_8}{l_9 X + l_{10} Y + l_{11} Z + 1} &= 0
\end{aligned}
\right\} \qquad (7\text{-}1\text{-}12)
$$

§7.2 直接线性变换解法中内、外方位元素以及 ds 和 dβ 的求解

一、直接线性变换解法中各 l 系数的矩阵表达式 L

观察式(7-1-11)不难注意到某些 l 系数表达式在外观上的相似性,从而可将各 l 系数排列成如下一个矩阵 L:

$$L = \begin{bmatrix} l_1 & l_2 & l_3 & l_4 \\ l_5 & l_6 & l_7 & l_8 \\ l_9 & l_{10} & l_{11} & 1 \end{bmatrix} \qquad (7-2-1)$$

将式(7-1-11)中各 l 系数代入上式,经一般的矩阵演化,有关系式为:

$$L = \frac{1}{\gamma_3} L_{内} \, R^{\mathrm{T}} L_{外直} \qquad (7-2-2)$$

其中:

$$L_{内} = \begin{bmatrix} f_x & -f_x \tan\mathrm{d}\beta & -x_0 \\ 0 & \dfrac{f_x}{(1+\mathrm{d}s)\cos\mathrm{d}\beta} & -y_0 \\ 0 & 0 & 1 \end{bmatrix}$$

$$R^{\mathrm{T}} = \begin{bmatrix} a_1 & b_1 & c_1 \\ a_2 & b_2 & c_2 \\ a_3 & b_3 & c_3 \end{bmatrix}$$

$$L_{外直} = \begin{bmatrix} 1 & 0 & 0 & X_S \\ 0 & 1 & 0 & Y_S \\ 0 & 0 & 1 & Z_S \end{bmatrix}$$

因为

$$R^{\mathrm{T}} L_{外直} = \begin{bmatrix} a_1 & b_1 & c_1 \\ a_2 & b_2 & c_2 \\ a_3 & b_3 & c_3 \end{bmatrix} \begin{bmatrix} 1 & 0 & 0 & X_S \\ 0 & 1 & 0 & Y_S \\ 0 & 0 & 1 & Z_S \end{bmatrix}$$

$$= \begin{bmatrix} a_1 & b_1 & c_1 & \gamma_1 \\ a_2 & b_2 & c_2 & \gamma_2 \\ a_3 & b_3 & c_3 & \gamma_3 \end{bmatrix}$$

已经了解,(X_S, Y_S, Z_S) 是摄站点 S 在物方空间坐标系 $D\text{-}XYZ$ 内的坐标,而 $(\gamma_1, \gamma_2, \gamma_3)$ 是物方空间坐标系 $D\text{-}XYZ$ 原点 D 在像方空间坐标点内的坐标。

故有:

$$L = \frac{1}{\gamma_3} \begin{bmatrix} f_x & -f_x \tan\beta & -x_0 \\ 0 & \dfrac{f_x}{(1+\mathrm{d}s)\cos\mathrm{d}\beta} & -y_0 \\ 0 & 0 & 1 \end{bmatrix} \begin{bmatrix} a_1 & b_1 & c_1 & \gamma_1 \\ a_2 & b_2 & c_2 & \gamma_2 \\ a_3 & b_3 & c_3 & \gamma_3 \end{bmatrix} \qquad (7-2-3)$$

146

就是说,矩阵 L 是 $\frac{1}{\gamma_3}$、内方位元素矩阵 $L_内$、外方位角元素旋转矩阵 R^T 以及外方位直线元素矩阵 $L_{外直}$ 连乘的结果。矩阵 $L_内$ 中的内方位元素(f_x, x_0, y_0) 以及 $\mathrm{d}s$ 及 $\mathrm{d}\beta$ 这五个元素,实际上是确定光束形状的要素。现在我们不妨了解各 l 系数的单位。

当以高精度坐标仪处理量测用摄影机所摄像片,即认为 $\mathrm{d}\beta = 0, \mathrm{d}s = 0, f_x = f_y = f$ 时,有:

$$L = \frac{1}{\gamma_3} \begin{bmatrix} f & 0 & 0 \\ 0 & f & 0 \\ 0 & 0 & 1 \end{bmatrix} \begin{bmatrix} a_1 & b_1 & c_1 \\ a_2 & b_2 & c_2 \\ a_3 & b_3 & c_3 \end{bmatrix} \begin{bmatrix} 1 & 0 & 0 & X_S \\ 0 & 1 & 0 & Y_S \\ 0 & 0 & 1 & Z_S \end{bmatrix} \qquad (7-2-3)$$

又当 $\varphi = \omega = \kappa = 0$ 时,有:

$$L = \begin{bmatrix} l_1 & l_2 & l_3 & l_4 \\ l_5 & l_6 & l_7 & l_8 \\ l_9 & l_{10} & l_{11} & 1 \end{bmatrix} = \begin{bmatrix} \dfrac{f}{Z_S} & 0 & 0 & \dfrac{f}{Z_S} X_S \\ 0 & \dfrac{f}{Z_S} & 0 & \dfrac{f}{Z_S} Y_S \\ 0 & 0 & \dfrac{f}{Z_S} & 1 \end{bmatrix} \qquad (7-2-4)$$

可见,(l_1, l_2, l_3) 和 (l_5, l_6, l_7) 为无量纲,(l_4, l_8) 为长度单位,(l_9, l_{10}, l_{11}) 的单位是长度的倒数。

根据 L 矩阵的结构相似性,现在就可以容易地导出由 l 系数解算 11 个独立参数的关系式,包括求解内、外方位元素的关系式。

二、内方位元素(x_0, y_0, f_x, f_y) 及 $\mathrm{d}\beta$、$\mathrm{d}s$ 的解算关系式

1. x_0 与 y_0 的解求

根据前述 L 系数矩阵的结构,并考虑到旋转矩阵的正交性,由式(7-1-11)可有以下一些关系式:

$$\left. \begin{array}{l} l_9^2 + l_{10}^2 + l_{11}^2 = \dfrac{1}{\gamma_3^2} \\[2mm] l_1 l_9 + l_2 l_{10} + l_3 l_{11} = \dfrac{1}{\gamma_3^2}(-x_0) = -\dfrac{x_0}{\gamma_3^2} \\[2mm] l_5 l_9 + l_6 l_{10} + l_7 l_{11} = -\dfrac{y_0}{\gamma_3^2} \\[2mm] l_1^2 + l_2^2 + l_3^2 = \dfrac{1}{\gamma_3^2}[f_x^2 + f_x^2 \tan\mathrm{d}\beta + x_0^2] = \dfrac{1}{\gamma_3^2}\Big[\dfrac{f_x^2}{\cos^2 \mathrm{d}\beta} + x_0^2\Big] \\[2mm] l_5^2 + l_6^2 + l_7^2 = \dfrac{1}{\gamma_3^2}\Big[\dfrac{f_x^2}{(1+\mathrm{d}s)^2 \cos^2 \mathrm{d}\beta} + y_0^2\Big] \\[2mm] l_1 l_5 + l_2 l_6 + l_3 l_7 = \dfrac{1}{\gamma_3^2}\Big[x_0 y_0 - \dfrac{f_x^2 \sin\mathrm{d}\beta}{(1+\mathrm{d}s)^2 \cos^2 \mathrm{d}\beta}\Big] \end{array} \right\} \qquad (7-2-5)$$

不难看出,按此(7-2-5)式的前三个式子,可直接由相关的 l 系数解得 x_0 与 y_0。

2. $\mathrm{d}s$ 与 $\mathrm{d}\beta$ 的解求

据式(7-2-5)的后三个式子还有:

$$\gamma_3^2(l_1^2 + l_2^2 + l_3^2) - x_0^2 = \frac{f_x^2}{\cos^2 d\beta} = A \qquad (7-2-6a)$$

$$\gamma_3^2(l_5^2 + l_6^2 + l_7^2) - y_0^2 = \frac{f_x^2}{(1+ds)^2 \cos^2 d\beta} = B \qquad (7-2-6b)$$

$$\gamma_3^2(l_1 l_5 + l_2 l_6 + l_3 l_7) - x_0 y_0 = \frac{-f_x^2 \sin d\beta}{(1+ds)\cos^2 d\beta} = C \qquad (7-2-6c)$$

由于已解得 x_0 与 y_0，所以上式中的 A、B、C 可依据 l 系数计算出来。而且，分析式(7-2-6)得知 A 与 B 皆为正数，$d\beta$ 值的符号与 C 的符号相反。

式(7-2-6a)除以式(7-2-6b)得：

$$\frac{A}{B} = (1+ds)^2 \qquad (7-2-6d)$$

式(7-2-6c)除以式(7-2-6b)得：

$$\frac{C}{B} = (-\sin d\beta)(1+ds) \qquad (7-2-6e)$$

式(7-2-6d)除以式(7-2-6e)得：

$$\frac{A}{B} \cdot \frac{B^2}{C^2} = \frac{1}{\sin d\beta} = \frac{AB}{C^2}$$

故有不正交性 $d\beta$ 的解为：

$$\sin d\beta = \pm\sqrt{\frac{C^2}{AB}} \qquad (7-2-7)$$

在这两个解中，取与 C 值符号相反的解，作为 $d\beta$ 的惟一的解算结果。

由式(7-2-6d)还有比例尺不一系数 ds 的两个解：

$$ds = \pm\sqrt{\frac{A}{B}} - 1 \qquad (7-2-8)$$

分析式(7-2-6a)与(7-2-6b)，得知 A 与 B 为正数，且数值相差并不悬殊，所以在 ds 为小值的前提下，式(7-2-8)中的第一项应为正值，即有惟一的解是：

$$ds = \sqrt{\frac{A}{B}} - 1 \qquad (7-2-9)$$

3. f_x 与 f_y 的解求

又由式(7-2-6a)，获取 x 方向像片主距 f_x 表达式：

$$f_x = \sqrt{A} \cdot \cos d\beta = \sqrt{A} \cdot \sqrt{1 - \frac{C^2}{AB}} = \sqrt{\frac{AB - C^2}{B}} \qquad (7-2-10)$$

依定义，还有 y 方向像片主距表达式：

$$f_y = f_x/(1+ds) = \sqrt{\frac{AB - C^2}{B}} \bigg/ \left(1 + \sqrt{\frac{A}{B}} - 1\right)$$

$$= \sqrt{\frac{AB - C^2}{A}} \qquad (7-2-11)$$

综合以上推证，我们有广义内方位元素参数的下列表达式：

$$
\left.
\begin{aligned}
x_0 &= -\,(l_1 l_9 + l_2 l_{10} + l_3 l_{11})/(l_9^2 + l_{10}^2 + l_{11}^2) \\
y_0 &= -\,(l_5 l_9 + l_6 l_{10} + l_7 l_{11})/(l_9^2 + l_{10}^2 + l_{11}^2) \\
\mathrm{d}\beta &= \arcsin\sqrt{\dfrac{C^2}{AB}} \\
&= \arcsin\left\{ \dfrac{\dfrac{l_1 l_5 + l_2 l_6 + l_3 l_7}{l_9^2 + l_{10}^2 + l_{11}^2} - x_0 y_0}{\left[\gamma_3^2(l_1^2 + l_2^2 + l_3^2) - x_0^2\right]\left[\gamma_3^2(l_5^2 + l_6^2 + l_7^2) - y_0^2\right]} \right\} \\
\mathrm{d}s &= \sqrt{\dfrac{A}{B}} - 1 = \sqrt{\dfrac{\gamma_3^2(l_1^2 + l_2^2 + l_3^2) - x_0^2}{\gamma_3^2(l_5^2 + l_6^2 + l_7^2) - y_0^2}} - 1 \\
f_x &= \sqrt{A}\cos\mathrm{d}\beta = \cos\mathrm{d}\beta\sqrt{\dfrac{l_1^2 + l_2^2 + l_3^2}{l_9^2 + l_{10}^2 + l_{11}^2} - x_0^2} \\
f_y &= f_x/(1 + \mathrm{d}s)
\end{aligned}
\right\}
\quad (7\text{-}2\text{-}12)
$$

以上各关系式是严格的,用这些关系式,通过已知的 11 个 l 系数,解算像主点在坐标仪坐标系内的坐标 (x_0, y_0),解算所摄像片的 x 向主距 f_x 和 y 向主距 f_y,解算比例尺不一系数 $\mathrm{d}s$ 以及不正交性角 $\mathrm{d}\beta$。

此外,还需要说明:

(1)这里的 f_x 与 f_y 不同于摄影机主距 f,从概念上理解,只有当 x 向坐标不受线性变形影响的时候,x 向的主距 f_x 才与摄影机主距 f 相等。

(2)引起 x 向坐标线性变形的众多原因包括:底片的均匀变形和不均匀变形,光学畸变差的线性部分,以及所用坐标仪 x 轴和 y 轴的单位长度不一等等。

(3)引起比例尺不一误差($\mathrm{d}s$)的众多原因包括:底片的不均匀变形,所用坐标仪两坐标轴单位长度不等。

(4)引起不正交性误差($\mathrm{d}\beta$)的原因:所用坐标仪两坐标轴的不垂直等。

(5)式(7-1-4)中含有 11 个参数,而式(7-1-12)有 11 个 l 系数。此 11 个 l 系数就是 11 个参数(X_S、Y_S、Z_S、φ、ω、κ、x_0、y_0、f_0、$\mathrm{d}s$、$\mathrm{d}\beta$)的函数,因此各 l 系数完全独立。

三、外方位元素的解算关系式

1. 外方位直线元素的解算

根据 l 系数关系式(7-1-11)中的 l_9、l_{10}、l_{11} 各式以及式(7-1-6)中的 γ_3 表达式,知

$$
\begin{aligned}
l_9 X_S + l_{10} Y_S + l_{11} Z_S &= \frac{a_3}{\gamma_3} X_S + \frac{b_3}{\gamma_3} Y_S + \frac{c_3}{\gamma_3} Z_S \\
&= -\frac{a_3 X_S + b_3 Y_S + c_3 Z_S}{a_3 X_S + b_3 Y_S + c_3 Z_S} \\
&= -1
\end{aligned}
\quad (7\text{-}2\text{-}13)
$$

将此式连同式(7-1-11)中的 l_4 式及 l_8 式联立,可直接解得 3 个外方位直线元素(X_S,Y_S,Z_S):

$$\left.\begin{array}{l} l_1 X_S + l_2 Y_S + l_3 Z_S = -l_4 \\ l_5 X_S + l_6 Y_S + l_7 Z_S = -l_8 \\ l_9 X_S + l_{10} Y_S + l_{11} Z_S = -1 \end{array}\right\} \qquad (7\text{-}2\text{-}14)$$

2. 外方位角元素的解算

根据 l 系数关系式(7-1-11),先解出该像片的方向余弦 (a_3, b_3, c_3, a_2) 值:

$$\begin{aligned} a_3 &= \gamma_3 l_9 = l_9 / (l_9^2 + l_{10}^2 + l_{11}^2)^{\frac{1}{2}} \\ b_3 &= \gamma_3 l_{10} = l_{10} / (l_9^2 + l_{10}^2 + l_{11}^2)^{\frac{1}{2}} \\ c_3 &= \gamma_3 l_{11} = l_{11} / (l_9^2 + l_{10}^2 + l_{11}^2)^{\frac{1}{2}} \\ a_2 &= \frac{l_5 \gamma_3 + a_3 y_0}{f_x [(1 + \mathrm{d}s)\cos \mathrm{d}\beta]^{-1}} \\ &= \frac{\gamma_3 (l_5 + l_9 y_0)(1 + \mathrm{d}s)\cos \mathrm{d}\beta}{f_x} \end{aligned} \qquad (7\text{-}2\text{-}15)$$

进而可求出各像片的外方位角元素:

$$\left.\begin{array}{l} \tan\varphi = -\dfrac{a_3}{c_3} \\[2mm] \sin\omega = -b_3 \\[2mm] \tan\kappa = \dfrac{b_1}{b_2} \end{array}\right\} \qquad (7\text{-}2\text{-}16)$$

总之,解得每像片的各 l 系数后,即可依据上述各关系式解求相应像片的 11 个独立的参数,其中包括 3 个内方位元素 (x_0, y_0, f_x),6 个外方位元素 $(X_S, Y_S, Z_S, \varphi, \omega, \kappa)$ 以及不正交角度 $\mathrm{d}\beta$ 和比例尺不一系数 $\mathrm{d}s$。而像片的 y 向主距 f_y 不是独立参数,因它是 f_x 与 $\mathrm{d}s$ 的函数。

§7.3 直接线性变换解法的解算过程

直接线性变换解法的具体解算过程,包括 l 系数的解算以及空间坐标 (X, Y, Z) 的解算共两个步骤。当不含多余观测值时,由式(7-1-12)可列出解 l 系数的关系式为:

$$\left.\begin{array}{l} Xl_1 + Yl_2 + Zl_3 + l_4 + 0 + 0 + 0 + 0 + xXl_9 + xYl_{10} + xZl_{11} + x = 0 \\ 0 + 0 + 0 + 0 + Xl_5 + Yl_6 + Zl_7 + l_8 + yXl_9 + yYl_{10} + yZl_{11} + y = 0 \end{array}\right\}$$

$$(7\text{-}3\text{-}1)$$

由式(7-3-1)可明显看出直接线性变换的性质:建立了像点的坐标仪坐标 (x, y) 与物方空间坐标的直接的线性的关系式。

一、l 系数近似值的解算

为解得其中 11 个 l 系数,选择 6 个控制点(已知它们的空间坐标 $(X_1, Y_1, Z_1), \cdots, (X_6, Y_6, Z_6)$),并略去 1 个方程式,可列出如下 11 个方程,以解得各 l 系数的近似值:

$$\begin{bmatrix} X_1 & Y_1 & Z_1 & 1 & 0 & 0 & 0 & 0 & x_1X_1 & x_1Y_1 & x_1Z_1 \\ 0 & 0 & 0 & 0 & X_1 & Y_1 & Z_1 & 1 & y_1X_1 & y_1Y_1 & y_1Z_1 \\ X_2 & Y_2 & Z_2 & 1 & 0 & 0 & 0 & 0 & x_2X_2 & x_2Y_2 & x_2Z_2 \\ 0 & 0 & 0 & 0 & X_2 & Y_2 & Z_2 & 1 & y_2X_2 & y_2Y_2 & y_2Z_2 \\ \vdots & \vdots & \vdots & \vdots & \vdots & \vdots & \vdots & \vdots & \vdots & \vdots & \vdots \\ X_6 & Y_6 & Z_6 & 1 & 0 & 0 & 0 & 0 & x_6X_6 & x_6Y_6 & x_6Z_6 \end{bmatrix} \begin{bmatrix} l_1 \\ l_2 \\ l_3 \\ l_4 \\ l_5 \\ l_6 \\ l_7 \\ l_8 \\ l_9 \\ l_{10} \\ l_{11} \end{bmatrix} + \begin{bmatrix} x_1 \\ y_1 \\ x_2 \\ y_2 \\ \vdots \\ x_6 \end{bmatrix} = 0 \qquad (7\text{-}3\text{-}2)$$

二、物方空间坐标近似值的解算

在解求 l 系数以后,依式(7-1-12)同样又可列出物方空间坐标 (X,Y,Z) 近似值的解算关系式:

$$\left.\begin{array}{l} (l_1 + xl_9)X + (l_2 + xl_{10})Y + (l_3 + xl_{11})Z + (l_4 + x) = 0 \\ (l_5 + yl_9)X + (l_6 + yl_{10})Y + (l_7 + yl_{11})Z + (l_8 + y) = 0 \end{array}\right\} \qquad (7\text{-}3\text{-}3)$$

为解求 X、Y、Z 三个未知数,至少应列出三个方程,即至少应拍摄两张像片。两张像片的 l 系数分别为 $(l_1, l_2, \cdots, l_{11})$ 及 $(l'_1, l'_2, \cdots, l'_{11})$。当略去一个方程式时,有以下解 (X, Y, Z) 的方程组:

$$\begin{bmatrix} l_1 + xl_9 & l_2 + xl_{10} & l_3 + xl_{11} \\ l_5 + yl_9 & l_6 + yl_{10} & l_7 + yl_{11} \\ l'_1 + x'l'_9 & l'_2 + x'l'_{10} & l'_3 + x'l'_{11} \end{bmatrix} \begin{bmatrix} X \\ Y \\ Z \end{bmatrix} + \begin{bmatrix} l_4 + x \\ l_8 + y \\ l'_4 + x' \end{bmatrix} = 0 \qquad (7\text{-}3\text{-}4)$$

不难理解,解 l 系数的过程,相当于“空间后方交会”的过程;解 (X,Y,Z) 的过程,则相当于“空间前方交会”的过程。这样,直接线性变换解法与量测相机所摄像片的空间后方交会—空间前方交会法,在概念上似有相通之处。据试验,两种方法的精度也极大的相似。试验方法是:以量测相机所摄像片的数据,用两种方法进行处理并比较。只不过在 DLT 方法中,在很多情况下不一定需要把 11 个独立参数都解算出来,而仅依靠 l 系数,实现坐标仪坐标 (x,y) 至物方空间坐标 (X,Y,Z) 的直接变换。

三、l 系数的解算过程

当有多余观测值,当像点坐标观测值改正数为 (v_x, v_y),像点坐标的非线性改正为 $(\Delta x, \Delta y)$ 时,式(7-1-12)取形式为:

$$\left.\begin{array}{l} (x + v_x) + \Delta x + \dfrac{l_1X + l_2Y + l_3Z + l_4}{l_9X + l_{10}Y + l_{11}Z + 1} = 0 \\[4mm] (y + v_y) + \Delta y + \dfrac{l_5X + l_6Y + l_7Z + l_8}{l_9X + l_{10}Y + l_{11}Z + 1} = 0 \end{array}\right\} \qquad (7\text{-}3\text{-}5)$$

此式(7 - 3 - 5)中像点坐标的非线性改正(主要是光学畸变改正)可用下式或其中的一部分代入:

$$\Delta x = (x - x_0)(k_1 r^2 + k_2 r^4 + \cdots) + P_1[r^2 + 2(x - x_0)^2] + 2P_2(x - x_0)(y - y_0) \Big\}$$
$$\Delta y = (y - y_0)(k_1 r^2 + k_2 r^4 + \cdots) + P_2[r^2 + 2(y - y_0)^2] + 2P_1(x - x_0)(y - y_0)$$
$$(7 - 3 - 6)$$

式中, x、y、x_0、y_0 定义如前:

k_1、k_2 ——待定对称径向畸变系数;

P_1、P_2 ——待定切向畸变系数。

像点向径 r 的计算公式是:

$$r = \sqrt{(x - x_0)^2 + (y - y_0)^2} \qquad (7 - 3 - 7)$$

并取符号:

$$A = l_9 X + l_{10} Y + l_{11} Z + 1 \qquad (7 - 3 - 8)$$

当仅解求 k_1 时,式(7 - 3 - 5)写作:

$$A(x + v_x) + A k_1 (x - x_0) r^2 + l_1 X + l_2 Y + l_3 Z + l_4 = 0 \Big\}$$
$$A(y + v_y) + A k_1 (y - y_0) r^2 + l_5 X + l_6 Y + l_7 Z + l_8 = 0$$
$$(7 - 3 - 9)$$

从而有像点坐标观测值的误差方程式为:

$$v_x = -\frac{1}{A}[l_1 X + l_2 Y + l_3 Z + l_4 + xX l_9 + xY l_{10} + xZ l_{11} + A(x - x_0) r^2 k_1 + x] \Big\}$$
$$v_y = -\frac{1}{A}[l_5 X + l_6 Y + l_7 Z + l_8 + yX l_9 + yY l_{10} + yZ l_{11} + A(y - y_0) r^2 k_1 + y]$$
$$(7 - 3 - 10)$$

若此误差方程式及与相应法方程式的矩阵取作:

$$V = ML - W \qquad (7 - 3 - 11)$$
$$L = (M^T M)^{-1} M^T W$$

那么:

$$V = \begin{bmatrix} v_x & v_y \end{bmatrix}^T$$

$$M = -\begin{bmatrix} \dfrac{X}{A} & \dfrac{Y}{A} & \dfrac{Z}{A} & \dfrac{1}{A} & 0 & 0 & 0 & 0 & \dfrac{xX}{A} & \dfrac{xY}{A} & \dfrac{xZ}{A} & (x - x_0) r^2 \\[2ex] 0 & 0 & 0 & 0 & \dfrac{X}{A} & \dfrac{Y}{A} & \dfrac{Z}{A} & \dfrac{1}{A} & \dfrac{yX}{A} & \dfrac{yY}{A} & \dfrac{yZ}{A} & (y - y_0) r^2 \end{bmatrix}$$

$$L = (l_1 \quad l_2 \quad l_3 \quad l_4 \quad l_5 \quad l_6 \quad l_7 \quad l_8 \quad l_9 \quad l_{10} \quad l_{11} \quad k_1)^T$$

$$W = \begin{bmatrix} -\dfrac{x}{A} & -\dfrac{y}{A} \end{bmatrix}^T$$

此运算步骤是一迭代过程,其迭代判据可依式(7 - 2 - 10),以 fx 相邻两次运算的差值是否小于 0.01mm 作为判断。

四、物方空间坐标(X, Y, Z)的解算过程

在解得各 l 系数及各非线性改正数后,按以下步骤求解物方点的空间坐标(X, Y, Z)。

1. 求解改正了非线性误差的像点坐标仪坐标($x + \Delta x, y + \Delta y$)

$$x + \Delta x = x + k_1(x - x_0)r^2 + \cdots$$
$$y + \Delta y = y + k_1(y - y_0)r^2 + \cdots \tag{7-3-12}$$

2. 求解未知点空间坐标(X,Y,Z)

把改正了非线性误差的坐标$(x + \Delta x, y + \Delta y)$,当作直接线性变换基本关系式$(7-1-12)$中的$(x,y)$:

$$(x + v_x) + \frac{l_1 X + l_2 Y + l_3 Z + l_4}{l_9 X + l_{10} Y + l_{11} Z + 1} = 0 \left.\begin{array}{l}\\\\\end{array}\right\}$$
$$(y + v_y) + \frac{l_5 X + l_6 Y + l_7 Z + l_8}{l_9 X + l_{10} Y + l_{11} Z + 1} = 0 \tag{7-3-13}$$

得到(X,Y,Z)的误差方程式形式为:

$$v_x = -\frac{1}{A}[(l_1 + l_9 x)X + (l_2 + l_{10} x)Y + (l_3 + l_{11} x)Z + (l_4 + x)] \left.\begin{array}{l}\\\\\end{array}\right\}$$
$$v_y = -\frac{1}{A}[(l_5 + l_9 y)X + (l_6 + l_{10} y)Y + (l_7 + l_{11} y)Z + (l_8 + y)] \tag{7-3-14}$$

误差方程式与法方程式取矩阵形式:

$$V = NS + Q \left.\begin{array}{l}\\\end{array}\right\}$$
$$N^{\mathrm{T}} NS + N^{\mathrm{T}} Q = 0 \tag{7-3-15}$$

在摄有三张像片时,上式中各符号的意义为:

$$V = \begin{bmatrix} v_x & v_y & v_{x'} & v_{y'} & v_{x''} & v_{y''} \end{bmatrix}^{\mathrm{T}}$$

$$N = \begin{bmatrix} -\dfrac{1}{A}(l_1 + l_9 x) & -\dfrac{1}{A}(l_2 + l_{10} x) & -\dfrac{1}{A}(l_3 + l_{11} x) \\[2mm] -\dfrac{1}{A}(l_5 + l_9 y) & -\dfrac{1}{A}(l_6 + l_{10} y) & -\dfrac{1}{A}(l_7 + l_{11} y) \\[2mm] -\dfrac{1}{A'}(l'_1 + l'_9 x') & -\dfrac{1}{A'}(l'_2 + l'_{10} x') & -\dfrac{1}{A'}(l'_3 + l'_{11} x') \\[1mm] \vdots & \vdots & \vdots \\[1mm] -\dfrac{1}{A''}(l'_5 + l'_9 y'') & -\dfrac{1}{A''}(l''_6 + l''_{10} y'') & -\dfrac{1}{A''}(l''_7 + l''_{11} y'') \end{bmatrix}$$

$$S = \begin{bmatrix} X & Y & Z \end{bmatrix}^{\mathrm{T}}$$

$$Q = \begin{bmatrix} -\dfrac{1}{A}(l_4 + x) & -\dfrac{1}{A}(l_8 + y) & -\dfrac{1}{A'}(l'_4 + x') \cdots & -\dfrac{1}{A''} & (l''_8 + y'') \end{bmatrix}^{\mathrm{T}}$$

$$\tag{7-3-16}$$

此运算过程也是迭代运算过程,可以物方空间坐标精度要求的 1/10 作为迭代判据,例如物方空间坐标精度要求为 1mm 时,则迭代判据当取 0.1mm。

§7.4 使用直接线性变换解法的一些技术问题

本节对直接线性变换解法的性质作出小结性分析,并指出此解法操作中的一些技术问题。

一、直接线性变换解法的性质

直接线性变换解法也可看做是一种以共线条件方程式为理论基础的近景摄影测量解析处理方法。之所以称为直接线性变换解法,是因为它建立了坐标仪坐标(x,y)和物方空间坐标(X,Y,Z)之间的直接的和线性的关系式。

直接线性变换解法可看做是一种"变通的空间后方交会—前方交会"解法,其"后方交会"用以解算l系数,其前方交会用以解算物方空间坐标(X,Y,Z)。如同常规空间后交前交法一样,因为未知点像点坐标观测值未能影响外方位元素的确定,直接线性变换解法不像光线束解法那样严谨,故仅能提供中低精度的成果。

二、直接线性变换解法操作特点

直接线性变换特别适用于非量测摄影机所摄像片(或影像)的处理,其中包括各类业余普通照相机、高速摄影机、电影经纬仪、TV 摄像机和 CCD 摄像机所摄像片(或影像)的摄影测量处理。由于对摄影机的类型未加限制,所以在同一个 DLT 摄影测量任务中,可以使用多架不同主距甚至不同类型、不同型号的摄影机。

按直接线性变换解法,观测的是无框标(无主点)的像片,无论采用单片观测法还是立体观测法,在任意安放像片后即可进行像点坐标的测定。计算所得的 x_0、y_0 值以及角元素 κ 值都与像片安放位置有关,其中 x_0、y_0 常为大值。为了复测时的方便,以减少观测工作量,可在每张像片上选择某一起始点及某一起始方向,以便复测时使用。

按直接线性变换解法的理论,所处理的像片可以是摄影负片,放大的正片,甚至是所摄负片再经投影变换后的影像。

三、控制点空间分布的一个禁忌

我们知道,在空间后方交会的解法中,如欲同时解求外方位元素和内方位元素,则严禁所用控制点布设在同一平面内,否则会引起解的不稳定。相类似地,直接线性变换解法,由于它是一起解求外方位元素和内方位元素,因而也要求控制点不能布设在任意方位的一个平面上。

在解算 l 系数时,如有 n 个控制点,那么式(7 - 3 - 11)的矩阵 M 由以下 12 个列矩阵$(m_1,m_2,\cdots,m_{12})$组成:

$$M = \begin{bmatrix} m_1 & m_2 & m_3 & m_4 & m_5 & m_6 & m_7 & m_8 & m_9 & m_{10} & m_{11} & m_{12} \end{bmatrix}$$

$$= \begin{bmatrix} \dfrac{X_1}{A_1} & \dfrac{Y_1}{A_1} & \dfrac{Z_1}{A_1} & \dfrac{1}{A_1} & 0 & 0 & 0 & 0 & \dfrac{x_1 X_1}{A_1} & \dfrac{x_1 Y_1}{A_1} & \dfrac{x_1 Z_1}{A_1} & (x_1 - y_0)r_1^2 \\[2ex] 0 & 0 & 0 & 0 & \dfrac{X_1}{A_1} & \dfrac{Y_1}{A_1} & \dfrac{Z_1}{A_1} & \dfrac{1}{A_1} & \dfrac{y_1 X_1}{A_1} & \dfrac{y_1 Y_1}{A_1} & \dfrac{y_1 Z_1}{A_1} & (y_1 - y_0)r_1^2 \\[2ex] \dfrac{X_2}{A_2} & \dfrac{Y_2}{A_2} & \dfrac{Z_2}{A_2} & \dfrac{1}{A_2} & 0 & 0 & 0 & 0 & \dfrac{x_2 X_2}{A_2} & \dfrac{x_2 Y_2}{A_2} & \dfrac{x_2 Z_2}{A_2} & (x_2 - y_0)r_2^2 \\[2ex] \vdots & \vdots & \vdots & \vdots & \vdots & \vdots & \vdots & \vdots & \vdots & \vdots & \vdots & \vdots \\[2ex] \dfrac{X_n}{A_n} & \dfrac{Y_n}{A_n} & \dfrac{Z_n}{A_n} & \dfrac{1}{A_n} & 0 & 0 & 0 & 0 & \dfrac{x_n X_n}{A_n} & \dfrac{x_n Y_n}{A_n} & \dfrac{x_n Z_n}{A_n} & (x_n - y_0)r_n^2 \\[2ex] 0 & 0 & 0 & 0 & \dfrac{X_n}{A_n} & \dfrac{Y_n}{A_n} & \dfrac{Z_n}{A_n} & \dfrac{1}{A_n} & \dfrac{y_n X_n}{A_n} & \dfrac{y_n Y_n}{A_n} & \dfrac{y_n Z_n}{A_n} & (y_n - y_0)r_n^2 \end{bmatrix}$$

若各控制点位于下面的一个平面上：

$$aX + bY + cZ + d = 0$$

$$(7 - 4 - 2)$$

即任意点的坐标 Z_i 可用其 X_i、Y_i 坐标表示：

$$Z_i = \frac{aX_i + bY_i + d}{c} = a'X_i + b'Y_i + d' \qquad (7 - 4 - 3)$$

那么列矩阵 $\boldsymbol{m}_3$、$\boldsymbol{m}_7$ 可写作：

$$\boldsymbol{m}_3 = \begin{bmatrix} \dfrac{a'X_1 + b'Y_1 + d'}{A_1} \\ 0 \\ \dfrac{a'X_2 + b'Y_2 + d'}{A_2} \\ \vdots \\ \dfrac{a'X_n + b'Y_n + d'}{A_n} \\ 0 \end{bmatrix} ; \qquad \boldsymbol{m}_7 = \begin{bmatrix} 0 \\ \dfrac{a'X_1 + b'Y_1 + d'}{A_1} \\ 0 \\ \vdots \\ 0 \\ \dfrac{a'X_n + b'Y_n + d'}{A_n} \end{bmatrix} \qquad (7 - 4 - 4)$$

可见,此时的列矩阵 $\boldsymbol{m}_3$、$\boldsymbol{m}_7$ 已是其他一些列矩阵的线性组合：

$$\left.\begin{aligned} \boldsymbol{m}_3 &= a'\boldsymbol{m}_1 + b'\boldsymbol{m}_2 + d'\boldsymbol{m}_4 \\ \boldsymbol{m}_7 &= a'\boldsymbol{m}_5 + b'\boldsymbol{m}_6 + d'\boldsymbol{m}_8 \end{aligned}\right\} \qquad (7 - 4 - 5)$$

即矩阵 $\boldsymbol{M}$ 此时已不是一个列满矩阵,其秩为：

$$\mathrm{rank}(\boldsymbol{M}) = 9 < 11 \qquad (7 - 4 - 6)$$

从以上分析可以看出,直接线性变换解法不能应用于控制点分布或近似分布在一个平面的场合。所以,用非量测像机对起伏小的地面进行摄影,以 DLT 法解算地面坐标的作法显然就不恰当了。

直接线性变换解法要求布有六个以上的控制点。这些控制点不能布置在一个平面(任意方位的平面)上,以避免解的不定性。可以想象,各控制点近似地靠近某一平面,也不会给出好的测定结果。一般要求是:应均匀地布置控制点,使它们环绕被测目标,并且使各控制点在像片上的构像范围越大越好。对控制点布局的这种比较苛刻的要求,说明此种解法多应用于场面较小的近景摄影测量对象,而把它应用于地形测图则是不相宜的,甚至是不可能的。

四、摄站点不得与物方空间坐标系原点重合的禁忌

1. 关于 A 值的解算方法问题

按 A 值的定义：

$$A = l_9 X + l_{10} Y + l_{11} Z + 1 \qquad (7 - 4 - 7)$$

所以,无论在解算 l 系数时,或解算空间坐标 (X, Y, Z) 时,A 值最初均是未知数。为了获取 A 值的近似值,在前一节的解算方法中,我们采取了"无多余观测"的原则：

——在解 l 系数近似值时,虽然像片上有 n 个控制点,但可以从 $2n$ 个方程中,只选择 11

个方程以解算 l 系数,即按照式(7 - 3 - 2)进行。11 个方程式的选择,可通过输入控制点的点号进行。

——而在解空间坐标 (X,Y,Z) 近似值时,虽然有 M 张像片,但可以从 $2M$ 个方程中,只选择三个方程来解算 (X,Y,Z) 值,即按式(7 - 3 - 4)进行。3 个方程式的选择,可通过输入像片号进行。

2. A 值的几何意义

将式 l_9、l_{10}、l_{11} 的值以及式(7 - 1 - 6)中 γ_3 的值,代入 A 值式(7 - 4 - 7),可知晓 A 值的意义:

$$
\begin{aligned}
A &= l_9 X + l_{10} Y + l_{11} Z + 1 \\
&= \frac{a_3}{\gamma_3} X + \frac{b_3}{\gamma_3} Y + \frac{c_3}{\gamma_3} Z + 1 \\
&= \frac{1}{\gamma_3}(a_1 X + b_2 X + c_3 Z) + 1 \\
&= 1 - \frac{a_3 X + b_3 Y + c_3 Z}{a_3 X_S + b_3 Y_S + c_3 Z_S} \\
&= \frac{a_3(X - X_S) + b_3(Y - Y_S) + c_3(Z - Z_S)}{a_3 X_S + b_3 Y_S + c_3 Z_S} = \frac{\bar{Z}}{Z'_S}
\end{aligned}
$$

这里,$\bar{Z}$ 是物点在像空间坐标系 $S - xyz$ 内的坐标,而 Z'_S 是摄站点 S 在坐标系 $D - XYZ$ 中的坐标。坐标系 $D - XYZ$ 的原点 D 为物方空间坐标系的原点,其坐标轴与像空间坐标轴两两平行。

当摄站点 S 与物方坐标系 $D - XYZ$ 原点 D 相近或重合时,即 $Z'_S = 0$ 时会有:

$$
A = \frac{\bar{Z}}{Z'_S} = \frac{\bar{Z}}{0} \tag{7 - 4 - 8}
$$

即各点的 A 值或者波动很大,或者为无穷大,导致解算的不稳定或不收敛。

从对 A 值几何意义的此种分析中,得到提示:应使物方空间坐标系的原点 D 远离摄站点 S,最好置于被测物体的重心上,即在进行 DLT 解算前实施坐标重心化。

五、直接线性变换解法的精度

据各方报道,直接线性变换解法,可提供大约 1/5 000 摄影距离精度以至更高精度的测定结果。影响此种解法精度的主要因素包括:像点坐标量测中误差、两像片主光轴间的交会角、像片张数、非线性畸变误差的改正程度、相机的像场角、控制点的质量、控制点的数量与分布等等。

六、直接线性变换解法的引申

(1)直接线性变换解法一般用于三维处理,但也可以引申至二维和一维处理;

(2)一般直接线性变换解法可以引申至带有制约条件的直接线性变换解法;

(3)有人考虑,在按直线线性变换解法解得内、外方位元素的初值后,再按光线束平差法进行整体处理,以期提高未知点物方空间坐标的解算精度与可靠性;

(4)直接线性变换解法也可应用于"基于空间后方交会"的摄影机检校。

§7.5 二维与一维直接线性变换解法

前述的直接线性变换解法是一种三维空间坐标的解算方法。从此解法还可导出二维与一维的直接线性变换解法。

一、二维直接线性变换解法

按直接线性变换解法的基本关系式(7 - 1 - 12):

$$
\left.
\begin{aligned}
x + \frac{l_1 X + l_2 Y + l_3 Z + l_4}{l_9 X + l_{10} Y + l_{11} Z + 1} = 0 \\
y + \frac{l_5 X + l_6 Y + l_7 Z + l_8}{l_9 X + l_{10} Y + l_{11} Z + 1} = 0
\end{aligned}
\right\}
$$

当被测物体为二维目标,即可认为 Z 为某一常数时,则上式中的 $l_3 Z + l_4$,$l_7 Z + l_8$ 及 $l_{11} Z + 1$ 等三部分也是某些常数。这时上式可改写作:

$$
\left.
\begin{aligned}
x + \frac{\dfrac{l_1}{l_{11} Z + 1} X + \dfrac{l_2}{l_{11} Z + 1} Y + \dfrac{l_3 Z + l_4}{l_{11} Z + 1}}{\dfrac{l_9}{l_{11} Z + 1} X + \dfrac{l_{10}}{l_{11} Z + 1} Y + 1} = 0 \\
y + \frac{\dfrac{l_5}{l_{11} Z + 1} X + \dfrac{l_6}{l_{11} Z + 1} Y + \dfrac{l_7 Z + l_8}{l_{11} Z + 1}}{\dfrac{l_9}{l_{11} Z + 1} X + \dfrac{l_{10}}{l_{11} Z + 1} Y + 1} = 0
\end{aligned}
\right\}
\qquad (7 - 5 - 1)
$$

令

$$
l_1^* = \frac{l_1}{l_{11} Z + 1}; \quad l_2^* = \frac{l_2}{l_{11} Z + 1}; \quad l_3^* = \frac{l_3 Z + l_4}{l_{11} Z + 1}; \quad l_4^* = \frac{l_5}{l_{11} Z + 1};
$$

$$
l_5^* = \frac{l_6}{l_{11} Z + 1}; \quad l_6^* = \frac{l_7 Z + l_8}{l_{11} Z + 1}; \quad l_7^* = \frac{l_9}{l_{11} Z + 1}; \quad l_8^* = \frac{l_{10}}{l_{11} Z + 1};
$$

则式(7 - 5 - 1)有形式为:

$$
\left.
\begin{aligned}
x + \frac{l_1^* X + l_2^* Y + l_3^*}{l_7^* X + l_8^* Y + 1} = 0 \\
y + \frac{l_4^* X + l_5^* Y + l_6^*}{l_7^* X + l_8^* Y + 1} = 0
\end{aligned}
\right\}
\qquad (7 - 5 - 2)
$$

或简写作:

$$
\left.
\begin{aligned}
x + \frac{l_1 X + l_2 Y + l_3}{l_7 X + l_8 Y + 1} = 0 \\
y + \frac{l_4 X + l_5 Y + l_6}{l_7 X + l_8 Y + 1} = 0
\end{aligned}
\right\}
\qquad (7 - 5 - 3)
$$

此式即是二维直接线性变换解法的基本关系式。

不难认识到以下几个问题:

（1）此式建立了物方二维平面与像片面的直接线性变换关系；

（2）使用式(7 - 5 - 3)，可以自动改正所有线性变形，如 x 向与 y 向的单位长度不一的线性误差，以及所用坐标仪两坐标轴间不垂直所引起的误差等；

（3）为进行二维直接线性变换，即进行平面与平面之间的透视变换，应在物方平面内布置四个或四个以上平面控制点；

（4）利用式(7 - 5 - 3)实施二维变换，无需内方位元素，可在无框标的情况下进行坐标量测。

二、二维直接线性变换计算过程

仿照前述三维直接线性变换的计算过程，不难得到以下二维变换的一些计算式。

1. l 系数近似值解算式

仅取四个控制点，可有以下 l 系数近似值的解算式：

$$
\begin{bmatrix}
X_1 & Y_1 & 1 & 0 & 0 & 0 & x_1X_1 & x_1Y_1 \\
0 & 0 & 0 & X_1 & Y_1 & 1 & y_1X_1 & y_1Y_1 \\
X_2 & Y_2 & 1 & 0 & 0 & 0 & x_2X_2 & x_2Y_2 \\
0 & 0 & 0 & X_2 & Y_2 & 1 & y_2X_2 & y_2Y_2 \\
\vdots & \vdots & \vdots & \vdots & \vdots & \vdots & \vdots & \vdots \\
0 & 0 & 0 & X_4 & Y_4 & 1 & y_4X_4 & y_4Y_4
\end{bmatrix}
\cdot
\begin{bmatrix} l_1 \\ l_2 \\ l_3 \\ l_4 \\ l_5 \\ l_6 \\ l_7 \\ l_8 \end{bmatrix}
+
\begin{bmatrix} x_1 \\ y_1 \\ x_2 \\ y_2 \\ \vdots \\ y_4 \end{bmatrix}
= 0 \qquad (7 - 5 - 4)
$$

2. 物方空间坐标近似值解算式

解得 l 系数后，可依每点的像点坐标 (x,y) 按下述二元一次联立方程立刻解求物方空间坐标 (X,Y) 的近似值：

$$
\left.
\begin{aligned}
X(l_1 + xl_7) + Y(l_2 + xl_8) + (l_3 + x) &= 0 \\
X(l_4 + yl_7) + Y(l_5 + yl_8) + (l_6 + y) &= 0
\end{aligned}
\right\} \qquad (7 - 5 - 5)
$$

3. 有多余观测值时 l 系数的解算式

当控制点多于 4 个，并设像点坐标观测值改正数为 (v_x, v_y)，观测值方程式为：

$$
\left.
\begin{aligned}
(x + v_x) + \frac{l_1X + l_2Y + l_3}{l_7X + l_8Y + 1} &= 0 \\
(y + v_y) + \frac{l_4X + l_5Y + l_6}{l_7X + l_8Y + 1} &= 0
\end{aligned}
\right\} \qquad (7 - 5 - 6)
$$

相应的误差方程式为：

$$
\begin{bmatrix} -v_x \\ -v_y \end{bmatrix}
=
\begin{bmatrix}
\dfrac{X}{A} & \dfrac{Y}{A} & \dfrac{1}{A} & 0 & 0 & 0 & \dfrac{xX}{A} & \dfrac{xY}{A} \\[2mm]
0 & 0 & 0 & \dfrac{X}{A} & \dfrac{Y}{A} & \dfrac{1}{A} & \dfrac{yX}{A} & \dfrac{yY}{A}
\end{bmatrix}
\begin{bmatrix} l_1 \\ l_2 \\ l_3 \\ l_4 \\ l_5 \\ l_6 \\ l_7 \\ l_8 \end{bmatrix}
-
\begin{bmatrix} -\dfrac{x}{A} \\[2mm] -\dfrac{y}{A} \end{bmatrix}
\qquad (7 - 5 - 7)
$$

式中：

$$A = l_7 X + l_8 Y + 1$$

4. 有多余观测值的物方空间坐标的解算

当拍摄像片多于一张，有误差方程式为：

$$\begin{bmatrix} -v_x \\ -v_y \end{bmatrix} = \begin{bmatrix} \dfrac{l_1 + xl_7}{A} & \dfrac{l_2 + xl_8}{A} \\ \dfrac{l_4 + yl_7}{A} & \dfrac{l_5 + yl_8}{A} \end{bmatrix} \cdot \begin{bmatrix} X \\ Y \end{bmatrix} - \begin{bmatrix} -\dfrac{1}{A}(l_3 + x) \\ -\dfrac{1}{A}(l_6 + y) \end{bmatrix} \qquad (7\text{-}5\text{-}8)$$

三、一维直接线性变换解法

由二维直接线性变换解法的基本关系式(7 - 5 - 3)：

$$\left. \begin{aligned} x + \frac{l_1 X + l_2 Y + l_3}{l_7 X + l_8 Y + 1} = 0 \\ y + \frac{l_4 X + l_5 Y + l_6}{l_7 X + l_8 Y + 1} = 0 \end{aligned} \right\} \qquad (7\text{-}5\text{-}9)$$

当被测物为一维目标，即可认为 Y 是某一常数时，上式第一式中的 $(l_2 Y + l_3)$ 和 $(l_8 Y + 1)$ 亦为某些常数，经一般的代数演绎，有一维直接线性变换式：

$$x + \frac{l_1 X + l_2}{l_3 X + 1} = 0 \qquad (7\text{-}5\text{-}10)$$

为进行此种一维变换，即直线与直线的透视变换，在物方直线上至少应有三个控制点，即已知此 3 个点之间彼此的距离，以解算 3 个系数 $(l_1 \setminus l_2 \setminus l_3)$。

§7.6　带制约条件的直接线性变换解法

我们知道，直接线性变换解法中的 11 个 l 系数对应 11 个独立参数 $(X_S, Y_S, Z_S, \varphi, \omega, \kappa, x_0, y_0, f, \mathrm{d}s, \mathrm{d}\beta)$，并且把这些独立的参数均当做未知数处理。带制约条件的直接线性变换解法，则是把这 11 个独立参数中已知的 1 个或几个参数作为制约条件，从而形成带制约条件的模型予以处理，例如以间接观测平差方法予以处理。

在直接线性变换解法中，引用某种相对控制是另一类带制约条件的直接线性变换解法。

一、带制约条件的直接线性变换解法的一般式

直接线性变换解法中与 11 个 l 系数对应的 11 个独立参数是 $(X_S, Y_S, Z_S, \varphi, \omega, \kappa, x_0, y_0, f, \mathrm{d}s, \mathrm{d}\beta)$。在某些情况下，这 11 个独立参数的某 1 个或某几个可能是已知的，从而可构成如下的带制约条件的间接观测平差模型：

$$V = AX - L \qquad (7\text{-}6\text{-}1\mathrm{a})$$

$$BX - M = 0 \qquad (7\text{-}6\text{-}1\mathrm{b})$$

已知某参数或已知某种参数间的关系，即构成上式中的制约条件式(7 - 6 - 1b)，而式(7 - 3 - 11)，即是上式中的误差方程(7 - 6 - 1a)。

现举一例：若已知主距 $f_x = 100.05\,\mathrm{mm}$，则可引入主距制约条件：

$$f_x = 100.5\text{mm} = \cos\text{d}\beta \sqrt{\frac{l_1^2 + l_2^2 + l_3^2}{l_9^2 + l_{10}^2 + l_{11}^2}} - x_0^2$$

二、关于"11 参数法"的说明

Bopp H. 和 Krauss H.,在其"11 参数法"中所列出的两个关系式其实是正交性制约条件和比例尺一致制约条件。正交性制约条件指的是满足 dβ =0 的条件,比例尺一致制约条件指的是满足 ds =0 的条件。

1. 正交性制约条件

正交性制约条件的满足,所指的是:

$$\text{d}\beta = 0$$

即从式(7 - 2 - 7)有:

$$\sin^2\text{d}\beta = \frac{C^2}{AB} = 0 \qquad (7 - 6 - 2)$$

那么必然是:

$$C = 0 \qquad (7 - 6 - 3)$$

即从式(7 - 2 - 6c)有:

$$\gamma_3^2(l_1 l_5 + l_2 l_6 + l_3 l_7) - x_0 y_0 = C = 0 \qquad (7 - 6 - 4)$$

因此得到正交性制约条件为:

$$(l_1 l_5 + l_2 l_6 + l_3 l_7) - \frac{(l_1 l_9 + l_2 l_{10} + l_3 l_{11})(l_5 l_9 + l_6 l_{10} + l_7 l_{11})}{l_9^2 + l_{10}^2 + l_{11}^2} = 0 \quad (7 - 6 - 5)$$

2. 比例尺一致制约条件

比例尺一致制约条件指的是:

$$\text{d}s = 0 \qquad (7 - 6 - 6)$$

就是说,依式(7 - 2 - 9)有:

$$\text{d}s = \sqrt{\frac{A}{B}} - 1 = 0 \qquad (7 - 6 - 7)$$

即有:

$$A = B \qquad (7 - 6 - 8)$$

或依式(7 - 2 - 6a)和式(7 - 2 - 6b)有:

$$\gamma_3^2(l_1^2 + l_2^2 + l_3^2) - x_0^2 = \gamma_3^2(l_5^2 + l_6^2 + l_7^2) - y_0^2 \qquad (7 - 6 - 9)$$

将式(7 - 2 - 12)中的 x_0,y_0 等关系式代入上式,并经演化有比例尺一致制约条件:

$$(l_1^2 + l_2^2 + l_3^2) - (l_5^2 + l_6^2 + l_7^2) + \frac{(l_5 l_9 + l_6 l_{10} + l_7 l_{11})^2 + (l_1 l_9 + l_2 l_{10} + l_3 l_{11})^2}{l_9^2 + l_{10}^2 + l_{11}^2} = 0$$

$$(7 - 6 - 10)$$

式(7 - 6 - 5)和式(7 - 6 - 10)所导出的正交性制约条件和比例尺一致制约条件与 Bopp H. 和 Krauss H. 文中所列的两个关系式完全相同。只不过,他们没有指出此两个关系式的确切名称和使用条件。

三、含相对控制的直接线性变换解法

在一般的直接线性变换中可以引用相对控制。按直接线性变换解法关系式(7 - 1 - 12):

$$\left.\begin{aligned} x + \frac{l_1 X + l_2 Y + l_3 Z + l_4}{l_9 X + l_{10} Y + l_{11} Z + 1} &= 0 \\ y + \frac{l_5 X + l_6 Y + l_7 Z + l_8}{l_9 X + l_{10} Y + l_{11} Z + 1} &= 0 \end{aligned}\right\}$$

如物方空间除控制点外,还使用某些相对控制,例如,若在物方空间有直线(1 - 2)平行于物方空间坐标之 Z 轴,在此直线上选择点 1 与点 2,因 $X_1 = X_2$,$Y_1 = Y_2$,那么必然有:

$$\frac{x_1 - x_2}{y_1 - y_2} = \frac{\dfrac{l_1 X_1 + l_2 Y_1 + l_3 Z_1 + l_4}{l_9 X_1 + l_{10} Y_1 + l_{11} Z_1 + 1} - \dfrac{l_1 X_2 + l_2 Y_2 + l_3 Z_2 + l_4}{l_9 X_2 + l_{10} Y_2 + l_{11} Z_2 + 1}}{\dfrac{l_5 X_1 + l_6 Y_1 + l_7 Z_1 + l_8}{l_9 X_1 + l_{10} Y_1 + l_{11} Z_1 + 1} - \dfrac{l_5 X_2 + l_6 Y_2 + l_7 Z_2 + l_8}{l_9 X_2 + l_{10} Y_2 + l_{11} Z_2 + 1}} \qquad (7 - 6 - 11)$$

或以行列式形式写作:

$$\frac{x_1 - x_2}{y_1 - y_2} = \frac{\begin{vmatrix} (l_1 X_1 + l_2 Y_1 + l_3 Z_1 + l_4) & (l_1 X_2 + l_2 Y_2 + l_3 Z_2 + l_4) \\ (l_9 X_1 + l_{10} Y_1 + l_{11} Z_1 + 1) & (l_9 X_2 + l_{10} Y_2 + l_{11} Z_2 + 1) \end{vmatrix}}{\begin{vmatrix} (l_5 X_1 + l_6 Y_1 + l_7 Z_1 + l_8) & (l_5 X_2 + l_6 Y_2 + l_7 Z_2 + l_8) \\ (l_9 X_1 + l_{10} Y_1 + l_{11} Z_1 + 1) & (l_9 X_2 + l_{10} Y_2 + l_{11} Z_2 + 1) \end{vmatrix}} \qquad (7 - 6 - 12)$$

将此行列式第二列乘以 - 1 并加到第一列上,有:

$$\begin{aligned} \frac{x_1 - x_2}{y_1 - y_2} &= \frac{\begin{vmatrix} l_1 (Z_1 - Z_2) & (l_1 X_2 + l_2 Y_2 + l_3 Z_2 + l_4) \\ l_{11} (Z_1 - Z_2) & (l_9 X_2 + l_{10} Y_2 + l_{11} Z_2 + l_8) \end{vmatrix}}{\begin{vmatrix} l_7 (Z_1 - Z_2) & (l_5 X_2 + l_6 Y_2 + l_7 Z_2 + l_8) \\ l_{11} (Z_1 - Z_2) & (l_9 X_2 + l_{10} Y_2 + l_{11} Z_2 + 1) \end{vmatrix}} \\[2mm] &= \frac{\begin{vmatrix} l_2 & (l_1 X_2 + l_2 Y_2 + l_3 Z_2 + l_4) \\ l_{11} & (l_9 X_2 + l_{10} Y_2 + l_{11} Z_2 + 1) \end{vmatrix}}{\begin{vmatrix} l_7 & (l_5 X_2 + l_6 Y_2 + l_7 Z_2 + l_8) \\ l_{11} & (l_9 X_2 + l_{10} Y_2 + l_{11} Z_2 + 1) \end{vmatrix}} \end{aligned} \qquad (7 - 6 - 13)$$

分子分母各除以 $(l_9 X_2 + l_{10} Y_2 + l_{11} Z_2 + 1)$,有:

$$\frac{x_1 - x_2}{y_1 - y_2} = \frac{\begin{vmatrix} l_3 & x_2 \\ l_{11} & 1 \end{vmatrix}}{\begin{vmatrix} l_7 & y_2 \\ l_{11} & 1 \end{vmatrix}} \qquad (7 - 6 - 14)$$

即:
$$(y_1 - y_2) l_3 + (x_2 - x_1) l_7 + (x_1 y_2 - x_2 y_1) l_{11} = 0 \qquad (7 - 6 - 15)$$

因而物方空间中平行于 Z 轴的一根直线(其上可辨认两个点),即可提供一个上述方程,如有三根平行 Z 轴的直线,则可解得 l_3、l_7、l_{11}:

$$\left.\begin{aligned} (y_1 - y_2) l_3 + (x_2 - x_1) l_7 + (x_1 y_2 - x_2 y_1) l_{11} &= 0 \\ (y_3 - y_4) l_3 + (x_4 - x_3) l_7 + (x_3 y_4 - x_4 y_3) l_{11} &= 0 \\ (y_5 - y_6) l_3 + (x_6 - x_5) l_7 + (x_5 y_6 - x_6 y_5) l_{11} &= 0 \end{aligned}\right\} \qquad (7 - 6 - 16)$$

相仿地,平行 X 轴的三根直线,而可解得 l_1、l_5、l_9;平行 Y 轴的三根直线,而可解得 l_2、l_6、l_{10}。

当在物方空间布置有长度为 D 的相对控制 AB,并令点 A 为物方空间坐标系原点,AB 连线平行于 X 轴,那么有 $A(0,0,0)$ 和 $B(D,0,0)$。此时,依 DLT 式有:

$$\left.\begin{aligned}
x_a &= \frac{l_1 X_A + l_2 Y_A + l_3 Z_A + l_4}{l_9 X_A + l_{10} Y_A + l_{11} Z_A + 1} = l_4 \\
y_a &= \frac{l_5 X_A + l_6 Y_A + l_7 Z_A + l_8}{l_9 X_A + l_{10} Y_A + l_{11} Z_A + 1} = l_8 \\
x_b &= \frac{l_1 D + l_4}{l_9 D + 1} \\
y_b &= \frac{l_5 D + l_8}{l_9 D + 1}
\end{aligned}\right\} \tag{7-6-17}$$

依以上这些关系式,可解得各 l 系数。而关于畸变差的解算,可参考"利用被测物体平行线组进行摄影机检校的一种方法"进行。

因为本解法所利用的直线相对控制,必须平行于物方空间坐标系各坐标轴,故其使用有一定的局限性。

四、结论

(1)使用直接线性变换解法时,如已知 11 个独立参数中的某几个,则可按式(7-6-1)实施带制约条件的直接线性变换解算方法,并可相应地减少控制点个数;

(2)对所用坐标仪坐标的垂直性认可时,可引入正交制约条件式(7-6-5);

(3)所用坐标仪的单位长度一致,且可容忍像片的不均匀变形时,还可引入比例尺一致制约条件式(7-6-10);

(4)CCD 相机 x 向和 y 向像素间距不一,处理其影像时,不可引入比例尺一致制约条件式(7-6-10)。

第八章　近景摄影测量的其他解析处理方法

基于共线条件方程式的各种近景摄影测量解析处理方法以及直接线性变换解法是一些重要的处理方法,但从摄影测量的不同测量目标、不同测量目的、不同的测量环境、实力和精度要求来看,它们的适应性是有限度的。

本章介绍近景摄影测量一些其他的解析处理方法,以适应特定情况下的需要。这些方法包括:

(1)基于共面条件方程式的近景摄影测量解析处理方法;

(2)角锥体原理的空间后方交会—前方交会解法;

(3)利用角锥体原理的又一种空间后方交会解法;

(4)利用被摄物体上平行线组进行的摄影机检校的一种方法;

(5)伪视差法;

(6)近景摄影测量的空间相似变换;

(7)近景摄影测量中涉及的二维变换问题。

§8.1　基于共面条件方程式的近景摄影测量解析处理方法

近景摄影测量中,基于"立体像对摄影基线及同名光线应位于同一平面"原理而进行的处理方法,称为近景摄影测量的共面条件方程式解法。近景摄影测量的共面条件方程式解法,本质上就是摄影测量的独立模型法在近景摄影测量中的移植应用。只是在移植中需考虑近景摄影测量中的一些特点,如短摄影距离、不规则及大角度摄影、多重叠、大的相对纵深等等。

此种解法的具体作业步骤包括:

(1)相对定向:按共面条件方程式原理,完成相对定向,以形成一个个的单个模型;

(2)模型连接:通过比较各个单模型公共点的模型坐标,将各个模型连接起来,以形成统一坐标系的自由网模型;

(3)按前方交会法解求所有待定点的摄影测量坐标;

(4)整体平差:各单元模型同时实施空间相似变换,以使各控制点的摄测坐标与相应的物空间坐标相逼近,并使不同模型里同一公共点上的摄测坐标相逼近。

当仅处理一个像对时,则作业步骤仅包括相对定向形成模型,前方交会解算模型坐标以及将模型纳入物方坐标系的绝对定向。

现将本解法中的相对定向步骤作以下介绍。

依接连续像对法的共面条件方程式(1-5-2):

$$F(B_y, B_z, \varphi_2, \omega_2, \kappa_2) = \begin{vmatrix} B_x & B_y & B_z \\ u_1 & v_1 & w_1 \\ u_2 & v_2 & w_2 \end{vmatrix} = 0 \qquad (8-1-1)$$

式中(u_1, v_1, w_1)、(u_2, v_2, w_2)分别为左右像点的摄测坐标。

认定B_x为某常数,按泰勒级数展开上式,参照式$(1-5-5)$,并注意到像点坐标(x, y)观测值的改正数(v_x, v_y)对F之影响ΔF:

$$F = F_0 + \Delta F + \mathrm{d}F$$

$$= F_0 + \frac{\partial F}{\partial x_1} v_{x_1} + \frac{\partial F}{\partial y_1} v_{y_1} + \frac{\partial F}{\partial x_2} v_{x_2} + \frac{\partial F}{\partial y_2} v_{y_2} + \frac{\partial F}{\partial B_y} \mathrm{d}B_y + \frac{\partial F}{\partial B_z} \mathrm{d}B_z + \frac{\partial F}{\partial \varphi_2} \mathrm{d}\varphi_2 +$$

$$\frac{\partial F}{\partial \omega_2} \mathrm{d}\omega_2 + \frac{\partial F}{\partial \kappa_2} \mathrm{d}\kappa_2 = 0 \qquad (8-1-2)$$

因而得到解析法相对定向误差方程:

$$C_1 V_{x_1} + C_2 V_{y_1} + C_3 V_{x_2} + C_4 V_{y_2}$$

$$= F_0 + a_1 \mathrm{d}b_y + a_2 \mathrm{d}b_z + a_3 \mathrm{d}\varphi_2 + a_4 \mathrm{d}\omega_2 + a_3 \mathrm{d}\kappa_2 = 0 \qquad (8-1-3)$$

此式实为一种带有未知数的条件平差式$(AV + BX + W = 0)$。考虑到像点坐标(x_1, y_1, x_2, y_2)各观测值之间可认为不相关,故式$(8-1-3)$左端可用一虚拟观测值改正数v_i代替:

$$v_i = C_1 V_{x_1} + C_2 V_{y_1} + C_3 V_{x_2} + C_4 V_{y_2} \qquad (8-1-4)$$

此v_i的权P'_i也可按误差传播律得到:

$$P'_i = \frac{P_i}{C_1^2 + C_2^2 + C_3^2 + C_4^2} \qquad (8-1-5)$$

这样,式$(8-1-3)$即转为权为P_i的一种间接平差模型:

$$v'_i = a_1 \mathrm{d}b_y + a_2 \mathrm{d}b_z + a_3 \mathrm{d}\varphi_2 + a_4 \mathrm{d}\omega_2 + a_3 \mathrm{d}\kappa_2 + F_0 \qquad (8-1-6)$$

因而可有相对定向元素的解。如:

$$\varphi_2 = \varphi_2^0 + \mathrm{d}\varphi'_2 + \mathrm{d}\varphi''_2 + \cdots \qquad (8-1-7)$$

近景摄影测量共面条件方程式解法中的模型连接与整体平差过程,大体可以从摄影测量的独立模型法移植过来。

显然,在进行以上作业过程之前,应对像片进行必要的框标变换以及畸变差等系统误差的预改正。

共面条件方程式解法的特点是:当与空间方交会—前方交会解法相比较,由于利用了相片间内在的几何关系,对控制点的个数要求有所减少;而与理论上严密的光线束平差法相比较,则精度稍低,但本方法要求内存量少,计算速度快。因此,在某些控制条件不甚理想,而精度要求又较低的近景业务中,共面条件方程式解法却也是一种选择。此外,用本方法当然可以为严谨的光线束法提供初始值,包括物方点的空间坐标近似值和各像片的外方位元素近似值在内。

§8.2 基于角锥体原理的空间后方交会—前方交会解法

近景摄影测量中,基于"以摄影中心为顶点的两根构像光线的像方角应与其物方角相等"原理的空间后交前交解析处理方法,称之为角锥体原理的空间后方交会—前方交会解法。

我们知道,当在现场无法直接(或不利于)量测外方位元素时,可在物方合理地布置控制点,通过后方交会来确定外方位元素,然后按前方交会法解求待定点空间坐标。空间后方交会方法有多种。前面所叙述的以共线条件方程式为原理的空间后方交会法是最为通用的,但有其明显的缺陷。

(1)当各控制点在像片上构像的范围较小时,外方位角元素(φ,ω,κ)的解就不稳定,尤其在地面近景摄影测量中,这种现象格外明显。此时像片的下半部常是无用的前景部分,而像片的上部又是天空的构像,因而依据构像来确定角元素,特别是角ω是不可靠的。

(2)需同时解算六个未知数,而解算过程又是按迭代方式进行,初始值的不佳引起未知数间较强的相关性,导致不正确的计算结果。

基于角锥体原理的方法,有时又称余弦法(Cosine Method)或矢量法(Vector Method),演算中,把外方位元素的六个未知数$(X_S、Y_S、Z_S、\varphi、\omega、\kappa)$分成毫不相干的两组进行解算。其中,直线元素按迭代法解求,而外方位角元素的解算则按直接法解求。这种基于角锥体原理所进行的后交—前交法,还称之为"使用外方位元素的近似方法"。

现将此方法中的三个基本运算步骤,即摄影中心与空间坐标的确定、旋转矩阵的确定以及待定点空间坐标的确定分述于后。

一、摄影中心空间坐标的确定

如图8 - 2 - 1,若摄影中心S的坐标,即外方位直线元素为(X_S,Y_S,Z_S),相应近似值为(X_0,Y_0,Z_0)。已知物方两点$I、J$的相应构像点为点i与点j,这时应有:

$$\cos(ij) = \cos(IJ) \tag{8 - 2 - 1}$$

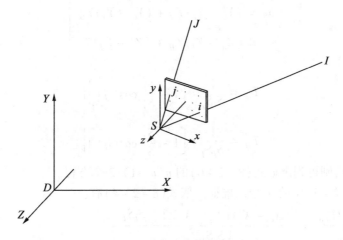

图8 - 2 - 1 外方位直线元素的解求

依立体解析几何,两空间直线(S_i,S_j)之间的夹角的余弦为:

$$\cos(ij) = \frac{x_i x_j + y_i y_j + f^2}{S_i S_j} \tag{8 - 2 - 2}$$

上式中x,y为以主点为原点的相应像点坐标,f为像片主距,而S_i与S_j是自投影中心S分别

到点 i 和点 j 的距离:

$$\left.\begin{array}{l} S_i^2 = x_i^2 + y_i^2 + f^2 \\ S_j^2 = x_j^2 + y_j^2 + f^2 \end{array}\right\} \qquad (8 - 2 - 3)$$

投影中心 S 的坐标 (X_S, Y_S, Z_S) 是未知数,在物方空间内 $\cos(IJ)$ 的值不能直接解求。依 S 坐标的近似值 (X_0, Y_0, Z_0) 可有近似值 $\cos(IJ)o$ 为:

$$\cos(IJ)o = \frac{(X_0 - X_I)(X_0 - X_J) + (Y_0 - Y_I)(Y_0 - Y_J) + (Z_0 - Z_I)(Z_0 - Z_J)}{S_I \cdot S_J}$$

$$(8 - 2 - 4)$$

其中:

$$\left.\begin{array}{l} S_I^2 = (X_0 - X_I)^2 + (Y_0 - Y_I)^2 + (Z_0 - Z_I)^2 \\ S_J^2 = (X_0 - X_J)^2 + (Y_0 - Y_J)^2 + (Z_0 - Z_J)^2 \end{array}\right\} \qquad (8 - 2 - 5')$$

为了求取摄影中心 S 空间坐标近似值 (X_0, Y_0, Z_0) 的改正数 $(\Delta X, \Delta Y, \Delta Z)$,应将式(8 - 2 - 1)的右方按泰勒级数展开:

$$\cos(IJ)_0 + \frac{\partial \cos(IJ)}{\partial X}\Delta X + \frac{\partial \cos(IJ)}{\partial Y}\Delta Y + \frac{\partial \cos(IJ)}{\partial Z}\Delta Z = \cos(ij) \quad (8 - 2 - 5)$$

为解得摄影中心三个直线外方位元素的改正数 ΔX、ΔY、ΔZ,形如上式(8 - 7 - 5)的方程式应至少列出三个,即至少需要三个控制点;而在有多余控制点的情况下,应进行平差处理。把 $\cos(ij)$ 认作虚拟观测值,此观测值改正数 v_{ij} 的误差方程式为:

$$v_{ij} = a_{ij}\Delta X + b_{ij}\Delta Y + c_{ij}\Delta Z - [\cos(ij) - \cos(IJ)_0] \qquad (8 - 2 - 6)$$

上式中各偏导数经推演可表示为:

$$\left.\begin{array}{l} a_{ij} = (X_0 - X_I)T_{JI} + (X_0 - X_J)T_{IJ} \\ b_{ij} = (Y_0 - Y_I)T_{JI} + (Y_0 - Y_J)T_{IJ} \\ c_{ij} = (Z_0 - Z_I)T_{JI} + (Z_0 - Z_J)T_{IJ} \end{array}\right\} \qquad (8 - 2 - 7)$$

其中

$$\left.\begin{array}{l} T_{IJ} = \frac{1}{S_I S_J} \cdot \left[1 - \frac{S_I}{S_J}\cos(ij)\right] \\ T_{JI} = \frac{1}{S_I S_J} \cdot \left[1 - \frac{S_J}{S_I}\cos(ij)\right] \end{array}\right\} \qquad (8 - 2 - 8)$$

如有 n 个点,则可列出如式(8 - 2 - 6)的 $n(n-1)/2$ 个方程。

现将式(8 - 2 - 7)中的 a_{ij} 予以推证。依式(8 - 2 - 4)有:

$$a_{ij} = \frac{\partial \cos(IJ)_0}{\partial X_0} = \frac{[(X_0 - X_I)(X_0 - X_J)]' \quad S_I S_J}{(S_I S_J)^2} -$$

$$\frac{[(X_0 - X_I)(X_0 - X_J) + (Y_0 - Y_I)(Y_0 - Y_J) + (Z_0 - Z_I)(Z_0 - Z_J)](S_I S_J)'}{(S_I S_J)^2}$$

即有

$$a_{ij} = \frac{X_0 - X_I}{S_I S_J} + \frac{X_0 - X_J}{S_I S_J} - \frac{(S'_I \cdot S_J + S_I \cdot S'_J)\cos(IJ)_0}{S_I S_J} \qquad (8 - 2 - 9)$$

166

其中 S'_I 与 S'_J 为:

$$S'_I = \frac{\partial S_I}{\partial X_0} = \frac{2(X_0 - X_I)}{2S_I} = \frac{X_0 - X_I}{S_I}$$

$$S'_J = \frac{\partial S_J}{\partial X_0} = \frac{2(X_0 - X_J)}{2S_J} = \frac{X_0 - X_J}{S_J}$$

$$(8-2-10)$$

式$(8-2-9)$中的 $\cos(IJ)_o$ 是未知数的系数,故可近似取作:

$$\cos(IJ) \approx \cos(ij) \qquad (8-2-11)$$

将式$(8-2-10)$以及式$(8-2-11)$一并代入式$(8-2-9)$有:

$$a_{ij} = (X_0 - X_I)\frac{1}{S_I S_J}\left[1 - \frac{S_J}{S_I} \cdot \cos(ij)\right] + (X_0 - X_J)\frac{1}{S_I S_J}\left[1 - \frac{S_I}{S_J} \cdot \cos(ij)\right]$$

即得到与式$(8-2-7)$相符的推导结果。

式$(8-2-6)$的矩阵形式若写作:

$$\boldsymbol{V} = \boldsymbol{AX} - \boldsymbol{L}$$

其中

$$\boldsymbol{X} = \begin{bmatrix} \Delta X & \Delta Y & \Delta Z \end{bmatrix}^{\mathrm{T}}$$

相应的法方程式为:

$$\boldsymbol{A}^{\mathrm{T}}\boldsymbol{AX} - \boldsymbol{A}^{\mathrm{T}}\boldsymbol{L} = 0$$

解为

$$\boldsymbol{X} = (\boldsymbol{A}^{\mathrm{T}}\boldsymbol{A})^{-1}\boldsymbol{A}^{\mathrm{T}}\boldsymbol{L}$$

此后,可解得投影中心 S 空间坐标(X_S, Y_S, Z_S)的第一次趋近值:

$$\left.\begin{array}{l} X'_S = X_0 + \Delta X \\ Y'_S = Y_0 + \Delta Y \\ Z'_S = Z_0 + \Delta Z \end{array}\right\} \qquad (8-2-12)$$

按此趋近新值 $\cos(IJ)_0$,以及 a_{ij}、b_{ij}、c_{ij} 的新值,随即开始第二次迭代。迭代过程一直延续到 ΔX、ΔY、ΔZ 为零或小于指定限差为止。

二、每张像片旋转矩阵的确定

在算得摄影中心 S 的空间坐标(X_S, Y_S, Z_S)的基础上,还可以借助已知点按直接解法,解算每张像片在物方空间坐标系内的方位(外方位角元素 φ, ω, κ),即确定光束的方位矩阵 $\boldsymbol{R}$:

$$\boldsymbol{R} = \begin{bmatrix} a_1 & a_2 & a_3 \\ b_1 & b_2 & b_3 \\ c_1 & c_2 & c_3 \end{bmatrix} \qquad (8-2-13)$$

若某物方点 P 的构像为 p_1,因而有:

$$\begin{bmatrix} x \\ y \\ f \end{bmatrix} = \frac{Sp_1}{SP}\begin{bmatrix} a_1 & b_1 & c_1 \\ a_2 & b_2 & c_2 \\ a_3 & b_3 & c_3 \end{bmatrix}\begin{bmatrix} X - X_S \\ Y - Y_S \\ Z - Z_S \end{bmatrix} \qquad (8-2-14)$$

等式两边除以 Sp_1 有：

$$\begin{bmatrix} \dfrac{x}{Sp_1} \\[2mm] \dfrac{y}{Sp_1} \\[2mm] \dfrac{z}{Sp_1} \end{bmatrix} = \begin{bmatrix} a_1 & b_1 & c_1 \\ a_2 & b_2 & c_2 \\ a_3 & b_3 & c_3 \end{bmatrix} \begin{bmatrix} \dfrac{X-X_S}{SP} \\[2mm] \dfrac{Y-Y_S}{SP} \\[2mm] \dfrac{Z-Z_S}{SP} \end{bmatrix} \qquad (8-2-15)$$

即：

$$\begin{bmatrix} \cos x\, Sp_1 \\ \cos y\, Sp_1 \\ \cos z\, Sp_1 \end{bmatrix} = \begin{bmatrix} a_1 & b_1 & c_1 \\ a_2 & b_2 & c_2 \\ a_3 & b_3 & c_3 \end{bmatrix} \begin{bmatrix} \cos XSP \\ \cos YSP \\ \cos ZSP \end{bmatrix}$$

上式中：

$$SP = \sqrt{(X_p - X_S)^2 + (Y_p - Y_S)^2 + (Z_p - Z_S)^2}$$
$$Sp_1 = \sqrt{x_{p_1}^2 + y_{p_1}^2 + f^2} \qquad (8-2-16)$$

如把 a_i、b_i、c_i $(i=1,2,3)$ 近似地看做独立的未知数,则物方有三个控制点即可解求它们。而在具备多余控制点的条件下,如有点 P、Q、$\cdots$、T 等共 n 个点,则解算 a_1、b_1、c_1 三个系数的 n 个误差方程式为：

$$\begin{cases} v_1 = a_1 \cdot \cos XSP + b_1 \cdot \cos YSP + c_1 \cdot \cos ZSP - \cos x S_p \\ v_2 = a_1 \cdot \cos XSQ + b_1 \cdot \cos YSQ + c_1 \cdot \cos ZSQ - \cos x S_q \\ \vdots \qquad\qquad \vdots \qquad\qquad \vdots \qquad\qquad \vdots \qquad\qquad \vdots \\ v_n = a_1 \cdot \cos XST + b_1 \cdot \cos YST + c_1 \cdot \cos ZST - \cos x S_t \end{cases}$$

相应的矩阵形式为：

$$V = AX - L$$

其中

$$X = \begin{bmatrix} a_1 & b_1 & c_1 \end{bmatrix}^T = (A^T A)^{-1} A^T L \qquad (8-2-17)$$

可相仿地解算旋转矩阵 $\boldsymbol{R}$ 中的其他元素。

随后有：

$$\varphi = \arctan\left(-\frac{a_3}{c_3}\right)$$
$$\omega = \arcsin(-b_3)$$
$$\kappa = \arctan\left(\frac{b_1}{b_2}\right)$$

外业如能测知这些外方位元素中的某 n 个,则可简化运算,乃至省略此步骤。测知外方位角元素的方法是使用精密跨水准器以及附加某种精密的测角(定向)装置。

三、待定点物方空间坐标的确定

确定摄站点坐标 (X_S,Y_S,Z_S) 和光束在物空间坐标系内的方位 (φ,ω,κ) 以后,即已确知

168

组成像对的每一个像片的外方位元素以后,则可按常规的空间前方交会法,解算待定点在物方空间坐标系内的坐标,如同§6.2中所述。

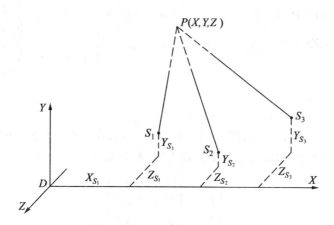

图 8 - 2 - 2 "角锥体原理"的空间前方交会

按交会法测定这些未知点的坐标,如图8 - 2 - 2,所依据的像片可以是二张、三张或更多一些。

这里我们特介绍本解法中如何解求待定点物方空间坐标近似值(X_0, Y_0, Z_0)。

据立体解析几何,在物方空间坐标系 $D - XYZ$ 内,摄站点 $S_1(X_{S_1}, Y_{S_1}, Z_{S_1})$ 与物点 $P(X_0, Y_0, Z_0)$ 的距离 S_1P 为:

$$S_1P = \frac{X_0 - X_{S_1}}{\cos XS_1P} = \frac{Y_0 - Y_{S_1}}{\cos YS_1P} = \frac{Z_0 - Z_{S_1}}{\cos ZS_1P} \qquad (8 - 2 - 18a)$$

同理还有摄站点 S_2 与点 P 之间的距离 S_2P:

$$S_2P = \frac{X_0 - X_{S_2}}{\cos XS_2P} = \frac{Y_0 - Y_{S_2}}{\cos YS_2P} = \frac{Z_0 - Z_{S_2}}{\cos ZS_2P} \qquad (8 - 2 - 18b)$$

联立以上的式(8 - 2 - 18a)与(8 - 2 - 18b),有 Y_0 的解为:

$$Y_0 = \frac{1}{\frac{\cos XS_1P}{\cos YS_1P} - \frac{\cos XS_2P}{\cos YS_2P}}\left(X_{S_2} - X_{S_1} + Y_{S_1}\frac{\cos XS_1P}{\cos YS_1P} - Y_{S_2}\frac{\cos XS_2P}{\cos YS_2P}\right) \qquad (8 - 2 - 19)$$

继而就获得 X_0 和 Z_0 之解:

$$X_0 = (Y_0 - Y_{S_1})\frac{\cos XS_1P}{\cos YS_1P} + X_{S_1}$$

$$Z_0 = (Y_0 - Y_{S_1})\frac{\cos ZS_1P}{\cos YS_1P} + Z_{S_1}$$

其中各方向余弦值可取自下式:

$$\begin{bmatrix} \cos XS_1P \\ \cos YS_1P \\ \cos ZS_1P \end{bmatrix} = \begin{bmatrix} a_1 & a_2 & a_3 \\ b_1 & b_2 & b_3 \\ c_1 & c_2 & c_3 \end{bmatrix} \begin{bmatrix} \cos x \, S_1p \\ \cos y \, S_1p \\ \cos z \, S_1p \end{bmatrix} = \begin{bmatrix} a_1 & a_2 & a_3 \\ b_1 & b_2 & b_3 \\ c_1 & c_2 & c_3 \end{bmatrix} \begin{bmatrix} \dfrac{x}{S_1p} \\ \dfrac{y}{S_1p} \\ \dfrac{f}{S_1p} \end{bmatrix} \qquad (8 \text{ - } 2 \text{ - } 20)$$

式中

$$S_1p = x^2 + y^2 + f^2$$

求得待定点物方空间坐标近似值(X_0, Y_0, Z_0)之后,即可按§6.2节中所述方法逐次求取它们的改正数$(\Delta X, \Delta Y, \Delta Z)$,以及坐标趋近值$(X \setminus Y \setminus Z)$:

$$\begin{bmatrix} X \\ Y \\ Z \end{bmatrix} = \begin{bmatrix} X_0 \\ Y_0 \\ Z_0 \end{bmatrix} + \begin{bmatrix} \Delta X \\ \Delta Y \\ \Delta Z \end{bmatrix} \qquad (8 \text{ - } 2 \text{ - } 21)$$

另外还包括常规的精度统计。

§8.3 基于角锥体原理的又一种空间后方交会解法

利用角锥体原则进行空间后方交会,以解算外方位元素$(X_S, Y_S, Z_S, \varphi, \omega, \kappa)$的方法有多种。这些方法的特点均是避免各外方位元素解求中的相关性。这里介绍的又一种方法也是用以处理量测像机所摄像片的处理,可供参考使用。本方法分作三个解算步骤。

一、摄影中心 S 与已知点间距离 L 的计算

设地面点 $G \setminus H \setminus I$ 在像片上的构像分别为 $g \setminus h \setminus i$,如图 8 - 3 - 1,$S$ 为摄影中心,内方位元素已知,自 S 至各像点的距离分别为 $l_1 \setminus l_2 \setminus l_3$,各 l 间的夹角,如图所示,分别为 $\theta_1 \setminus \theta_2 \setminus \theta_3$。

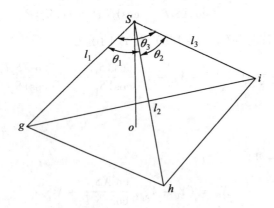

图 8 - 3 - 1 基于"角锥体"原理的另一种方法

已测知以像主点为原点的像点坐标(x, y)后,按下述关系求出摄影中心 S 至像点的距离 l,各 l 间的夹角余弦(如 $\cos\theta_1$)以及像点间距离(如 gh):

$$l^2 = x^2 + y^2 + f^2 \qquad (8-3-1)$$

$$\cos\theta_1 = \frac{l_1^2 + l_2^2 - (gh)^2}{2l_1l_2} \qquad (8-3-2)$$

$$gh^2 = (x_g - x_h)^2 + (y_g - y_h)^2 \qquad (8-3-3)$$

按摄影中心 S 与控制点 G、H、I 间的几何关系,如图 8-3-2,有各控制点间的距离,如 GH 间的距离为:

$$GH = \left[(X_G - X_H)^2 + (Y_G - Y_H)^2 + (Z_G - Z_H)^2 \right]^{\frac{1}{2}}$$

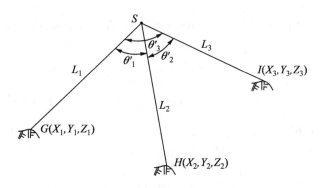

图 8-3-2 外方位直线元素与距离 L 的解求

摄影中心 S 的坐标是待求的未知数,图 8-3-2 中的有关量 L_1、L_2、L_3,以及 θ'_1、θ'_2、θ'_3 亦是未知的,现欲求得这些有关量的近似值。

首先计算相应线段的构像比例尺分母:

$$m_1 = \frac{GH}{gh}, \qquad m_2 = \frac{HI}{hi}, \qquad m_3 = \frac{GI}{gi} \qquad (8-3-4)$$

平均比例尺分母为:

$$m = \frac{m_1 + m_2 + m_3}{3} \qquad (8-3-5)$$

显然,随着像片倾角的增大以及地面起伏的增大,此式有很大的近似性。

依 m 值,可求取各 L_i 的近似值 L'_i:

$$L'_i = ml_i \qquad (8-3-6)$$

以及各角度余弦的近似值:

$$\cos\theta'_1 = \frac{(L'_1)^2 + (L'_2)^2 - (GH)^2}{2L'_1L'_2}$$
$$(8-3-7a)$$

$$\cos\theta'_2 = \frac{(L'_2)^2 + (L'_3)^2 - (HI)^2}{2L'_2L'_3}$$
$$(8-3-7b)$$

$$(8-3-7c)$$

$$\cos\theta'_3 = \frac{(L'_1)^2 + (L'_3)^2 - (GI)^2}{2L'_1L'_3}$$

为了求取各 L_i 的真值,现按泰勒级数将式(8-3-7a)线性化,其中近似值 L'_i 与 θ'_i 的

改正数是 δl_i 与 $\delta \theta_i$:

$$(-\sin\theta'_1)\delta\theta_1(2L'_1L'_2) + 2L'_1\delta L_2\cos\theta'_1 + 2L'_2\delta L_1\cos\theta'_1 = 2L'_1\delta L_1 + 2L'_2\delta L_2$$

经整理后的方程式为:

$$(L'_1 - L'_2\cos\theta'_1)\delta L_1 + (L'_2 - L'_1\cos\theta'_1)\delta L_2 + (L'_1 \cdot L'_2\sin\theta'_1)\delta\theta_1 = 0 \quad (8-3-8)$$

将各有关方程一并列出:

$$\left.\begin{array}{l}(L'_1 - L'_2\cos\theta'_1)\delta L_1 + (L'_2 - L'_1\cos\theta'_1)\delta L_2 + (L'_1 \cdot L'_2\sin'\theta_1)\delta\theta_1 = 0 \\[2mm] (L'_2 - L'_3\cos\theta'_2)\delta L_2 + (L'_3 - L'_2\cos\theta'_2)\delta L_3 + (L'_2 \cdot L'_3\sin'\theta_2)\delta\theta_2 = 0 \\[2mm] (L'_1 - L'_3\cos\theta'_3)\delta L_1 + (L'_3 - L'_1\cos\theta'_2)\delta L_3 + (L'_1 \cdot L'_3\sin'\theta_3)\delta\theta_3 = 0 \end{array}\right\} \quad (8-3-9)$$

写作矩阵式:

$$\begin{bmatrix} (L'_1 - L'_2\cos\theta'_1) & (L'_2 - L'_1\cos\theta'_1) & 0 \\[3mm] 0 & (L'_2 - L'_3\cos\theta'_2) & (L'_3 - L'_2\cos\theta'_2) \\[3mm] (L'_1 - L'_3\cos\theta'_3) & 0 & (L'_3 - L'_1\cos\theta'_3) \end{bmatrix}\begin{bmatrix} \delta L_1 \\[2mm] \delta L_2 \\[2mm] \delta L_3 \end{bmatrix} +$$

$$\begin{bmatrix} (L'_1 \quad L'_2\sin\theta'_1)\delta\theta_1 \\[2mm] (L'_2 \quad L'_3\sin\theta'_2)\delta\theta_2 \\[2mm] (L'_1 \quad L'_3\sin\theta'_3)\delta\theta_3 \end{bmatrix} = 0 \quad (8-3-10)$$

按上式获取各边棱 L_i 的准确数值之后,可分两步分别解求外方位直线元素 (X_S, Y_S, Z_S) 和外方位角元素 $(\varphi, \omega, \kappa)$。

二、外方位直线元素之解求

依各边棱长度 L_i,可列出下列关系式:

$$\left.\begin{array}{l}(X_S - X_1)^2 + (Y_S - Y_1)^2 + (Z_S - Z_1)^2 = L_1^2 \\[2mm] (X_S - X_2)^2 + (Y_S - Y_2)^2 + (Z_S - Z_2)^2 = L_2^2 \\[2mm] (X_S - X_3)^2 + (Y_S - Y_3)^2 + (Z_S - Z_3)^2 = L_3^2 \end{array}\right. \quad \begin{array}{l}(8-3-11a) \\[2mm] (8-3-11b) \\[2mm] (8-3-11c)\end{array}$$

由上式可导出以下两个关系式:

$$(X_2 - X_1)X_S + (Y_2 - Y_1)Y_S + (Z_2 - Z_1)Z_S + m = 0 \quad (8-3-12)$$

$$(X_3 - X_2)X_S + (Y_3 - Y_2)Y_S + (Z_3 - Z_2)Z_S + n = 0 \quad (8-3-13)$$

其中 m 与 n 为已知常数:

$$\left.\begin{array}{l} m = \dfrac{1}{2}[(X_1^2 - X_2^2) + (Y_1^2 - Y_2^2) + (Z_1^2 - Z_2^2) + L_2^2 - L_1^2] \\[3mm] n = \dfrac{1}{2}[(X_2^2 - X_3^2) + (Y_2^2 - Y_3^2) + (Z_2^2 - Z_3^2) + L_3^2 - L_2^2] \end{array}\right\} \quad (8-3-14)$$

经推导,以 Z_S 为变数的 X_S 和 Y_S 的表达式为:

$$\left.\begin{array}{l} X_S = p_1 Z_S + q_1 \\[2mm] Y_S = p_2 Z_S + q_2 \end{array}\right\} \quad (8-3-15)$$

其中

$$p_1 = \frac{-\left(\dfrac{Z_2 - Z_1}{Y_2 - Y_1} - \dfrac{Z_3 - Z_2}{Y_3 - Y_2}\right)}{\dfrac{X_2 - X_1}{Y_2 - Y_1} - \dfrac{X_3 - X_2}{Y_3 - Y_2}}$$

$$q_1 = \frac{-\left(\dfrac{m}{Y_2 - Y_1} - \dfrac{n}{Y_3 - Y_2}\right)}{\dfrac{X_2 - X_1}{Y_2 - Y_1} - \dfrac{X_3 - X_2}{Y_3 - Y_2}} \tag{8-3-16}$$

$$p_2 = -\left[p_1\left(\frac{X_2 - X_1}{Y_2 - Y_1}\right) + \frac{(Z_2 - Z_1)}{(Y_2 - Y_1)}\right]$$

$$q_2 = -\left[q_1\left(\frac{X_2 - X_1}{Y_2 - Y_1}\right) + \frac{m}{(Y_2 - Y_1)}\right]$$

将式(8-3-15)代入式(8-3-11c):

$$K_1 Z_S^2 + K_2 Z_S + K_3 = 0 \tag{8-3-17}$$

其中

$$K_1 = p_1^2 + p_2^2 + 1$$
$$K_2 = 2(p_1 p_2 + p_2 p_1 - Z_1)$$
$$K_3 = p_3^2 + p_1^2 - L_1^2 + Z_1^2$$
$$p_3 = q_1 - X_1$$
$$p_4 = q_2 - Y_1$$

式(8-3-17)的解:

$$Z_S = \frac{-K_2 \pm \sqrt{K_2^2 - 4K_1 K_3}}{2K_1} \tag{8-3-18}$$

需经判断取上式中的一个解。随即再按式(8-3-15)解得 X_S 与 Y_S。

三、外方位角元素的解算

在解得外方位直线元素 (X_S, Y_S, Z_S) 以后,可依据像点坐标 $(x, y, -f)$ 与地面点坐标 (X, Y, Z) 的坐标关系式,求得外方位角元素值

$$\begin{bmatrix} X \\ Y \\ Z \end{bmatrix} = \lambda R \begin{bmatrix} x \\ y \\ -f \end{bmatrix} + \begin{bmatrix} X_S \\ Y_S \\ Z_S \end{bmatrix} \tag{8-3-19}$$

其中 λ 应为所测点的比例尺分母,它应随点的不同而变化,这里,暂假定 λ 为一常数:

$$\frac{1}{\lambda} = \frac{f}{Z_S - Z_{\Psi}} \tag{8-3-20}$$

式中 Z_{Ψ} 为所用三个控制点的平均值,即:

$$Z_{\Psi} = \frac{1}{3}(Z_G + Z_H + Z_I) \tag{8-3-21}$$

将式(8-3-19)进行改化,并注意到 λ 值已知,有:

$$\begin{bmatrix} \dfrac{1}{\lambda}(X - X_S) \\[2ex] \dfrac{1}{\lambda}(Y - Y_S) \\[2ex] \dfrac{1}{\lambda}(Z - Z_S) \end{bmatrix} = \begin{bmatrix} a_1 x + a_2 y - a_3 f \\[1ex] b_1 x + b_2 y - b_3 f \\[1ex] c_1 x + c_2 y - c_3 f \end{bmatrix} \tag{8 - 3 - 22}$$

假定 a_1、b_1、c_1 为独立的未知数,针对已知的三个控制点(G,H,I)有以下方程组为:

$$\left.\begin{aligned} a_1 x_1 + a_2 y_1 - a_3 f &= \frac{1}{\lambda}(X_1 - X_S) \\[1ex] a_1 x_2 + a_2 y_2 - a_3 f &= \frac{1}{\lambda}(X_2 - X_S) \\[1ex] a_1 x_3 + a_2 y_3 - a_3 f &= \frac{1}{\lambda}(X_3 - X_S) \end{aligned}\right\} \tag{8 - 3 - 23}$$

写作矩阵式,可解得未知数 a_1、a_2、a_3:

$$\begin{bmatrix} x_1 & y_1 & -f \\ x_2 & y_2 & -f \\ x_3 & y_3 & -f \end{bmatrix} \begin{bmatrix} a_1 \\ a_2 \\ a_3 \end{bmatrix} = \frac{1}{\lambda} \begin{bmatrix} X_1 - X_S \\ X_2 - X_S \\ X_3 - X_S \end{bmatrix} \tag{8 - 3 - 24}$$

随后,按相仿的方法可以求得 b_1、b_2、b_3 以及 c_1、c_2、c_3。

解算后,检查 a_i、b_i、c_i($i = 1,2,3$)所组成旋转矩阵的正交性。

§8.4　基于平行线相对控制的空间后方交会解法

采用单像空间后交会法或直接线性变换解法检校各种摄影机时,必须在物方空间布置一定数量且分布合理的控制点。采用附有制约条件的直接线性变换解法(即"11 参数法"见§3.5)时虽然因附加条件的引入而使必须的控制点数有所减少,但控制点仍然是检校的必要条件。这里介绍的则是一种利用平行直线相对控制的空间后方交会解法。

一、外方位角元素的解算

如图 8 - 4 - 1 所示,如果被摄物体本身含有三组平行线,它们分别平行于我们选定的物方空间坐标系的坐标轴,例如直线 1 - 2 和直线 3 - 4 均平行于 X 轴,直线 5 - 6 和直线 7 - 8 均平行于 Z 轴,直线 9 - 10 和直线 11 - 12 均平行于 Y 轴。对此类物体拍摄像片后,经摄影测量处理,即可求得所用摄影机内方位元素以至外方位角元素。所拍摄的物体可以是某种建筑物,只要像片上能清晰辨认明显的平行线组。

依熟知的共线条件方程式:

$$\left.\begin{aligned} x - x_0 &= -f \frac{a_1(X - X_S) + b_1(Y - Y_S) + c_1(Z - Z_S)}{a_3(X - X_S) + b_3(Y - Y_S) + c_3(Z - Z_S)} \\[2ex] x - y_0 &= -f \frac{a_2(X - X_S) + b_2(Y - Y_S) + c_2(Z - Z_S)}{a_3(X - X_S) + b_3(Y - Y_S) + c_3(Z - Z_S)} \end{aligned}\right\} \tag{8 - 4 - 1}$$

其中,x、y 为像点在坐标仪坐标系中的坐标;x_0、y_0 为像主点在坐标仪坐标系中的坐标。

依式(8 - 4 - 1)的反算式,可由像点坐标解求物方空间坐标:

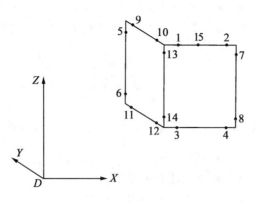

图 8 - 4 - 1　三组平行线相对控制

$$
\begin{bmatrix} X - X_S \\ Y - Y_S \\ Z - Z_S \end{bmatrix} = \lambda \begin{bmatrix} a_1(x - x_0) + a_2(y - y_0) - a_3 f \\ b_1(x - x_0) + b_2(y - y_0) - b_3 f \\ c_1(x - x_0) + c_2(y - y_0) - c_3 f \end{bmatrix}
\begin{array}{l} (8 \text{-} 4 \text{-} 2a) \\ (8 \text{-} 4 \text{-} 2b) \\ (8 \text{-} 4 \text{-} 2c) \end{array}
$$

因为直线 1 - 2 上,任意点之 Y 坐标彼此相等,Z 坐标也彼此相等。即有:

$$
\frac{Y - Y_S}{Z - Z_S} = \text{const} \tag{8 - 4 - 3}
$$

所以点 1 与点 2 之间有如下关系:

$$
\frac{Y - Y_S}{Z - Z_S} = \frac{b_1(x_1 - x_0) + b_2(y_1 - y_0) - b_3 f}{c_1(x_1 - x_0) + c_2(y_1 - y_0) - c_3 f}
$$

$$
= \frac{b_1(x_2 - x_0) + b_2(y_2 - y_0) - b_3 f}{c_1(x_2 - x_0) + c_2(y_2 - y_0) - c_3 f} \tag{8 - 4 - 4}
$$

此式经整理后,得:

$$
(b_2 c_3 - b_3 c_2)(y_2 - y_1)f + (b_3 c_1 - b_1 c_3)(x_1 - x_2)f +
$$
$$
(b_1 c_2 - b_2 c_1)[x_2 y_1 - x_1 y_2 - x_0(y_1 - y_2) - y_0(x_2 - x_1)] = 0 \quad (8 \text{-} 4 \text{-} 5')
$$

因正交矩阵每一元素等于其代数余子式:

$$
\left. \begin{array}{l} a_1 = b_2 c_3 - b_3 c_2 \\ a_2 = b_3 c_1 - b_1 c_3 \\ a_3 = b_1 c_2 - b_2 c_1 \end{array} \right\}
$$

式(8 - 4 - 5)改化作:

$$
a_1(y_2 - y_1)f + a_2(x_1 - x_2)f + a_3[(x_2 y_1 - x_1 y_2) -
$$
$$
x_0(y_1 - y_2) - y_0(x_2 - x_1)] = 0 \tag{8 - 4 - 5}
$$

与 X 轴平行的另一直线 3 - 4 上两像点(点 3 与点 4),有相仿的关系如下:

$$
a_1(y_4 - y_3)f + a_2(x_3 - x_4)f + a_3[(x_4 y_3 - x_3 y_4) -
$$
$$
x_0(y_3 - y_4) - y_0(x_4 - x_3)] = 0 \tag{8 - 4 - 6}
$$

以上两式可改写作:

$$
- a_2(x_1 - x_2)f = a_1(y_2 - y_1)f + a_3[x_2 y_1 - x_1 y_2 - x_0(y_1 - y_2) - y_0(x_2 - x_1)]
$$
$$
- a_2(x_3 - x_4)f = a_1(y_4 - y_3)f + a_3[x_4 y_3 - x_3 y_4 - x_0(y_3 - y_4) - y_0(x_4 - x_3)]
$$

$$
\tag{8 - 4 - 7}
$$

此两式相除,可消去 a_2:

$$\frac{(x_1 - x_2)}{(x_3 - x_4)} = \frac{a_1(y_2 - y_1)f + a_3[x_2y_1 - x_1y_2 - x_0(y_1 - y_2) - y_0(x_2 - x_1)]}{a_1(y_4 - y_3)f + a_3[x_4y_3 - x_3y_4 - x_0(y_3 - y_4) - y_0(x_4 - x_3)]}$$

简化此式,可找出 a_3 与 a_1 之关系为:

$$a_3 = \frac{a_1 R_1 f}{Q_1 + R_1 x_0} \qquad (8 - 4 - 8)$$

其中

$$Q_1 = (x_2y_1 - x_1y_2)(x_3 - y_4) - (x_4y_3 - x_3y_4)(x_1 - x_2)$$
$$R_1 = (x_3 - x_4)(y_2 - y_1) - (x_1 - x_2)(y_3 - y_4) \qquad (8 - 4 - 9)$$

依式(8 - 4 - 5)及式(8 - 4 - 6),还有关系式:

$$a_2 = \frac{a_1(R_1 y_0 - P_1)}{Q_1 + R_1 x_0} \qquad (8 - 4 - 10)$$

其中:

$$P_1 = (x_3y_4 - x_4y_3)(y_2 - y_1) - (x_1y_2 - x_2y_1)(y_4 - y_3) \qquad (8 - 4 - 11)$$

将式(8 - 4 - 8)及式(8 - 4 - 10)代入以下正交矩阵的特性式:

$$a_1^2 + a_2^2 + a_3^2 = 1$$

有 a_1 的解:

$$a_1 = \frac{Q_1 + R_1 x_0}{[(Q_1 + R_1 x_0)^2 + (P_1 - R_1 y_0)^2 + (R_1 f)^2]^{\frac{1}{2}}} = -\frac{Q_1 + R_1 x_0}{D_1} \qquad (8 - 4 - 12)$$

式中:

$$D_1 = [(Q_1 + R_1 x_0)^2 + (P_1 - R_1 y_0)^2 + (R_1 f)^2]^{\frac{1}{2}} \qquad (8 - 4 - 13)$$

将式(8 - 4 - 12)代入式(8 - 4 - 10)及式(8 - 4 - 8)有方向余弦 (a_1, a_2, a_3) 的解为:

$$\left. \begin{array}{l} a_1 = \dfrac{Q_1 + R_1 x_0}{D_1} \\[2mm] a_2 = \dfrac{R_1 y_0 - P_1}{D_1} \\[2mm] a_3 = \dfrac{R_1 f}{D_1} \end{array} \right\} \qquad (8 - 4 - 14)$$

不难注意到,D_1 中含内方位元素未知数 (x_0, y_0, f)。

参照图 8 - 4 - 1,根据平行于物方空间坐标系 Y 轴的一对平行线上的四个点(9、10、11、12),还可写出外观与式(8 - 4 - 14)相仿的关系式是:

$$\left. \begin{array}{l} b_1 = \dfrac{Q_2 + R_2 x_0}{D_2} \\[2mm] b_2 = \dfrac{R_2 y_0 - P_2}{D_2} \\[2mm] b_3 = \dfrac{R_2 f}{D_2} \end{array} \right\} \qquad (8 - 4 - 15)$$

同样也可依据点(5、6、7、8)写出:

176

$$c_1 = \frac{Q_3 + R_3 x_0}{D_3}$$

$$c_2 = \frac{R_3 y_0 - P_3}{D_3}$$ (8 - 4 - 16)

$$c_3 = \frac{R_3 f}{D_3}$$

式(8 - 4 - 15)及式(8 - 4 - 16)中各符号的意义,可模仿列出。

显然,九个方向余弦值理论上应满足正交矩阵的如下特性:

$$a_1 b_1 + a_2 b_2 + a_3 b_3 = 0$$ (8 - 4 - 17a)

$$a_1 c_1 + a_2 c_2 + a_3 c_3 = 0$$ (8 - 4 - 17b)

$$b_1 c_1 + b_2 c_2 + b_3 c_3 = 0$$ (8 - 4 - 17c)

此后,即可计算外方位角元素:

$$\tan\varphi = -\frac{a_3}{c_3}; \quad \sin\omega = -b_2; \quad \tan\kappa = \frac{b_1}{b_2}$$

二、内方位元素的解算

依照式(8 - 4 - 17a),将各方向余弦式代入,有:

$$(Q_1 + R_1 x_0)(Q_2 + R_2 x_0) + (R_1 y_0 - P_1)(R_2 y_0 - P_2) + (R_1 f)(R_2 f) = 0$$

此式中各 D 值已消失,经再整理后得到仅含有 x_0、y_0 和 f 的关系式为:

$$-(Q_1 R_2 + Q_2 R_1)x_0 + (R_1 P_2 + R_2 P_1)y_0 - R_1 P_2(x_0^2 + y_0^2 + f^2)$$
$$= Q_1 Q_2 + P_1 P_2$$ (8 - 4 - 18)

其实,按式(8 - 4 - 17),总共可有以下三个方程式:

$$\left. \begin{array}{l} -(Q_1 R_2 + Q_2 R_1)x_0 + (R_1 P_2 + R_2 P_1)y_0 - \\ \qquad R_1 R_2(x_0^2 + y_0^2 + f^2) = Q_1 Q_2 + P_1 P_2 \\ -(Q_3 R_1 + Q_1 R_3)x_0 + (R_3 P_1 + R_1 P_3)y_0 - \\ \qquad R_3 R_1(x_0^2 + y_0^2 + f^2) = Q_3 Q_1 + P_3 P_1 \\ -(Q_2 R_3 + Q_3 R_2)x_0 + (R_2 P_3 + R_3 P_2)y_0 - \\ \qquad R_2 R_3(x_0^2 + y_0^2 + f^2) = Q_2 Q_3 + P_2 P_3 \end{array} \right\}$$ (8 - 4 - 19)

写作矩阵式为:

$$\begin{bmatrix} -(Q_1 R_2 + Q_2 R_1) & (R_1 P_2 + R_2 P_1) & -R_1 R_2 \\ -(Q_3 R_1 - Q_1 R_3) & (R_3 P_1 + R_1 P_3) & -R_3 R_1 \\ -(Q_2 R_3 + Q_3 R_2) & (R_2 P_3 + R_3 P_2) & -R_2 R_3 \end{bmatrix} \cdot$$

$$\begin{bmatrix} x_0 \\ y_0 \\ x_0^2 + y_0^2 + f^2 \end{bmatrix} = \begin{bmatrix} Q_1 Q_2 + P_1 P_2 \\ Q_3 Q_1 + P_3 P_1 \\ Q_2 Q_3 + P_2 P_3 \end{bmatrix}$$ (8 - 4 - 20)

或简写作:

$$AX = L \qquad (8-4-21)$$

这里,系数矩阵 A 与常数项矩阵 L 是已知的,它们全是像点坐标的函数;而未知数矩阵

$$X = [x_0 \quad y_0 \quad x_0^2 + y_0^2 + f^2]^T = [x_0 \quad y_0 \quad u]^T \qquad (8-4-22)$$

中,把 $u(=x_0^2 + y_0^2 + f^2)$ 当做独立的未知数解算,因而有近似性。

显然,在解得 u 后有主距 f 的解为:

$$f = [u - x_0^2 - y_0^2]^{\frac{1}{2}} \qquad (8-4-23)$$

三、畸变差的预改正——使用本方法的条件

需要指出,在解算上述内方位元素和外方位角元素之前,应事先改正物镜畸变差,即前述各式中的像点坐标,应是改正了畸变差后的像点坐标或是值 (x,y),即:

$$\left. \begin{array}{l} x = (x' + v_x) + \Delta x \\ y = (y' + v_y) + \Delta y \end{array} \right\} \qquad (8-4-24)$$

这里 v_x 与 v_y 是像点坐标观测值 (x',y') 的改正数,而物镜畸变改正数 $(\Delta x, \Delta y)$ 可以表达为:

$$\left. \begin{array}{l} \Delta x = \bar{x}(k_1 r^2 + k_2 r^4 + \cdots) + p_1(r^2 + 2\bar{x}^2) + 2p_2\bar{x}\bar{y} \\ \Delta y = \bar{y}(k_1 r^2 + k_2 r^4 + \cdots) + p_2(r^2 + 2\bar{y}^2) + 2p_1\bar{x}\bar{y} \end{array} \right\} \qquad (8-4-25)$$

其中,$\bar{x}$、$\bar{y}$ 为以像主点为原点的坐标,而 r 为像点的向径:

$$\left. \begin{array}{l} \bar{x} = x - x_0 \\ \bar{y} = y - y_0 \\ r = \sqrt{\bar{x}^2 + \bar{y}^2} \end{array} \right\} \qquad (8-4-26)$$

改正物镜畸变差的依据可按以下两种原理进行处理。

1. 对物方空间的一条直线而言,如图 8-4-1 中的直线 1-15-2,在消除畸变差后,其构像仍应为一直线,这时点 1、点 15 和点 2 所形成的三角形的面积应等于零,即:

$$S_{1-15-2} = \frac{1}{2} \begin{vmatrix} x_1 & y_1 & 1 \\ x_{15} & y_{15} & 1 \\ x_2 & y_2 & 1 \end{vmatrix} = 0 \qquad (8-4-27)$$

或写作:

$$\begin{vmatrix} x'_1 + v_{x_1} + \Delta x_1 & y'_1 + v_{y_1} + \Delta y_1 & 1 \\ x'_{15} + v_{x_{15}} + \Delta x_{15} & y'_{15} + v_{y_{15}} + \Delta y_{15} & 1 \\ x'_2 + v_{x_2} + \Delta x_2 & y'_2 + v_{y_2} + \Delta y_2 & 1 \end{vmatrix} = 0 \qquad (8-4-28)$$

此式展开,可形成附有未知数的条件方程,即对每一空间直线,可列出一条件式。

2. 对物方空间的平行线组而言,如图 8-4-1 中的直线 5-6、直线 13-14 和直线 7-8,它们的构像,在消除畸变差后,应交于该平行线组的核点上。

由平面解析几何知,若有三直线

$$\left. \begin{array}{l} A_1 x + B_1 y + C_1 = 0 \\ A_2 x + B_2 y + C_2 = 0 \\ A_3 x + B_3 y + C_3 = 0 \end{array} \right\} \qquad (8-4-29)$$

交于一点,则应满足

$$\begin{vmatrix} A_1 & B_1 & C_1 \\ A_2 & B_2 & C_2 \\ A_3 & B_3 & C_3 \end{vmatrix} = 0 \tag{8-4-30}$$

按点 5 及点 6 的像点坐标,可写出直线 5 - 6 的两点式直线方程:

$$\frac{x - x_5}{y - y_5} = \frac{x_5 - x_6}{y_5 - y_6} \tag{8-4-31}$$

即有:

$$(y_5 - y_6)x + (x_6 - x_5)y + (x_5 y_6 - x_6 y_5) = 0 \tag{8-4-32}$$

把此式与式(8 - 4 - 29)的第一式相比,有:

$$A_1 = (y_5 - y_6); \quad B_1 = (x_6 - x_5); \quad C_1 = (x_5 y_6 - x_6 y_5);$$

推理到其他两直线,因而式(8 - 4 - 31)可具体写作:

$$\begin{vmatrix} y_5 - y_6 & x_6 - x_5 & x_5 y_6 - x_6 y_5 \\ y_7 - y_8 & x_8 - x_7 & x_7 y_8 - x_8 y_7 \\ y_{13} - y_{14} & x_{14} - x_{13} & x_{13} y_{14} - x_{14} y_{13} \end{vmatrix} = 0 \tag{8-4-33}$$

此式中各坐标值应看做是坐标观测值、坐标观测值改正数以及畸变差改正数之和,例如:

$$y_5 = y'_5 + v_{y_5} + \Delta y_5$$

式(8 - 4 - 33)展开后,即形成了带有未知数(如畸变系数 k_1、k_2、p_1 等)的条件式。即对每一平行线组,可列出上述一个条件式,即列出一个带有未知数的条件式。

§8.5 移位视差法

移位视差(motion parallax)法是一种用于被测物体二维变形测量的近景摄影测量方法。移位视差因引起视差的原因是移位(变形)而得名,移位视差又称为作伪视差(pseudo parallax)。移位视差法是一种基于单张像片的用于变形测量的近景摄影测量解析处理方法。只有被测物体的变形确属二维性质,且能安置量测摄影机光轴垂直于此二维平面的情况下,才能使用此种方法。

一、移位视差法原理

如图 8 - 5 - 1 所示,若被测平面物体 E(如工业传输带的一个侧面)需要进行变形测量,这时,应在被测物变形前及变形后分别拍摄像片。拍摄时要在同一位置 S 安置量测用摄影机,并设法使其主光轴垂直于变形所在平面,即使像片面 P 平行于此平面 E。变形前的像片 P_0(或称"零像片")与变形后的像片 P_1 应在相同的内方位元素和相同的外方位元素条件下获得。

如将变形前后的两像片分别安置于立体坐标仪的左右像片盘上,定向后发现:在无变形的点位上,既无立体感也无上下视差;在有变形的点上,或有立体感可测出左右视差较 Δp_x,或有上下视差感可测出上下视差 Δp_y(或两者兼而有之,即既有上下视差存在,又有立体感)。引起立体感的原因不是被测物的起伏,而是变形,故称之为伪视差。引起上下视差的

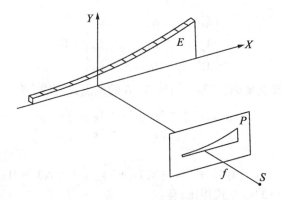

图 8 - 5 - 1　移位视差法拍摄现场略图

原因也应是变形。如图 8 - 5 - 1,倘若所测目标的变形主要发生在铅垂方向,则所摄变形前后的两张像片,最好按图 8 - 5 - 2 的方位安置在立体坐标仪上,目的是提高量测精度。双眼观察图 8 - 5 - 2 左右两影像,可见有立体感。

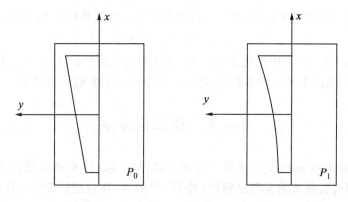

图 8 - 5 - 2　移位视差法的像片对安放方法

当被测物体上某点从 A_1 变形至点 A_2 处时,如图 8 - 5 - 3 所示,其变形量 ΔX、ΔY 应按下式计算:

$$\Delta X = \frac{Z}{f}\Delta p_x$$

$$\Delta Y = \frac{Z}{f}\Delta p_y$$

$$(8 - 5 - 1)$$

式中:Z ——现场量测的摄影中心 S 至平面 E 间的距离;

　　f ——所摄像片的主距;

　　Δp_x、Δp_y ——"立体像片对"上量测的左右视差较及上下视差值。

这里 Δp_x 与 Δp_y 的计算式是:

$$\left.\begin{array}{l}\Delta p_x = p_i - p_0\\\Delta p_y = q_i - q_0\end{array}\right\}$$

$$(8 - 5 - 2)$$

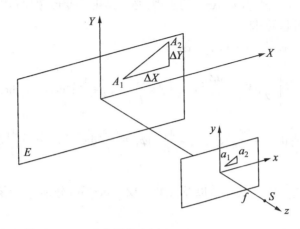

图 8 - 5 - 3 移位视差法原理

式中 $p_i(q_i)$ 是变形点的左右视差(上下视差)读数;$p_0(q_0)$ 是不动点之左右视差(上下视差)读数。

二、移位视差法的系统误差改正

在低精度要求下,直接可按上述简易方法完成移位视差法的二维变形测量。

在高精度要求下,应从移位视差法的特点,从以下几点来分析各种系统误差的数量大小和相应的处理方法。

(1)在摄影基线为 B 的常规的立体像对上,某物方点在两张像片上的 x 坐标值的差是左右视差,是个大数。而在"摄影基线为零值"的移位视差法中,在变形前像片和变形后像片上,某物方点构像(如变形前的像点 a 与变形后的像点 a')的坐标值差$(\Delta p_x,\Delta p_y)$ 总是有限的,甚至是微小的。

(2)那些仅与像点坐标值有关的系统误差,诸如感光材料的系统变形、光学畸变差、地球曲率与大气折光引起的像点移位,对变形前像片上像点坐标的影响大体与对变形后像片上像点坐标的影响几乎是相同的,可不予考虑。

(3)严格说来,变形前像片和变形后像片总是在不同的内、外方位元素的条件下拍摄的,它们对像点坐标的影响不总是可以忽略。

若零像片与变形像片上的"同名"像点的坐标分别为 x_1 和 x_2,它们相对无内外方位元素误差的理想像片上相应像点的系统误差分别为 dx_1 和 dx_2,变形像片上因变形引起的移位若为 Δx,则应有关系式为:

$$x_2 - dx_2 - \Delta x = x_1 - dx_1 \qquad (8 - 5 - 3)$$

即有下式(并把 y 向公式一并列出):

$$\left.\begin{array}{l}(x_2 - x_1) - (dx_2 - dx_1) - \Delta x = 0 \\ (y_2 - y_1) - (dy_2 - dy_1) - \Delta y = 0\end{array}\right\} \qquad (8 - 5 - 4)$$

对于没有变形的点(如控制点),则是:

$$\left.\begin{array}{l}(x_2 - x_1) - (dx_2 - dx_1) = 0 \\ (y_2 - y_1) - (dy_2 - dy_1) = 0\end{array}\right\} \qquad (8 - 5 - 5)$$

显然,控制点上视差(如Δp_x)的出现,必然是由于变形像片和零像片两张像片的内外方位元素的误差引起的,即:

$$\Delta p_x = (x_2 - x_1) = (\mathrm{d}x_2 - \mathrm{d}x_1)$$

$$= -\left[\frac{f}{Z}\mathrm{d}X_{S_2} + \frac{\mathrm{d}Z_{S_2}}{Z}x_2 + \left(f + \frac{x_2^2}{f}\right)\mathrm{d}\varphi_2 + \frac{x_2 y_2}{f}\mathrm{d}\omega_2 - y_2\mathrm{d}\kappa_2 + \frac{x_2}{f}\mathrm{d}f_2 + \mathrm{d}x_{0_2}\right] +$$

$$\left[\frac{f}{Z}\mathrm{d}X_{S_1} + \frac{\mathrm{d}Z_{S_1}}{Z}x_1 + \left(f + \frac{x_1^2}{f}\right)\mathrm{d}\varphi_1 + \frac{x_1 y_1}{f}\mathrm{d}\omega_1 - y_1\mathrm{d}\kappa_1 + \frac{x_1}{f}\mathrm{d}f_1 + \mathrm{d}x_{0_1}\right]$$

$$(8 - 5 - 6)$$

上式中($\mathrm{d}X_{S_2}$、$\mathrm{d}Z_{S_2}$、$\mathrm{d}\varphi_2\cdots$)以及($\mathrm{d}X_{S_1}$、$\mathrm{d}Z_{S_1}$、$\mathrm{d}\varphi_1\cdots$)分别为变形像片与零像片的内外方位元素的误差。

将上式展开,注意到$x_2 = x_1 + \Delta p_x$,并假设变形像片相对零像片的内外方位元素误差的差值为:

$$\left.\begin{aligned}\Delta X_S &= \mathrm{d}X_{S_2} - \mathrm{d}X_{S_1}\\ \Delta Z_S &= \mathrm{d}Z_{S_2} - \mathrm{d}Z_{S_1}\\ &\cdots\\ \Delta x_0 &= \mathrm{d}x_{0_2} - \mathrm{d}x_{0_1}\end{aligned}\right\} \qquad (8 - 5 - 7)$$

因而,式(8 - 5 - 6)可改写作:

$$\Delta p_x = -\frac{f}{Z}\Delta X_S - \frac{\Delta Z_S}{Z}x_1 - f\Delta\varphi - \frac{x_1^2}{f}\Delta\varphi - \frac{x_1 y_1}{f}\Delta\omega + y_1\Delta\kappa - \frac{\Delta f}{f}x_1 - \Delta x_0 -$$

$$\Delta p_x\frac{\mathrm{d}Z_{S_2}}{Z} - \Delta p_x\frac{2x_1}{f}\mathrm{d}\varphi_2 - \frac{\Delta p_x y_1}{f}\mathrm{d}\omega_2 - \frac{\Delta p_y x_1}{f}\mathrm{d}\omega_2 + \Delta p_y\mathrm{d}\kappa_2 - \Delta p_x\frac{\mathrm{d}f_2}{f} \quad (8 - 5 - 8)$$

上式展开中坚持保留一次小值项,并认为Δp_x与Δp_y可能也是大值,故也保留了相应的项次。

将式(8 - 5 - 8)略加整理后有:

$$\Delta p_x = \left\{\left[\left(-\frac{\Delta Z_S}{Z} - \frac{\Delta f}{f}\right)x_1 + y_1\Delta\kappa + \left(-\frac{f}{Z}\Delta X_S - f\Delta\varphi - \Delta x_0\right)\right] - \frac{x_1^2}{f}\Delta\varphi - \frac{x_1 y_1}{f}\Delta\omega\right\} +$$

$$\left\{-\left(\frac{\Delta p_x\mathrm{d}Z_{S_2}}{Z}\right) - \frac{2\Delta p_x x_1}{f}\mathrm{d}\varphi_2 - \frac{\Delta p_x y_1}{f}\mathrm{d}\omega_2 - \frac{\Delta p_y x_1}{f}\mathrm{d}\omega_2 + \Delta p_y\mathrm{d}\kappa_2 - \frac{\mathrm{d}f_2}{f}\Delta p_x\right\}$$

$$(8 - 5 - 9)$$

或简单写作:

$$\Delta p_x = \Delta p_x^0 + \delta p_x \qquad (8 - 5 - 10)$$

此式中的Δp_x^0代表式(8 - 5 - 9)中第一个大括号中的内容,而δp_x代表第二个大括号中的内容。可注意到,视差Δp_x^0是变形像片相对于零像片内外方位元素的变化(ΔX_S,ΔZ_S,$\Delta\varphi$,$\Delta\omega$,$\Delta\kappa$,Δf,Δx_0)引起的,是像点坐标的函数,故可以通过足够数量的控制点予以改正。而且,此种改正总是正确有效,而与变形像片相对零像片的方位元素变化(ΔX_S等)的大小无任何关系。相比较地,视差 δp_x 则是由变形像片自身的内外方位元素误差($\mathrm{d}Z_{S_2}$, $\mathrm{d}\varphi_2$, $\mathrm{d}\omega_2$, $\mathrm{d}\kappa_2$, $\mathrm{d}f_2$)以及 Δp_x 和 Δp_y 综合引起的,各点的 Δp_x 和 Δp_y 又均不相同,不能借控制点改正此 δp_x 误差。现对 Δp_x^0 予以讨论如下。

由于:

$$\Delta p_x^0 = \left(-\frac{\Delta Z_S}{Z} - \frac{\Delta f}{f} \right) x_1 + \Delta\kappa y_1 + \left(-\frac{f}{Z}\Delta X_S - f\Delta\varphi - \Delta x_0 \right) -$$

$$\frac{x_1^2}{f}\Delta\varphi - \frac{x_1 y_1}{f}\Delta\omega \qquad (8-5-11)$$

或写作:

$$\Delta p_x^0 = ax + by + c + dx^2 + exy \qquad (8-5-12)$$

若有五个以上控制点,依据它们的 Δp_x^0 值(实际上,则是近似地使用 Δp_x),即可解求各未知系数(a,b,c,d,e)。

设观测值 Δp_x 的改正数为 v ,相应之误差方程式为:

$$v = ax + by + c + dx^2 + exy - \Delta p_x \qquad (8-5-13)$$

对于 n 个控制点的误差方程式一般式是:

$$V_{n\times 1} = \begin{bmatrix} x_1 & y_1 & 1 & x_1^2 & x_1 y_1 \\ x_2 & y_2 & 1 & x_2^2 & x_2 y_2 \\ \vdots & \vdots & \vdots & \vdots & \vdots \\ x_n & y_n & 1 & x_n^2 & x_n y_n \end{bmatrix}_{n\times 5} \cdot \begin{bmatrix} a \\ b \\ c \\ d \\ e \end{bmatrix}_{5\times 1} - \begin{bmatrix} \Delta p_{x_1} \\ \Delta p_{x_2} \\ \vdots \\ \Delta p_x \end{bmatrix}_{n\times 1} \qquad (8-5-14)$$

如果仅取式(8-5-13)的线性部分进行处理,显然是一种近似方法:

$$\left. \begin{array}{l} \Delta p_x^0 = ax + by + c \\ \Delta p_y^0 = a'x + b'y + c' \end{array} \right\} \qquad (8-5-15)$$

这时,在所布置的三个或三个以上控制点上,依据所发现的视差值,解算 (a,b,c) 及 (a',b',c') 。例如, (a,b,c) 的解是:

$$\begin{bmatrix} a \\ b \\ c \end{bmatrix} = \begin{bmatrix} \sum x^2 & \sum xy & \sum x \\ \sum xy & \sum y^2 & \sum y \\ \sum x & \sum y & n \end{bmatrix}^{-1} \begin{bmatrix} \sum x\Delta p_x \\ \sum y\Delta p_x \\ \sum \Delta p_x \end{bmatrix} \qquad (8-5-16)$$

在重心化处理的条件下,即认为 $\sum x \sum y = 0$,那时 a 与 b 的表达式是:

$$a = \frac{\sum y^2 \sum x\Delta p_x - \sum xy \sum y\Delta p_x}{\sum x^2 \sum y^2 - (\sum xy)^2}$$

$$\qquad (8-5-17)$$

$$b = \frac{\sum x^2 \sum y\Delta p_x - \sum xy \sum x\Delta p_x}{\sum x^2 \sum y^2 - (\sum xy)^2}$$

当然同样也可解得式(8 - 5 - 15)中的a'、b'值。

依(a,b)值及(a',b')值,求得像片上变形点改正了内外方位元素影响的纯移位值,并进而依式(8 - 5 - 1)求得被测物体上变形点之移位值。

可见,流行的处理方法有两个近似性,一是未处理式(8 - 5 - 12)中的系数(d与e),二是未处理移位视差法的理论残差部分,即式(8 - 5 - 10)中的δp_x部分。

第九章　近景摄影机的检校

近景摄影测量所用各类摄影机或摄像机的内方位元素、光学畸变差以及其他重要参数的检查与校正,是近景摄影测量工作全过程的重要组成部分。本章介绍与检校有关的一些原理与实用方法。

§9.1　检校内容、检校方法分类与内方位元素检定精度要求

一、近景摄影机检校内容

我们知道,恢复每张影像光束的正确形状,即借内方位元素恢复摄影中心与像片之间的相对几何关系,几乎是所有摄影测量处理方法必须经过的一个作业过程。另外,为了正确恢复摄影时的光束形状,也必须知晓光学畸变系数。**检查和校正摄影机(摄像机)内方位元素和光学畸变系数的过程称之为近景摄影机的检校**。广义上讲,近景摄影机检校的内容,比上述定义所涉及的内容还要宽广:

(1)主点位置(x_0, y_0)与主距(f)的测定;

(2)光学畸变系数的测定;

(3)压平装置以及像框坐标系的设定;

(4)调焦后主距变化的测定与设定;

(5)调焦后畸变差变化的测定;

(6)摄影机偏心常数的测定;

(7)立体摄影机(及立体视觉系统)内方位元素与外方位元素的测定;

(8)多台摄影机同步精度的测定。

出于不同的目的与原因,对量测摄影机、格网量测摄影机、半量测摄影机、非量测摄影机都存在摄影机的检校问题。

确认摄影机的机械结构坚固而稳定,确认摄影机的光学结构和电子结构也稳定可靠时,才能对该摄影机进行检定。

二、内方位元素的检定精度要求

世界各国大公司出售的量测摄影机,其内方位元素的测定精度,包括摄影时主距的安置精度,一般在± 0.01mm。

依正直摄影测量的基本关系式(4 - 2 - 2):

$$\begin{bmatrix} X \\ Y \\ Z \end{bmatrix} = \frac{B}{p} \begin{bmatrix} x \\ y \\ -f \end{bmatrix}$$

有像主点坐标中误差(m_{x_0}, m_{y_0})以及主距中误差m_f与物方空间坐标中误差的关系为：

$$\left. \begin{array}{l} m_X = X \cdot \dfrac{m_{x_0}}{x} = m_{x_0} \dfrac{Z}{f} \\[3mm] m_Y = Y \cdot \dfrac{m_{y_0}}{y} = m_{y_0} \dfrac{Z}{f} \\[3mm] m_Z = Z \cdot \dfrac{m_f}{f} = m_f \dfrac{Z}{f} \end{array} \right\} \tag{9-1-1}$$

考虑到近景摄影测量仅关心被测物体的尺寸，当被测物体深度为 h 时，有：

$$\left. \begin{array}{l} m_X = m_{x_0} \dfrac{h}{f} \\[3mm] m_Y = m_{y_0} \dfrac{h}{f} \\[3mm] m_h = m_f \dfrac{h}{f} \end{array} \right\} \tag{9-1-2}$$

所以有内方位元素测定精度要求估算式：

$$\left. \begin{array}{l} m_{x_0} = m_{y_0} = \dfrac{f}{h} m_{X,Y} \\[3mm] m_f = \dfrac{f}{h} m_h \end{array} \right\} \tag{9-1-3}$$

如果认为，对 $m_{X,Y}$ 和 m_h 产生影响的误差源不只内方位元素一个，那么可以有更严格的内方位元素测定精度要求估算式，例如：

$$\left. \begin{array}{l} m_{x_0,y_0} = \dfrac{f}{\sqrt{3}h} m_{X,Y} \\[3mm] m_f = \dfrac{f}{\sqrt{3}h} m_h \end{array} \right\} \tag{9-1-4}$$

分析此式可以知道：

(1)理论上讲，内方位元素的测定精度与被测物的测定精度$(m_{X,Y}, m_h)$有关。

(2)所用摄影机主距 f 越大，被测物深度 h 越小，内方位元素测定精度要求越低。当被测物无起伏($h=0$)时，内方位元素的测定没有意义。

列举几例：

如 $f=100\mathrm{mm}$，$h=5\,000\mathrm{mm}$，$m_{X,Y}=m_h=\pm 1\mathrm{mm}$，则 $m_{x_0,y_0}=\pm 0.012\mathrm{mm}$，$m_f=\pm 0.012\mathrm{mm}$。

如 $f=200\mathrm{mm}$，$h=10\,000\mathrm{mm}$，$m_{X,Y}=m_h=\pm 0.5\mathrm{mm}$，则 $m_{x_0,y_0}=\pm 5.8\mu\mathrm{m}$，$m_f=\pm 5.8\mu\mathrm{m}$。

当 $f=100\mathrm{mm}$，$h=50\mathrm{mm}$，$m_{X,Y}=m_h=\pm 2\mathrm{mm}$，则 $m_{x_0,y_0}=m_f=\pm 2.3\mathrm{mm}$。

可见，不同测量任务的环境，对摄影机检校精度的要求大不相同。

通常，对测量任务与环境不加区别，把检校精度均控制在 $m_{x_0}=m_{y_0}=m_f=\pm 0.01\mathrm{mm}$ 的水准上。

三、近景摄影机检校方法分类

航空摄影机的检校方法，包括实验室检校法和实验场检校法，均已标准化成形多年，有专用的设备、作业流程和规范。至今,近景摄影机的检校并未标准化,其原因可能是摄影机的多样化以及检校内容的多样化。

出于仅仅解求内方位元素和光学畸变的目的,近景摄影机的检校方法大体可分作以下几类。

1. 光学实验室检校(Optical Laboratory Calibration)法

本方法适用于调焦到无穷远的近景量测摄影机的检校,如同传统的检校航空摄影机技术那样。室内的多台固定的准直管或可转动的精密测角仪是光学实验室检校法的基本设备。

参见图9-1-2(a),以准直管作为基本设备时,将多台准直管按准确的已知角度 α 安排在物方,而在像方则安放感光片,各准直管上经照明的十字丝即构像在像片上,经对像片的量测和相应计算,可解得主距和畸变差。

参见图9-1-2(b),以测角仪作为基本设备时,在像方设置一精密格网板,在物方安置一台可转动的测角仪,并顺次量取各格网点的角度,经计算以解得主距与畸变差。

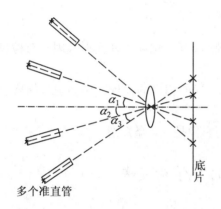

9-1-2(a) 基于准直管的实验室检校

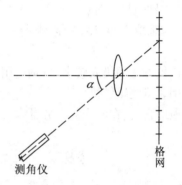

9-1-2(b) 基于测角仪的实验室检校

2. 实验场检校(Test Range Calibration)法

实验场一般由一些已知空间坐标的标志点构成,以被检校的摄影机拍摄此控制场后,可依据单片空间后方交会解法或多片空间后方交会解求内方位元素以及其他影响光束形状的要素,包括各类光学畸变系数。

实验场的大小、形状、性质与结构大不相同,如室内三维控制场,室外三维控制场以至专为检校目的而选择的某种人工建筑物等等。可以测定贴附在建筑物上的人工标志或者直接利用建筑物自身的几何特点,包括它的平行线组。

实验场多为三维,有时也使用二维控制,如制作在某种材料上的标志网。简单地使用二维平面控制,必须采用多片交向摄影方式。

3. 在任检校(On the Job Calibration)法

在任检校法是一种在完成某个近景测量任务中同时对摄影机进行检校的方法。 换句话说,此方法依据物方空间分布合理的一群高质量控制点,在解求待定点物方空间坐标的任务中,同时解求像片内外方位元素、物镜畸变系数。本方法常常以单像空间后交的方式进行。本方法特别适用于非量测像机的检校,因为这类像机内方位元素可能不甚稳定,或不能重复拨定,或时有变化,在完成测量任务中进行检校更为合理。所用的物方控制常以活动控制系统的形式出现。基于直线线性变换的检校方法,也当属此类方法。

4. 自检校(Self Calibration)法

光线束自检校平差解法是一种无需控制点以解求内方位元素和其他影响光束形状的要素的近景摄影机检校方法。这些其他要素包括各类光学畸变系数或某些附加参数。本方法适用于量测摄影机和非量测摄影机的检校。

当需要解求待定点空间坐标时,物方至少应布有两个"平面点"和三个"高程点"。

5. 恒星检校(Steller Calibration)法

基于"给定地点给定时间的恒星方位角和天顶距为已知"原理的摄影机检校方法称之为恒星检校法。操作方法顺序是:夜间,在已知点位的观测墩上将调焦至无穷远的被检定摄影机对准星空,实施较长时间曝光;在坐标仪上量测已知方位的数十至数百个恒星的像点坐标;按专用程序计算被检校像机的内方位元素和光学畸变系数。

该检校方法的缺陷是:

(1)仅适用于检校调焦至无穷远的摄影;

(2)识别恒星耗时;

(3)应采取措施以减少量测误差、大气折光异常、温度变化和底片变形等因素对检校质量的影响。

本检校方法的投入较小,特别适用于调焦至无穷远的相机的检校。例如卫星摄影机和某些专用非量测摄影机。

因地球自转,在曝光的数分钟内,像片各恒星的影像是一条条短线。

§9.2　近景摄影机的光学畸变差

一、主距、主点与自准直主点

主距 f(Principal Distance)是物镜系统摄影中心到影像平面之间的垂直距离,其垂足即是主点 o,如图9-2-1。主距 f 的数值一般大于物镜系统的焦距 F,只有调焦到无穷远时,主距 f 与焦距 F 才相等。近景中很少使用调焦至无穷远的摄影机。

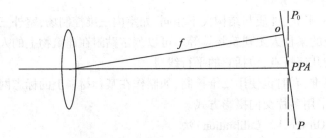

图9-2-1　主点与自准直主点

自准直主点(PPA:Principal Point of Autocollimation)是物镜系统光轴与垂直于此光轴的

理想成像平面 P_0 的交点,如图 9 - 2 - 1 所示。理想摄影机的像片面 P 与 P_0 重合,即自准直主点 PPA 与像主点 o 重合。严格说来,是相对自准直主点 PPA 来讨论物镜系统的光学畸变。

自准直主点上畸变差为零,所有其他像点的径向光学畸变的变形方向皆是通过 PPA 的向径方向。

二、光学畸变差的一般概念

摄影机物镜系统设计、制作和装配所引起的像点偏离其理想位置的点位误差称之为光学畸变差。光学畸变差是影响像点坐标质量的一项重要误差。光学畸变分为径向畸变差(Radial Distortion)和偏心畸变差(Decentering Distortion)两类。径向畸变差使构像点 a 沿向径方向偏离其准确理想位置 a_0;而偏心畸变差使构像点 a' 沿向径方向和垂直于向径的方向,相对其理想位置 a_0 都发生偏离,其向径方向的称之为非对称径向畸变,垂直于向径方向的称之为切向畸变。设在主距为 f 的标准像片 P_0 上,物方点 A 的标准位置为点 a_0,实际构像于点 a,而且像方构像角 α' 与其物方角 α 不等,如图 9 - 2 - 2。

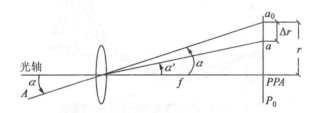

图 9 - 2 - 2   光学畸变

光学径向畸变差 Δr 可表示为:

$$\Delta r = r - f\tan\alpha \qquad\qquad (9 - 2 - 1)$$

可见,光学径向畸变差与物方点的入射角 α 有关,影像上不同点位的畸变差,因其 α 角之不同而不同;径向畸变差的方向是以自准直主点 PPA 为原点的辐射方向;径向畸变差的大小,也与像片主距 f 的大小有关,即与影像比例尺有关。

可以用图 9 - 2 - 3 来形容影像上光学畸变差曲线,图中横轴是向径大小(以 mm 为单位),纵轴为径向畸变(以 μm 为单位)。当选择不同的主距 f 时,参见式(9 - 2 - 1)和图 9 - 2 - 2,畸变差 Δr 的大小相继变化,径向畸变差的方向甚至也稍有变化。选择不同的主距以及相应的径向畸变差的分布,因而就有不同的方案。对畸变差如图 9 - 2 - 3 的同一相机,当取一种特定方案计算而选择另一像片主距后,则可能出现如图 9 - 2 - 4 的畸变差曲线。这时,径向畸变差 Δr 有正有负,径向畸变差绝对值变小,在半径 $r_0 = f\tan\alpha_0$ 处有径向畸变差为零值的一个圆。在整个像幅内,除点 PPA 畸变差为零值外,半径为 r_0 的圆上各点,其径向畸变差也为零值,如图 9 - 2 - 5。

事实上,对像片主距 f 以及相应径向畸变差分布的选择,有以下三种处理方案,同时也有三种不同的处理结果。

(1)要求向径 r_0 处的径向畸变差为零值,如图 9 - 2 - 4 所示,此时像片主距 f,按式(9 - 2 - 1)应为:

189

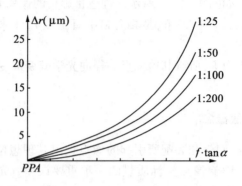

图 9 - 2 - 3　光学畸变曲线

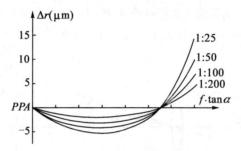

图 9 - 2 - 4　引入零畸变圆后的畸变曲线

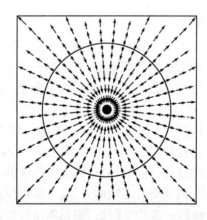

图 9 - 2 - 5　引入零畸变圆后像片上的畸变分布

$$f = \frac{r_0}{\tan\alpha_0} \qquad\qquad (9 - 2 - 2)$$

　　像场其他点位的径向畸变差有正有负(以 r_0 为界),例如小于 r_0 的地方径向畸变差为负号,而大于 r_0 的地方径向畸变差为正号,如图 9 - 2 - 4。

　　(2)要求全影像上各点位的径向畸变差的代数和为零,即要求:

190

$$\sum_{i=1}^{n} \Delta r_i = 0 \qquad (9\text{-}2\text{-}3)$$

或详细写作：

$$\left.\begin{array}{l} \Delta r_1 = r_1 - f\tan\alpha_1 \\ \Delta r_2 = r_2 - f\tan\alpha_2 \\ \qquad \cdots \\ \Delta r_n = r_n - f\tan\alpha_n \end{array}\right\} \qquad (9\text{-}2\text{-}4)$$

此时应有：

$$\sum_{i=1}^{n} \Delta r_i = \sum_{i=1}^{n} r_i - f\sum_{i=1}^{n} \tan\alpha_i = 0 \qquad (9\text{-}2\text{-}5)$$

因而，对应的像片主距应为：

$$f = \frac{\displaystyle\sum_{i=1}^{n} r_i}{\displaystyle\sum_{i=1}^{n} \tan\alpha_i} \qquad (9\text{-}2\text{-}6)$$

（3）要求全影像上各点位的径向畸变差的平方和为最小，即要求：

$$\sum_{i=1}^{n} (\Delta r_i)^2 = \min \qquad (9\text{-}2\text{-}7)$$

或详细写作：

$$\left.\begin{array}{l} \Delta r_1 = (-\tan\alpha_1)f + r_1 \\ \Delta r_2 = (-\tan\alpha_2)f + r_2 \\ \qquad \cdots \\ \Delta r_n = (-\tan\alpha_n)f + r_n \end{array}\right\} \qquad (9\text{-}2\text{-}8)$$

模仿间接观测平差误差方程式（$V = AX - L$），和未知数 X 的解（$X = (A^T A)^{-1} A^T L$），有未知数 f 的解：

$$f = \frac{\displaystyle\sum_{i=1}^{n} (r_i \tan\alpha_i)}{\displaystyle\sum_{i=1}^{n} (\tan^2\alpha_i)} \qquad (9\text{-}2\text{-}9)$$

应该指出，使用以上不同方案获取了不同的主距 f 和不同的畸变差分布，但是并未丝毫改变光线的方向。

三、径向畸变差(Radial Distortion)

据几何光学，物镜系统的径向畸变 Δr 可用下述奇次多项式表达：

$$\Delta r = k_1 r^3 + k_2 r^5 + k_3 r^7 + \cdots \qquad (9\text{-}2\text{-}10)$$

此式中 Δr 是以 μm 为单位表示的径向畸变差值，$k_i (i = 3,5,\cdots)$ 是描述该物镜系统径向畸变的系数，r 为该像点的向径，严格说是该像点与自准直主点 PPA 之间的距离。由于 Δr 是小值，r 可用以下近似式计算：

$$r = \sqrt{(x - x_0)^2 + (y - y_0)^2} \qquad (9\text{-}2\text{-}11)$$

上式中(x_0,y_0)是像主点的坐标,(x,y)为该像点的坐标。

当按前述某种方案"平衡"径向畸变差,以选择像片主距f和相应畸变差的分布后,径向畸变差表示为:

$$\Delta r = k_1 r^3 + k_2 r^5 + k_3 r^7 + \cdots \qquad (9-2-12)$$

对绝大多数物镜系统,取三个k系数已能准确地描述它的畸变曲线。对一些质量上好的物镜系统,需取k_1与k_2;对小像幅的非量测普通照相机可仅取k_1;对某些变形甚大的相机,如鱼眼(Fish-Eye)相机,则需要取5个系数$(k_1,k_2,\cdots,k_5)$。

关于近景摄影测量条件下物镜径向畸变有两点应予以强调。其一是随着调焦距的不同,随着主距f的不同,物镜径向畸变是变化的;其二是在特近距离摄影测量(例如像片比例尺大于1:30时)中,不位于调焦距D上的物点,其径向畸变也是变化的。

随调焦距而变的径向畸变系数可设法测定:先测定两种调焦距(D_1与D_2)下的径向畸变系数,然后再按以下的分析,计算任意调焦距下的径向畸变系数。

设D_1与D_2是已测定其径向畸变系数(k_{1D_1}、k_{1D_2}和k_{2D_1}、k_{2D_2})的两个摄影距离,现调焦在距离D上,其相应的径向畸变系数(k_{1D},k_{2D})按下式计算:

$$\left.\begin{array}{l} k_{1_D} = \left(1-\dfrac{f}{D}\right)^3 \left[\dfrac{a_D}{\left(1-\dfrac{f}{D_1}\right)^3} k_{1_{D_1}} + \dfrac{(1-a_D)}{\left(1-\dfrac{f}{D_2}\right)^3} k_{1_{D_2}}\right] \\[4mm] k_{2_D} = \left(1-\dfrac{f}{D}\right)^5 \left[\dfrac{a_D}{\left(1-\dfrac{f}{D_1}\right)^5} k_{2_{D_1}} + \dfrac{(1-a_D)}{\left(1-\dfrac{f}{D_2}\right)^5} k_{2_{D_2}}\right] \end{array}\right\} \qquad (9-2-13)$$

上式中,可使用主距f的近似值。而系数a_D的计算式是:

$$a_D = \frac{D_2 - D}{D_2 - D_1} \cdot \frac{D_1 - f}{D - f} \qquad (9-2-14)$$

可仿类似方法计算k_{3_D}、k_{4_D}等等。

若再考虑不位于调焦距D上,而位于D'上的物点的径向畸变的变化值的影响,可通过引入一个系数点$\gamma_{DD'}$来最终表示近景摄影测量条件下的径向畸变$\Delta r_{DD'}$:

$$\Delta r_{DD'} = \gamma_{DD'}^2 k_{1_D} r^3 + \gamma_{DD'}^4 k_{2_D} r^5 + \gamma_{DD'}^6 k_{3_D} r^7 + \cdots \qquad (9-2-15)$$

其中系数$\gamma_{DD'}$为:

$$\gamma_{DD'} = \frac{D'-f}{D-f} \cdot \frac{D}{D'} \qquad (9-2-16)$$

四、偏心畸变差(Decentering Distortion)

物镜系统各单元透镜,因装配和震动偏离了轴线或歪斜,从而引起的像点偏离其准确理想位置的误差称之为光学偏心畸变。

当组成某物镜的各透镜单元,或偏离其设计轴线$O_1 O_2$,或旋转了某角度,如图9-2-6,将使影像产生变形。单元透镜相对轴线的偏离和旋转,是装配原因造成,也可能是运输或意外的震动造成。总之,是单元透镜偏离其"中心线"引起了偏心畸变。

类似于径向畸变,也可用一曲线来几何地形容某物镜系统的偏心畸变差,如图9-2-7。图中横轴为向径r值(单位:mm),纵轴为偏心畸变差值$P_{(r)}$(单位:μm)。

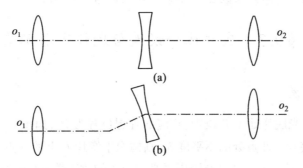

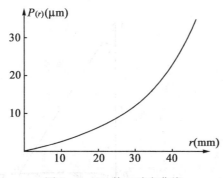

图 9 - 2 - 6　引起偏心畸变的原因

图 9 - 2 - 7　偏心畸变曲线

一般情况下,偏心畸变 $P_{(r)}$ 比径向畸变小,摄影机的偏心畸变超过 $30\mu m$ 的情况很少见,但出现此等畸变当然应引起注意。如同径向畸变一样,在近景摄影测量条件下,偏心畸变会随调焦距 D 的变化而变化;而且不在调焦距 D 上的物点(距离为 D'),也存在偏心畸变的变化。

因此,不同于一般偏心畸变差的表达式,顾及近景条件下调焦距 D 的偏心畸变应写作:

$$\left.\begin{aligned}\Delta x_D &= \left(1 - \frac{f}{D}\right)\left\{p_1\left[r^2 + 2(x - x_0)^2\right] + 2p_2(x - x_0)(y - y_0)\right\}\\ \Delta y_D &= \left(1 - \frac{f}{D}\right)\left\{p_2\left[r^2 + 2(y - y_0)^2\right] + 2p_1(x - x_0)(y - y_0)\right\}\end{aligned}\right\} \quad (9 \text{-} 2 \text{-} 17)$$

式中:

$(\Delta x_D, \Delta y_D)$ ——调焦距为 D 时的偏心畸变差分量;

f ——调焦距为 D 时的相应主距;

D ——调焦距;

(p_1, p_2) ——偏心畸变系数;

r ——像点向径 $[r^2 = (x - x_0)^2 + (y - y_0)^2]$;

(x_0, y_0) ——自准值主点的像方坐标,一般可以主点坐标代用。

同样地,不同于一般的表达式,当考虑不位于调焦距 D 上的物点(距离为 D')的偏心畸变的变化时,则应引入式(9 - 2 - 16)中的系数 $\gamma_{DD'}$。但是,在摄影比例尺不大于 1:30,且物体深度差不明显时,忽略此系数 $\Delta r_{DD'}$ 的影响不会超过 $1 \sim 2 \mu m$。

§9.3 底片压平误差与底片变形误差

一、底片压平误差

曝光瞬间,若感光底片处于 P 位置,相应的理想位置为 P_0,如图 9 - 3 - 1。物方点 A 的理想位置为 a_0,因底片在此点处的不平度 δ_f,则构像于像片 P 上的 a 点。此时,向径正确值 $r^0 (= oa_0)$ 与现有向径值 $(= o'a)$ 以及因压平必须引入的改正数 $\delta r (= a'a_0)$ 间的关系式为:

$$r^0 = r + \delta_r = r + \frac{\delta_f}{f} r^0 \approx r + \frac{\delta_f}{f} r = r + \delta_f \tan \alpha \qquad (9 - 3 - 1)$$

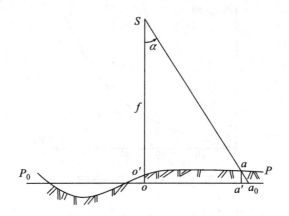

图 9 - 3 - 1　底片变形引起的像点坐标误差

从式(9 - 3 - 1)我们认识到以下几个问题。

(1)因压平误差 δ_f 必须引进的改正数 $\delta_r (= \delta_f \tan \alpha)$,与压平误差自身大小 δ_f 以及该像点的像方张角 α 有关。当 $\alpha = 45°$ 时,$\delta_r = \delta_f$;如果 $\delta_f = 10 \mu m$,则 δ_r 亦为 $10 \mu m$。可见,压平质量是一个极为严峻的问题。

(2)从影像变形角度看,干板的影像变形(如感光乳剂层的漂移)较之软片要小;但是,从底片压平角度来看,干板的影响不一定比软片小,这主要取决于干板自身的质量。干板感光面自身的不平度的影响,与式(9 - 3 - 1)及图 9 - 3 - 1 阐述的一致。

干板(通常是玻璃板)自身的平度应控制在数微米,譬如说,$\pm (3 \sim 8) \mu m$。在 $\pm 3 \mu m$ 附近者可用于高精度测量中,在 $\pm 6 \mu m$ 附近者可用于中等精度的测量。这种提法,主要考虑到一般坐标量测装置的坐标量测精度。而干板自身不平度控制在 $1 \mu m$ 内的干板,它们的生产工艺要求十分严格,因而价格异常高昂。

(3)现有近景量测摄影机的底片压平方法有空气负压压平法(如德国蔡司 UMK 型,美国 GIS 公司 CRC-1 型)和机械压平法(如瑞士 P31 型)两类。仅仅有一部分非量测摄影机设有机械压平装置。

(4)当像片 P 相对于理想位置 P_0 有整体倾斜或整体移位,如图 9 - 3 - 1,则相当于一张

194

有额外倾角、主距不同于 f 的像片。对软片和干板来说，δ_f 均更多地表现为一种随机误差，这种随机误差显然是难以补偿改正的。

(5)固态摄像机不存在底片压平问题，显然这是它们的优点。

二、底片变形误差

1. 底片变形的一般概念

感光材料，经过摄影处理，会产生影像的均匀变形、不均匀变形和局部的随机变形。x 向坐标与 y 向坐标按同一比例缩放的均匀变形，x 向坐标与 y 向坐标按仿射规律变化的不均匀变形，都可以借框标予以改正。对无框标的非量测摄影机，此两项变形也可以使用某种算法(如直接线性变换解法)予以改正。包括随机变形在内的这三种变形，可以借贴附在摄影机承像框上有足够密度格网点的玻璃衬板予以改正。(如美国 CRC-1 型格网量测摄影机以及大量的半量测摄影机)。取代格网玻璃衬板也可以通过后向投影装置，把有准确位置的一组标志投影构像在像片上(如 CRC-1 摄影机)，以纠正上述三种变形。

可能为某种非量测摄影机添加此等格网玻璃板，格网的密度适情况而定，格网借光学玻璃刻线机，以高度刻划。

2. 框标二维变换

框标理论坐标与像片上框标坐标观测值之间进行的二维变换，即是框标的理论坐标与框标的坐标仪坐标之间的二维变换。二维变换的目的是改正底片的均匀变形和不均匀变形，同时也可改正所用坐标量测装置的线性误差。

二维变换视情况可选用以下的仿射变换式、线性正形变换式、双线性变换式或投影变换式。

仿射变换式：

$$\left.\begin{array}{l} \bar{x} = x + a_0 + a_1 x + a_2 y \\ \bar{y} = y + b_0 + b_1 x + b_2 y \end{array}\right\} \qquad (9 - 3 - 2a)$$

线性正形变换式：

$$\left.\begin{array}{l} \bar{x} = x + a_1 + a_2 x - a_3 y \\ \bar{y} = y + b_1 + a_3 x + a_2 y \end{array}\right\} \qquad (9 - 3 - 2b)$$

双线性变换式：

$$\left.\begin{array}{l} \bar{x} = x + a_1 + a_2 x + a_3 y + a_4 xy \\ \bar{y} = y + b_1 + b_2 x + b_3 y + b_4 xy \end{array}\right\} \qquad (9 - 3 - 2c)$$

投影变换式：

$$\left.\begin{array}{l} \bar{x} = \dfrac{a_1 x + a_2 y + a_3}{c_1 x + c_2 y + 1} \\[2mm] \bar{y} = \dfrac{b_1 x + b_2 y + b_3}{c_1 x + c_2 y + 1} \end{array}\right\} \qquad (9 - 3 - 2d)$$

以上各式中，$(\bar{x}, \bar{y})$ 为框标的理论坐标值，(x, y) 为框标的坐标仪坐标。解得系数(a_i，b_i)后，可依同一式子计算任意像点在框标坐标系中的坐标。

仿射变换式(9 - 3 - 2a)，有 6 个未知系数，至少需要有 3 个框标。6 个未知系数原则上代表了二维变换中的 2 个平移量，1 个旋转量，1 个均匀变形值，1 个不均匀变形值以及不正

交变换值。当有 $n(>3)$ 个框标时,与式 $(9-3-2a)$ 对应的观测值方程式应为:

$$\left.\begin{array}{l} \bar{x} = (x + v_x) + a_0 + a_1(x + v_x) + a_2(y + v_y) \\ \bar{y} = (y + v_y) + b_0 + b_1(x + v_x) + b_2(y + v_y) \end{array}\right\} \qquad (9-3-3)$$

对应的误差方程式为:

$$V = AX - L$$

其中:

$$V = \begin{bmatrix} -v_{x_1} & -v_{y_1} & -v_{x_2} & -v_{y_2} \cdots -v_{y_n} \end{bmatrix}^T_{n \times 1}$$

$$A = \begin{bmatrix} 1 & 0 & x_1 & 0 & y_1 & 0 \\ 0 & 1 & 0 & x_1 & 0 & y_1 \\ & & \cdots & & & \\ 0 & 1 & 0 & x_n & 0 & y_n \end{bmatrix}_{2n \times 6}$$

$$X = \begin{bmatrix} a_0 & b_0 & a_1 & b_1 & a_2 & b_2 \end{bmatrix}^T$$

$$L = \begin{bmatrix} \bar{x}_1 - x_1 \\ \bar{y}_1 - y_1 \\ \cdots \\ \bar{y}_n - y_n \end{bmatrix}_{2n \times 1}$$

线性正形变换式 $(9-3-2b)$ 中有 4 个未知系数,仅需 2 个框标即可进行二维变换。这 4 个系数准确地代表了二维变换中的 2 个平移量,1 个均匀变形(缩放系数 λ)和 1 个旋转角 α。由 $a_2 = \lambda \cos\alpha, a_3 = \lambda \sin\alpha$,有旋转角 $\tan\alpha = a_3/a_2$,缩放系数 $\lambda = \sqrt{a^2 + b^2}$。由于未考虑不均匀变形,应注意正确使用此式。

双线性变换式 $(9-3-2c)$ 有 8 个未知系数,至少需要有 4 个框标。此式是一种经验式,在一些特定情况下,经比较后再予以采用。

投影变换式 $(9-3-2d)$,实际上就是二维直接线性变换式 $(7-5-3)$。它有 8 个未知系数,至少需要 4 个框标。

以 CCD 为传感器的固态摄像机,显然不存在"底片"变形问题。

3. 底片三种变形的同时改正

配备标准格网(玻璃板)的格网量测摄影机或半量测摄影机,可以同时改正底片的均匀变形、不均匀变形和局部偶然变形。密集的格网可以理解为密集的框标。

§9.4 框标理论坐标的确定

借特高精度坐标量测设备测知的框标坐标值称作框标理论坐标。

框标坐标系是量测摄影机用以确定内方位元素的坐标系。摄影机检校前应确认摄影机各框标理论坐标的准确性,或者应以足够的精度准确地测定它们。

实际应用中,框标坐标系的设定均力求使其原点靠近像主点,力求其坐标轴通过框标。由于各种原因,此要求并不能准确的实现,好在理论上此要求也不是必须的。

一、近景摄影机框标的几何分布类型

（1）已知 4~9 个框标的理论坐标,如图 9-4-1,框标均匀分布在像幅内,并可能有中心框标。

（2）已知更多的"框标"的理论坐标,如图 9-4-2,框标既作为框标坐标系,也用以补偿像片各类变形误差。"框标"数量一般是数十个,多则 100 余个,最多达每 2mm 一个,如德国 Rollei 公司的 LFC 型摄影机,其像幅为 230mm×230mm。CCD 相机相当于此种类型,如图 9-4-4。

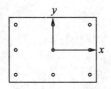

图 9-4-1 量测摄影机框标

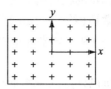

图 9-4-2 格网量测摄影机框标

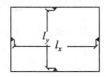

图 9-4-3 仅有框标距的框标

图 9-4-4 CCD 相机"框标"

（3）对仅提供框标间距(l_x, l_y)的量测摄影机,如图 9-4-3,无疑应定义一个框标坐标系并准确测定各框标在此坐标系内的坐标。所定义的坐标系原点,可以是两条相对框标连线的交点;而所定义的坐标系的 x 轴可通过某框标。

（4）对无框标者,可能有的处理方案是:

①添加承片玻璃,其上刻有适宜数量的框标,随后按前述的某方法处理;

②在低精度要求情况下,以像幅四个角隅作为框标,并定义一像框坐标系,如图 9-4-5;

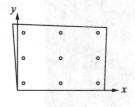

图 9-4-5 角隅性框标

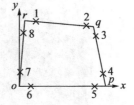

9-4-6 交点角隅性框标

③在低精度要求情况下,当四个角隅构像不清晰但四边还清晰时,可以在四个边上选择

8 个点 $(1,2,\cdots,8)$，并依两直线交点的关系式，而据以确定四个交点 o、p、q、r 的坐标，如图 9 - 4 - 6 所示。随即可定义点 o 为原点，op 为 x 轴的框标坐标系。

二、框标坐标理论值的测定

框标坐标理论值的测定，是摄影机检校的重要组成，因为像机检校后像主点的坐标即是在这些框标理论值所确定的坐标系内定义的。

框标坐标理论值的测定一般借助高精度坐标量测设备完成。粗略看，按坐标量测设备坐标量测精度的高低，顺次是高精度工具显微镜（约 $1 \sim 2\mu m$）、解析测图仪（约 $3 \sim 5\mu m$）和立体坐标量测仪（约 $10 \sim 20\mu m$）。

将摄影机已外露的承影面框，贴附安置在坐标量测设备上，经多测回的量测，取得各框标的坐标仪坐标系的坐标。此后，再经必要的二维变换，获取各框标在给定的框标坐标系内的坐标。

某瑞士 P31 型量测摄影机偶经机械性碰撞，测定其移动后的框标坐标理论值

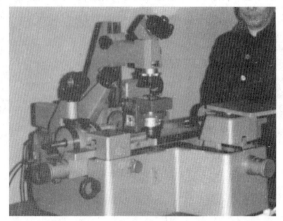

图 9 - 4 - 7　万能工具显微镜与被检测的摄影机

时，使用了德国蔡司的万能工具显微镜，如图 9 - 4 - 7。

我们知道德国蔡司厂 1818 型立体坐标量测仪 (x,y) 坐标的量测精度约为 $(10 \sim 20\mu m)$，其视差 (p,q) 量测精度约为 $5\mu m$。为了利用它像片盘较大可测量较大像幅摄影机框标坐标的优点，可将相机放在它的右像片盘上，而在左像片盘上安置一精密格网板。以瞄准格网交叉点取得坐标大数，以视差 (p,q) 取坐标小数。借此技术手段，在一定程度上，以格网的较高精度和视差较高的量测精度取代了坐标仪 (x,y) 坐标的较低量测精度，如图 9 - 4 - 8。

图 9 - 4 - 8　1818 型立体坐标量测仪与被检测的摄影机

§9.5 基于空间后方交会的摄影机检校

基于空间后方交会原理的摄影机检校方法,即试验场检校法,是检查校正近景摄影机或摄像机外方位元素、内方位元素、光学畸变差以及其他影响光束形状的各种参数的重要方法。

一、基于单像空间后方交会的摄影机检定

依据共线条件方程式像点坐标观测值误差方程式一般式(6-1-9),在以解求外方位元素 t、内方位元素 X_2 以及某些附加参数 X_{ad} 为目的的单像空间后方交会的解法中,因不解算物方未知点空间坐标(即 $X_u = 0$),控制点物方坐标视作真值(即 $X_c = 0$),式(6-1-9)取形式为:

$$V = At + CX_2 + DX_{ad} - L \qquad (9-5-1)$$

此式中,t 是用于检校的摄影时所摄像片相对三维控制场的外方位元素未知数,X_2 是该像片的内方位元素未知数,X_{ad} 为附加参数。附加参数 X_{ad} 的选择方法有多种,有些选择是建立在对光学因素及其他物理因素分析的基础上,而有些选择则是建立在纯数学的基础上。使用同时解算内方位元素和外方位元素的这种摄影机检校方法,要特别注意未知数间的相关性问题。不同未知数间的相关程度可以直接取自未知数的协因数阵 Q_{XX} ($= (A^\mathrm{T} PA)^{-1}$) 的非

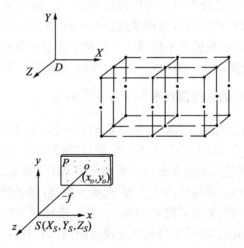

9-5-1 基于单像空间后方交会的摄影机检校

对角线元素。为了说明未知数间的相关性,也不妨作如下的通俗说明。现自点 S(如图 9-5-1)拍摄某控制场的像片 P。不难注意到,如控制场各控制点的几何分布近似为一平面时,则会使未知数的解极不稳定,甚至有不定解的可能。例如,当控制点分布在或近似分布在平面 M 上时,会造成未知数内方位元素(x_0, y_0)与未知数外方位元素(X_S, Y_S)的不定解或强相关(如图 9-5-2),即依据同样的影像($acb = a'b'c'$,等等)解得不同的检校结果。当控制点分布在或近似分布在平面 M 上时,也会造成主距未知数 f 与外方位元素未知数 Z_S 之间的不定解或强相关(如图 9-5-3),即依同样的影像解得不同的检校结果。当然,还存在

其他未知数之间的相关性问题。

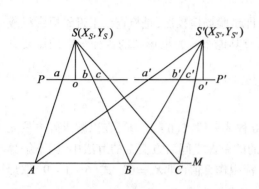
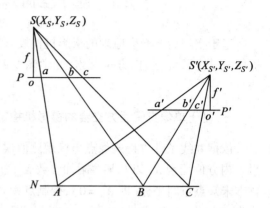

图 9 - 5 - 2　控制点位于同一平面引发　　　　图 9 - 5 - 3　控制点位于同一平面引发主距
　　　　　　(x_0, y_0) 与 (X_S, Y_S) 的不定解　　　　　　　　　　　f 与 Z_S 的不定解

二、单像空间后方交会法检校摄影机中的一些技术要点

（1）影响检定精度的因素包括像点坐标的量测精度,控制点的自身质量,控制点的数量与分布(包括控制点影像在像片上的分布)等等。

（2）像点坐标的量测精度极大地影响检校的质量。应选择高精度的坐标量测装置,如量测精度在 $3 \sim 5\mu m$ 的解析测图仪或更精密的量测设备,多测回地测量像点。应认识到,若坐标量测精度为 $\pm 3\mu m$,比此数值更小的畸变差是难于检定出来的。

（3）控制点的自身精度不应影响检定。若检校时的摄影比例尺为 $1 : m$,像点坐标量测精度为 $\pm 5\mu m$,那么控制点的自身误差则不应大于 $\dfrac{5m}{\sqrt{3}}\mu m$。

（4）检校时所需控制点的最少个数是未知数的 0.5 倍,而增加控制点个数可提高检校质量。检校时,需要在三维方向均匀分布的一定数量的控制点,它们在影像上也应尽量满幅而均匀。武汉大学摄影测量与遥感系对一受损的瑞士 P31 型摄影机进行检校,像片主距 $f = 100mm$,平均摄影距离约 6m,采用红特硬干板,光圈 $f/22$,自然光照明,干板在德国制万能工具显微镜上观测三测回,测回间互差限差为 $6\mu m$,像点坐标观测中误差为 $\pm 3.5\mu m$,室内控制场自身精度约为 $\pm 0.1mm$。在控制场最大延伸范围内,均匀地选择控制点,而且控制点的个数 n,直接影响主距的测定精度 m_f,如图 9 - 5 - 4。

可见,当 m_f 测定精度要求为 $\pm 10\mu m$ 时,控制点个数宜选择在 16 ~ 20 个,以照顾精度要求和工作量两个方面。

（5）可以在不同调焦距的情况下,多次检校内方位元素。需要时还可将各主距或主距变化值,用圆线刻划机刻划在摄影机的适宜部位。

（6）当已知内、外方位元素中的某几个元素时,可以减少所需控制点数。例如,已知量测摄影机的偏心值 EC,且把摄影机安放在已知坐标值的测墩上(相当于已知外方位直线元素)的时候;又如,借高精度水准器知晓某几个外方位角元素的时候,等等。

（7）当三维控制场在各方向均有足够的延伸时,空间后方交会中无需起始近似值,且仅

200

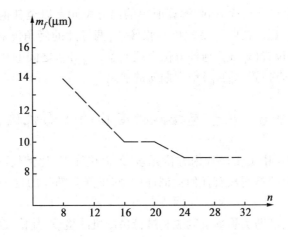

图 9 - 5 - 4　控制点个数影响主距测定精度

经 1~2 次迭代即可完成全部运算过程。

(8)当像主点坐标(x_0,y_0)解算不尽稳定时,应采用多片空间后方交会解法进行检校。

三、基于多片空间后方交会的摄影机检校法

基于多片空间后方交会的摄影机检校法,是依共线条件方程式,把控制点的物方空间坐标视作真值,整体解求像片内方位元素和多张像片外方位元素的摄影测量过程。依共线条件方程式像点坐标观测值误差方程式的一般式(6 - 1 - 9),在以解求像片内方位元素(X_2)和某些附加参数(X_{ad})为主要目的但又同时解求各像片外方位元素的检校中,因不解算未知点间坐标(即 $X_u = 0$),控制点的物方空间坐标视作真值(即 $X_c = 0$),式(6 - 1 - 9)取以下形式:

$$V = A_c t + C X_2 + D X_{ad} - L \qquad (9 - 5 - 1)$$

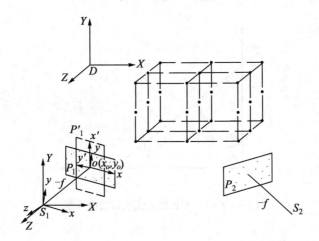

图 9 - 5 - 5　基于多片空间后方交会的摄影机检校

这里的多片空间后交检校与前述的单片空间后交检校的根本区别是:在不同的位置,如图 9 - 5 - 5 中的各摄站(S_1,S_2,S_3),拍摄多张像片,各像片是在同一主距条件下拍摄,因而

解算所得的各片的外方位元素不同,解算所得的内方位元素以至其他附加参数认作相同。除以上多站摄影情况,还可在同一站拍摄两张像片,两像片的旋角 κ 相差大约 $90°$,这种安排的目的是减少主点位置 (x_0, y_0) 与外方位直线元素 (X_S, Y_S) 之间的相关性,以克服单像空间后方交会法解算主点位置 (x_0, y_0) 精度偏低的缺陷。

§9.6 基于直接线性变换的摄影机检校

直接线性变换解法中关于像片内方位元素、外方位元素、比例尺不一致性 ds 和不正交性 dβ 的解算关系式是严格而没有任何近似性的,解求光学畸变的这些关系式,在第七章已有详细的推导。

利用上述关系式,借助实验场可以顺利进行摄影机的检校,其检校技术和注意事项可参考前述的基于单像空间后方交会的检校方法。此外,本方法既适用于非量测摄影机的检校,也适用于量测摄影机的检校。据试验,对量测摄影机而言,它的精度与基于单像空间后方交会检校方法的精度相当。

§9.7 检校光学畸变差的解析铅垂线法

解析铅垂线法(Analytical Plumb-line Calibration) 法,是基于"直线构像仍应为直线"原理的仅用于检校物镜系统光学畸变差的方法。

一、解析铅垂线法原理

物方空间直线 MN 的构像 mn,在没有各种像差和变形的情况下,也应是一条直线,如图 9 - 7 - 1 所示。

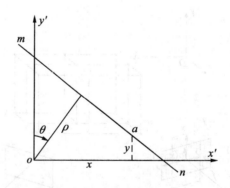

图 9 - 7 - 1 解析铅垂线法检校原理图

取此直线的法线式方程:

$$x'\sin\theta + y'\sin\theta = \rho \qquad (9 - 7 - 1)$$

此式中,(x', y') 为直线上任意一点 a 的像点坐标,θ 为直线 mn 的法线方位角,ρ 为法线长($\rho \geqslant 0$)。

假设影响直线实际构像的误差仅有光学畸变,并使构像 mn 为某种曲线。那么,进行了

202

光学畸变改正的坐标(x',y')应为：

$$x' = x_{ij} + \Delta x + \rho(r)_x\}$$
$$y' = y_{ij} + \Delta y + \rho(r)_y\}$$

式中，(x_{ij},y_{ij})为像点的坐标观测值，$(\Delta x,\Delta y)$为像点的径向畸变改正数，而$(\rho(r)_x,\rho(r)_y)$是像点的偏心畸变改正数。

二、解析铅垂线法操作过程

（1）在物方空间布置 10~15 根粗 1.25mm 底部挂有重锤的尼龙白线，在物方形成一组平行的铅垂线，白线背景取黑色。拍摄像片后，其影像是白色背景上的一组黑线。

（2）以被检测的摄影机拍摄物方铅垂线组，所摄影像应清晰，并尽量占满全幅影像；像片倾角稍大对测量结果没有大的损害。

（3）在图像处理软件的支持下，自动识别并量测每根铅垂线影像上约 50 个点的坐标(x_{ij},y_{ij})。

（4）计算径向畸变差系数k_i（如k_1,k_2,k_3）和偏心畸变差系数(p_1,p_2)。

一般讲，物方空间其他方向的平行线组，也可用以检校畸变差，只是布置铅垂线方向更为方便。

§9.8　引入制约条件的立体视觉系统的检校

相当一批立体视觉系统，其两台 CCD 之间的几何关系可借某种机械设备保持不变。对此类立体视觉系统进行检校时，应引入这些几何关系作为制约条件，以期提高检校的精度与检校的可靠性。使用实验场法或解析自检校法均可引用这些制约条件。

一、制约条件

表示摄影时两影像间的相对几何位置，如图 9-8-1，可以在摄影基线坐标系内，也可以在左（或右）像空间坐标系内。对像对 Ⅰ(S_1-S_2)与像对 Ⅱ(S_3-S_4)，在摄影基线坐标系内应有以下恒定的几何关系式：

$$(\omega'_2 - \omega'_1)_{\text{II}} = (\omega'_2 - \omega'_1)_{\text{I}}; \quad \varphi'_{2\text{II}} = \varphi'_{2\text{I}}; \quad \kappa'_{2\text{II}} = \kappa'_{2\text{I}} \qquad (9-8-1)$$

而在左像空间坐标系内，应有的约束条件关系式是：

$$\omega'_{2\text{I}} = \omega'_{2\text{II}}; \quad \varphi'_{2\text{I}} = \varphi'_{2\text{II}}; \quad \kappa'_{2\text{I}} = \kappa'_{2\text{II}}\}$$
$$b_{X\text{I}} = b_{X\text{II}}; \quad b_{Y\text{I}} = b_{Y\text{II}}; \quad b_{Z\text{I}} = b_{Z\text{II}}\} \qquad (9-8-2)$$

当有 n 个像对时，则应有 $n-1$ 组上述制约条件。应注意，为了保持 κ 制约条件，必须选择相同的像平面坐标系。

二、制约条件的推演

众所周知，使用光线束平差解法进行常规摄影（像）机检校，所解得的各像对中每一像片的外方位元素均定义在给定的同一物方空间坐标系 $D-XYZ$ 内，如像空间坐标系 S_1-xyz 相对物方空间坐标系 $D-XYZ$（平行于 S_1-XYZ）的外方位角元素定义为 φ、ω、κ 等等。如图

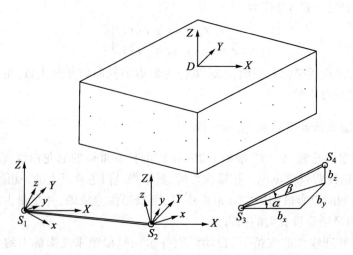

图 9 - 8 - 1　引入制约条件的立体视觉系统检校原理图

9 - 8 - 1所示。所以,为了建立如式(9 - 8 - 1)或式(9 - 8 - 2)的制约条件,必须将定义在 D $-XYZ$ 内的外方位元素值,转换到可以比较的坐标系统内。

附加制约条件的间接观测平差的一般式为:

$$V = AX - L \qquad (9 - 8 - 3a)$$

$$BX - M = 0 \qquad (9 - 8 - 3b)$$

由于式(9 - 8 - 3b)中的未知数 X 应与式(9 - 8 - 3a)中的 X 在同一坐标系内,所以,应将式(9 - 8 - 1)或式(9 - 8 - 2)改化,使各像对各像片的"相对方位元素值"均在统一的坐标系内表示。此后,再归结到如何列出制约条件式(9 - 8 - 3b)。

左影像(左光束)在基线系统内的相对方位元素($\omega'_1, \varphi'_1, \kappa'_1$)旋转矩阵 R'_1,与此影像在 $D - XYZ$ 系统中的外方位角元素($\omega_1, \varphi_1, \kappa_1$)间的关系式为(参考图 9 - 8 - 1):

$$R'_1 = R_{\omega'_1\varphi'_1\kappa'_1} = \begin{bmatrix} a''_1 & a''_2 & a''_3 \\ b''_1 & b''_2 & b''_3 \\ c''_1 & c''_2 & c''_3 \end{bmatrix} = R_\beta R_\alpha R_{\omega_1} R_{\varphi_1} R_{\kappa_1}$$

$$= \begin{bmatrix} \cos\beta & 1 & -\sin\beta \\ 0 & 1 & 0 \\ \sin\beta & 0 & \cos\beta \end{bmatrix} \begin{bmatrix} \cos\alpha & -\sin\alpha & 0 \\ \sin\alpha & \cos\alpha & 0 \\ 0 & 0 & 1 \end{bmatrix} \begin{bmatrix} a_1 & a_2 & a_3 \\ b_1 & b_2 & b_3 \\ c_1 & c_2 & c_3 \end{bmatrix}_{左}$$

$$= \begin{bmatrix} \cos\beta\cos\alpha & -\cos\beta\sin\alpha & -\sin\beta \\ \sin\alpha & \cos\alpha & 0 \\ \sin\beta\cos\alpha & -\sin\beta\sin\alpha & -\cos\beta \end{bmatrix} \begin{bmatrix} a_1 & a_2 & a_3 \\ b_1 & b_2 & b_3 \\ c_1 & c_2 & c_3 \end{bmatrix}_{左} \qquad (9 - 8 - 4)$$

其中,$R_{\omega\varphi\kappa}$ 各相应的方向余弦表达为:

$$\left. \begin{array}{lll} a_1 = \cos\varphi\cos\kappa, & b_1 = \cos\omega\sin\kappa - \sin\omega\sin\varphi\cos\kappa, & c_1 = \sin\omega\sin\kappa + \cos\omega\sin\varphi\cos\kappa \\ a_2 = -\cos\varphi\sin\kappa, & b_2 = \cos\omega\cos\kappa + \sin\omega\sin\varphi\sin\kappa, & c_2 = \sin\omega\cos\kappa - \cos\omega\sin\varphi\sin\kappa \\ a_3 = -\sin\varphi, & b_3 = -\sin\omega\cos\varphi, & c_3 = \cos\omega\cos\varphi \end{array} \right\}$$

$$(9 - 8 - 5)$$

204

与此相仿，右光束在基线系统中的方位元素$(\omega'_2,\varphi'_2,\kappa'_2)$与旋转矩阵$\boldsymbol{R}'_2$其外方位角元素$(\omega_2,\varphi_2,\kappa_2)$间有关系为：

$$\boldsymbol{R}'_2 = \boldsymbol{R}_{\omega'_2\varphi'_2\kappa'_2} = \begin{bmatrix} a''_1 & a''_2 & a''_3 \\ b''_1 & b''_2 & b''_3 \\ c''_1 & c''_2 & c''_3 \end{bmatrix}_{右} = \boldsymbol{R}_{\beta\alpha}\begin{bmatrix} a_1 & a_2 & a_3 \\ b_1 & b_2 & b_3 \\ c_1 & c_2 & c_3 \end{bmatrix}_{右} \qquad (9-8-6)$$

式(9-8-4)与式(9-8-6)中，α与β是影像外方位直线元素的函数：

$$\left.\begin{array}{l} \tan\alpha = \dfrac{b_y}{b_x} = \dfrac{Y_{S_2} - Y_{S_1}}{X_{S_2} - X_{S_1}}, \quad \sin\beta = \dfrac{b_z}{\sqrt{b_x^2 + b_y^2 + b_z^2}} \\[3mm] b_x = X_{S_2} - X_{S_1}, \quad b_y = Y_{S_2} - Y_{S_1}, b_z = Z_{S_2} - Z_{S_1} \end{array}\right\} \qquad (9-8-7)$$

以上是将两像片化算到基线系统内的关系式，借以列出相应的约束条件。无疑，也可把各像对的右像外方位角元素值化算到相应的左像空间坐标系内，以列出约束条件。关系式是：

$$\begin{aligned} \boldsymbol{R}_{\omega''_2\varphi''_2\kappa''_2} &= R_{\kappa_1}R_{\varphi_1}R_{\omega_1}R_{\omega_2}R_{\varphi_2}R_{\kappa_2} = R_{\kappa_1\varphi_1\omega_1}R_{\omega_2\varphi_2\kappa_2} = \begin{bmatrix} a_1^l & a_2^l & a_3^l \\ b_1^l & b_2^l & b_3^l \\ c_1^l & c_2^l & c_3^l \end{bmatrix}\begin{bmatrix} a_1^r & a_2^r & a_3^r \\ b_1^r & b_2^r & b_3^r \\ c_1^r & c_2^r & c_3^r \end{bmatrix} = R_1^{\mathrm{T}}R_2 \\[3mm] &= \begin{bmatrix} a''_1 & a''_2 & a''_3 \\ b''_1 & b''_2 & b''_3 \\ c''_1 & c''_2 & c''_3 \end{bmatrix} = \begin{bmatrix} a_1^l a_1^r + b_1^l b_1^r + c_1^l c_1^r & a_1^l a_2^r + b_1^l b_2^r + c_1^l c_2^r & a_1^l a_3^r + b_1^l b_3^r + c_3^l c_3^r \\ a_2^l a_1^r + b_2^l b_1^r + c_2^l c_1^r & a_2^l a_2^r + b_2^l b_2^r + c_2^l c_2^r & a_2^l a_3^r + b_2^l b_3^r + c_2^l c_3^r \\ a_3^l a_1^r + b_3^l b_1^r + c_3^l c_1^r & a_3^l a_2^r + b_3^l b_2^r + c_3^l c_2^r & a_3^l a_3^r + b_3^l b_3^r + c_3^l c_3^r \end{bmatrix} \end{aligned}$$

$$(9-8-8)$$

有关定向元素值是：

$$\left.\begin{array}{c} \sin\varphi''_2 = -a''_3, \quad \tan\omega''_2 = -\dfrac{b''_3}{c''_3}, \quad \tan\kappa''_2 = -\dfrac{a''_2}{a''_1} \\[3mm] \begin{bmatrix} b''_x \\ b''_y \\ b''_z \end{bmatrix} = \begin{bmatrix} a_1 & a_2 & a_3 \\ b_1 & b_2 & b_3 \\ c_1 & c_2 & c_3 \end{bmatrix}\begin{bmatrix} b_x \\ b_y \\ b_z \end{bmatrix} \end{array}\right\} \qquad (9-8-9)$$

对任意两个像对Ⅰ与Ⅱ，迭代中的制约条件可写作：

$$F = F_0^{\mathrm{I}} + \mathrm{d}F_0^{\mathrm{I}} = F_0^{\mathrm{II}} + \mathrm{d}F_0^{\mathrm{II}}$$

式中，F为某方位元素的趋近值；角元素算式的外形可取自式(9-8-9)；F_0与$\mathrm{d}F_0$分别代表近似值与其改正数。涉及各角度的制约条件可写作：

$$\frac{\partial F_0^{\mathrm{I}}}{\partial\omega_1^{\mathrm{I}}}\mathrm{d}\omega_1^{\mathrm{I}} + \frac{\partial F_0^{\mathrm{I}}}{\partial\varphi_1^{\mathrm{I}}}\mathrm{d}\varphi_1^{\mathrm{I}} + \frac{\partial F_0^{\mathrm{I}}}{\partial\kappa_1^{\mathrm{I}}}\mathrm{d}\kappa_1^{\mathrm{I}} + \frac{\partial F_0^{\mathrm{I}}}{\partial\omega_2^{\mathrm{I}}}\mathrm{d}\omega_2^{\mathrm{I}} + \frac{\partial F_0^{\mathrm{I}}}{\partial\varphi_2^{\mathrm{I}}}\mathrm{d}\varphi_2^{\mathrm{I}} + \frac{\partial F_0^{\mathrm{I}}}{\partial\kappa_2^{\mathrm{I}}}\mathrm{d}\kappa_2^{\mathrm{I}} -$$

$$\left(\frac{\partial F_0^{\mathrm{II}}}{\partial\omega_1^{\mathrm{II}}}\mathrm{d}\omega_1^{\mathrm{II}} + \cdots + \frac{\partial F_0^{\mathrm{II}}}{\partial\kappa_2^{\mathrm{II}}}\mathrm{d}\kappa_2^{\mathrm{II}}\right) - (F_0^{\mathrm{II}} - F_0^{\mathrm{I}}) = 0 \qquad (9-8-10)$$

下面详细推证式(9-8-10)中各有关偏导数。现以φ''的有关制约条件为例，并以F_φ（$=\sin\varphi''$）代替式(9-8-10)中的F_0值。因为$\sin\varphi''_{\mathrm{I}} = \sin\varphi''_{\mathrm{II}}$，按式(9-8-8)有下式，并可从中解得像对Ⅰ与Ⅱ中的φ'的近似值：

$$a''_3 = -\sin\varphi'' = a_1^l a_3^r + a_1^l b_3^r + c_1^l a_3^r \qquad (9-8-11)$$

在推证各偏导数时,注意存在以下一些非常简明的关系式:

$$\frac{\partial}{\partial\omega}\begin{bmatrix} a_1 & b_1 & c_1 \\ a_2 & b_2 & c_2 \\ a_3 & b_3 & c_3 \end{bmatrix} = \begin{bmatrix} 0 & -c_1 & b_1 \\ 0 & -c_2 & b_2 \\ 0 & -c_3 & b_3 \end{bmatrix} \tag{9-8-12a}$$

$$\frac{\partial}{\partial\varphi}\begin{bmatrix} a_1 & b_1 & c_1 \\ a_2 & b_2 & c_2 \\ a_3 & b_3 & c_3 \end{bmatrix} = \begin{bmatrix} -\sin\varphi\cos\kappa & -\sin\omega\cos\varphi\cos\kappa & \cos\omega\cos\varphi\cos\kappa \\ \sin\varphi\sin\kappa & \sin\omega\cos\varphi\sin\kappa & -\cos\omega\cos\varphi\sin\kappa \\ -\cos\varphi & \sin\omega\sin\varphi & -\cos\omega\cos\varphi \end{bmatrix}$$

$$= \begin{bmatrix} \dfrac{a_3}{\cos\kappa} & \dfrac{b_3}{\cos\kappa} & \dfrac{c_3}{\cos\kappa} \\ -a_3\sin\kappa & -b_3\sin\kappa & -c_3\sin\kappa \\ a_3\cot\varphi & -c_3\tan\varphi & -c_3\tan\varphi \end{bmatrix} \tag{9-8-12b}$$

$$\frac{\partial}{\partial\kappa}\begin{bmatrix} a_1 & b_1 & c_1 \\ a_2 & b_2 & c_2 \\ a_3 & b_3 & c_3 \end{bmatrix} = \begin{bmatrix} a_2 & b_2 & c_2 \\ -a_1 & -b_1 & -c_1 \\ 0 & 0 & 0 \end{bmatrix} \tag{9-8-12c}$$

从而,依式(9-8-11)及式(9-8-5)获取角 φ 相对其他各角度的偏导数:

$$\begin{aligned}
\frac{\partial F_\varphi}{\partial\omega_1} &= (-\sin\omega_1\sin\kappa_1 - \cos\omega_1\sin\varphi_1\cos\kappa_1)b_3^r + (\cos\omega_1\sin\kappa_1 - \sin\omega_1\sin\varphi_1\cos\kappa_1)c_3^r \\
&= -c_1^l b_3^r + b_1^l c_3^r \\
\frac{\partial F_\varphi}{\partial\varphi_1} &= (-\sin\varphi_1\cos\kappa_1)a_3^r + (-\cos\varphi_1\sin\omega_1\cos\kappa_1)b_3^r + (\cos\varphi_1\cos\omega_1\cos\kappa_1)c_3^r \\
&= a_3^l\cos\kappa_1 a_3^r + b_3^l\cos\kappa_1 b_3^r + c_3^l\cos\kappa_1 c_3^r = c''_3\cos\kappa_1 \\
\frac{\partial F_\varphi}{\partial\kappa_1} &= (-\sin\kappa_1\cos\varphi_1)a_3^r + (\cos\kappa_1\cos\omega_1 + \sin\varphi_1\sin\omega_1\sin\kappa_1)b_3^r + \\
&\quad (\cos\kappa_1\sin\omega_1 - \sin\kappa_1\cos\omega_1\sin\varphi_1)c_3^r = a_2^l a_3^r + b_2^l b_3^r + c_2^l c_3^r = b''_3 \\
\frac{\partial F_\varphi}{\partial\omega_2} &= b^l(-\cos\omega_2\cos\varphi_2) + c^l(-\sin\omega_2\cos\varphi_2) = c_1^l b_3^r - b_1^l c_3^r \\
\frac{\partial F_\varphi}{\partial\varphi_2} &= a_1^l(-\cos\varphi_2) + b_1^l(\sin\omega_2\sin\varphi_2) + c_1^l(-\cos\omega_2\sin\varphi_2) \\
\frac{\partial F_\varphi}{\partial\kappa_2} &= 0
\end{aligned} \tag{9-8-13}$$

相类似地,也可获取角 ω 相对其他角度的偏导数,也可获取角 κ 相对其他角度的偏导数。

若涉及式(9-8-1)、式(9-8-3)中基线制约条件,则可直接在物方空间坐标 $D-XYZ$ 中考虑,即

$$db''_\mathrm{I} - db''_\mathrm{II} - (b_\mathrm{II} - b_\mathrm{I}) = 0$$

由

$$(X_{S_2} - X_{S_1})_\mathrm{I}^2 + (Y_{S_2} - Y_{S_1})_\mathrm{I}^2 + (Z_{S_2} - Z_{S_1})_\mathrm{I}^2 = (X_{S_2} - X_{S_1})_\mathrm{II}^2 + (Y_{S_2} - Y_{S_1})_\mathrm{II}^2 + (Z_{S_2} - Z_{S_1})_\mathrm{II}^2$$

有基线制约条件式:

$$2(X_{S_2} - X_{S_1})_{\mathrm{I}}(\mathrm{d}X_{S_2} - \mathrm{d}X_{S_1})_{\mathrm{I}} + 2(Y_{S_2} - Y_{S_1})_{\mathrm{I}}(\mathrm{d}Y_{S_2} - \mathrm{d}Y_{S_1})_{\mathrm{I}} + 2(Z_{S_2} - Z_{S_1})_{\mathrm{I}}(\mathrm{d}Z_{S_2} - \mathrm{d}Z_{S_1})_{\mathrm{I}} -$$

$$2(X_{S_2} - X_{S_1})_{\mathrm{II}}(\mathrm{d}X_{S_2} - \mathrm{d}X_{S_1})_{\mathrm{II}} - 2(Y_{S_2} - Y_{S_1})_{\mathrm{II}}(\mathrm{d}Y_{S_2} - \mathrm{d}Y_{S_1})_{\mathrm{II}} - 2(Z_{S_2} - Z_{S_1})_{\mathrm{II}}(\mathrm{d}Z_{S_2} - \mathrm{d}Z_{S_1})_{\mathrm{II}} - (b_{\mathrm{II}}^0 - b_0^{\mathrm{I}}) = 0$$

$$(9 - 8 - 14)$$

把以上介绍的用于检校视觉系统的制约条件,加入到常规自由网平差中,即另外添加 6 $(n-1)$ 个制约条件(n 为像对数),可使计算结果稳定。

自由网平差中,引入内方位元素、光学畸变、电学畸变的制约条件则是常规作法。

三、应用实例

美国俄亥俄州州立大学测量系与测图中心的高速公路现状立体视觉系统,装载于一个车速约 100km/h 的中型面包车上。它由两台 CCD 相机、Trimble 4000ST 型 GPS 接收机、惯性系统、计算机及相应的快速数据存贮设备等组成。此系统用于"实时"测绘高速公路路面现状并及时发现各种路碑标牌的损坏情况。

装在面包车顶部前方的两台 Cohu 4110 型 CCD 相机间的相对几何位置牢固。使用一个室外近景摄影测量控制场对此立体视觉系统进行检校。该控制场是一个呈直角的建筑物外表面,其中布置有一组回光反射标志。将面包车开到控制场的不同部位,实施多站多方位立体摄像。经实验证实,引入前述制约条件,得到多站多方位立体摄影检校环境下满意的检校成果。

附有前述制约条件的光束法数据处理中,为改正系统误差的影响,引入了 6 个附加参数,主点与主距作为未知数对待。用经纬仪以 ± 0.5mm 的精度测定摄影基线,作为基线制约条件。

实验结果如下:

(1)经检验,像点坐标单位权中误差为 $\pm 3.5\mu$m,相当于 0.37 像素,即约 1/3 像素。

(2)利用所获得的检校参数(包括每个摄像机的内方位元素和 6 个附加参数,以及每帧影像的外方位元素),按空间前方交会法解求控制场上一些已知点的坐标,相应误差(S_X, S_Y, S_Z)列于表 9 - 1。

表中,m_z 按下式进行精度预估:

$$m_z = \frac{z^2}{bf} m_P \qquad (9 - 8 - 15)$$

可见,当目标点 Z 在 20m 以内时,其"实时测量"精度保证在 10cm 以内,完全满足高速公路现状立体视觉系统的测量要求。

表 9 - 1   已知点上残差值

像对编号	z(m)	S_x(cm)	S_y(cm)	S_z(cm)	m_z(cm)
1	19.0	2.1	1.2	6.2	9.3
2	11.8	0.4	1.1	3.4	3.6
3	9.2	0.4	0.5	1.3	2.2

§9.9 摄影机的单站解析自检校法

自同一摄站,对无控制点但有大量标志点的目标,拍摄多张不同摄影方向的多重覆盖的影像,借以进行检校的方法,称之为摄影机的单站点自检校法。检校的内容仅包括内方位元素和光学畸变系数。本方法是摄影机解析自检校法的一种特例。

一、单站点解析自检校法原理

单站点解析自检校法的基本关系式出于这样一个思想:自同一摄站 S,对一平面 M 上有众多标志($A,B,C,\cdots$)的目标,进行多角度重复摄影(影像 $P_0,P_1,P_2,\cdots$),如图 9-9-1,同名影像(如 a_0,a_1,a_2)理当位于一直线上,借以检校摄影机的内方位元素、畸变系数以至偏心常数 EC。

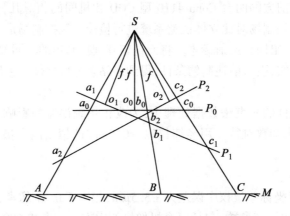

图 9-9-1　单站点解析自检校法原理图

偏心常数 EC 代表摄影中心 S 与摄影机机械旋转中心 R 之间的距离。而摄影机机械旋转中心 R 一般安排在仪器的竖轴上。

在摄影中心 S 与摄影机旋转中心 R 重合的情况下,倾斜像片 P_1 上像点 a_1 的像点坐标 (x_i,y_i) 与"水平像片" P_0 上像点 a_0 的像点坐标 (x,y) 之间的坐标关系式为:

$$\begin{bmatrix} x_i \\ y_i \\ -f \end{bmatrix} = \lambda \, \mathbf{R}_{\varphi\omega\kappa}^{-1} \begin{bmatrix} x \\ y \\ -f \end{bmatrix} \qquad (9-9-1)$$

当考虑像主点坐标 (x_0,y_0) 和畸变差改正数,上式应改写为:

$$\begin{bmatrix} x_i - x_0 + \mathrm{d}x_i \\ y_i - y_0 + \mathrm{d}y_i \\ -f \end{bmatrix} = \lambda \, \mathbf{R}_{\varphi\omega\kappa}^{-1} \begin{bmatrix} x - x_0 + \mathrm{d}x \\ y - y_0 + \mathrm{d}y \\ -f \end{bmatrix} \qquad (9-9-2)$$

在选择同一像片坐标系的情况下,"水平像片"与倾斜像片应有同样的像主点坐标 (x_0,y_0)。因"水平像片"上的像点 a_0 与倾斜像片上的像点 a 落在像幅内的不同部位,故畸变差($\mathrm{d}x$, $\mathrm{d}y$)与畸变差($\mathrm{d}x_i,\mathrm{d}y_i$)是不同的。

在摄影中心 S 与摄影机机械旋转中心 R 不重合时,则应顾及此偏心值 EC 对每张像片外方位直线元素的影响。标志点 A 在摄影中心为 S_0 的"水平像片" P_0 上构像于 a_0,同一标志点在摄影中心为 S_1、倾角为 α 的"倾斜像片" P_1 上构像于 a_1。S_0 与 S_1 的外方位直线元素因偏心常数 EC 的存在而不同,如图 9 - 9 - 2。

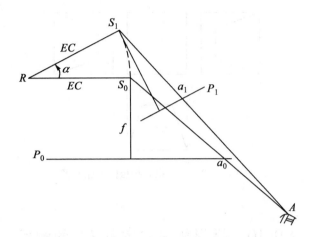

图 9 - 9 - 2　偏心值 EC 对外方位元素的影响

设"水平像片"偏心常数 EC 的偏心是为 $\begin{bmatrix} EC_X & EC_Y & EC_Z \end{bmatrix}^\mathrm{T}$,那么,"倾斜像片"情况下偏心分量与"水平像片"情况下偏心分量的差值(误差值) $\begin{bmatrix} e_X & e_Y & e_Z \end{bmatrix}^\mathrm{T}$,应表示为:

$$\begin{bmatrix} e_X \\ e_Y \\ e_Z \end{bmatrix} = \boldsymbol{R}_{\varphi \omega \kappa}^{-1} \begin{bmatrix} EC_X \\ EC_Y \\ EC_Z \end{bmatrix} - \begin{bmatrix} EC_X \\ EC_Y \\ EC_Z \end{bmatrix} \qquad (9 - 9 - 3)$$

考虑差值分量 $(e_X \quad e_Y \quad e_Z)$ 的影响,式 $(9 - 9 - 2)$ 应改写为:

$$\begin{bmatrix} x_i - x_0 + \mathrm{d}x_i \\ y_i - y_0 + \mathrm{d}y_i \\ -f \end{bmatrix} = \lambda \, \boldsymbol{R}_{\varphi \omega \kappa}^{-1} \begin{bmatrix} \dfrac{-f}{Z - e_Z} \left\{ \dfrac{-Z}{f} \begin{bmatrix} x - x_0 + \mathrm{d}x \\ y - y_0 + \mathrm{d}y \end{bmatrix} - \begin{bmatrix} e_x \\ e_y \end{bmatrix} \right\} \\ -f \end{bmatrix} \qquad (9 - 9 - 4)$$

以 (x_i, y_i) 和 (x, y) 为观测值,有观测值方程式:

$$\left. \begin{aligned} x_{\text{观}} + v_x &= x \\ y_{\text{观}} + v_y &= y \\ x_i^{\text{观}} + v_{x_i} &= F_1(\varphi_i, \omega_i, \kappa_i, f, \quad x_0, y_0, e_{X_i}, e_{Y_i}, e_{Z_i}, k_1, k_2, p_1, p_2) \\ y_i^{\text{观}} + v_{y_i} &= F_2(\varphi_i, \omega_i, \kappa_i, f, \quad x_0, y_0, e_{X_i}, e_{Y_i}, e_{Z_i}, k_1, k_2, p_1, p_2) \end{aligned} \right\} \qquad (9 - 9 - 5)$$

式 $(9 - 9 - 5)$ 中,未知数有 4 类,即每张像片外方位角元素未知数 $(\varphi_i, \omega_i, \kappa_i)$,不变的内方位元素值未知数 (f, x_0, y_0),每张像片的偏心常数分量误差值 $(e_{X_i}, e_{Y_i}, e_{Z_i})$ 以及不变的物镜光学畸变系数未知数 (k_1, k_2, p_1, p_2)。

推证相关的偏导数,组成误差方程式,即可解算各未知数。该文作者,使用瑞士 P31 型摄影机,自同一站点拍摄了标志群的五张像片,如图 9 - 9 - 3。

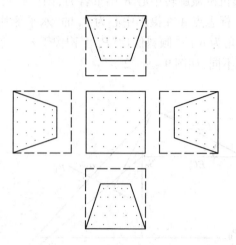

图 9 - 9 - 3　同一摄站拍摄的五张影像

§9.10　摄影机偏心常数 EC 的测定

一、偏心常数 EC 及其影响

偏心常数 EC(Excentricity) 是摄影中心 S 与摄影机结构旋转中心 R 之间的距离。摄影机结构上的旋转中心 R 一般安排在仪器的结构竖轴上,而物镜中心即摄影中心 S,在结构上不可能安排在仪器结构的旋转中心 R 上,如图 9 - 10 - 1,摄影中心 S 的物方空间坐标(X_S, Y_S, Z_S),不同于旋转中心 R 的物方空间坐标(X_R, Y_R, Z_R)。

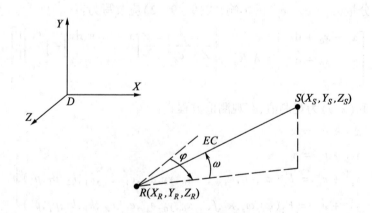

图 9 - 10 - 1　偏心常数

偏心 EC 问题常发生于与专用量测摄影机(如德国 UMK 型 1318 系列摄影机)相联系的严格的光线束平差解法中,那里要把实地测量的一些外方位元素值当作观测值处理,因而存在精确测定此偏心值 EC 的必要。

为了统一坐标系,并且有可能使用同一计算机程序,应正确定义物方空间坐标系,如图

9 - 10 - 1。这样,转角 φ 与转角 ω 与实际的惯用称谓一致,且分别代表以 Y 为主轴的 φ 角,代表以 X' 为副轴的 ω 角。

由图 9 - 10 - 1 可知,(X_S, Y_S, Z_S) 与 (X_R, Y_R, Z_R) 的关系为:

$$\left.\begin{array}{l} X_S = X_R + EC\cos\omega\sin\varphi \\ Y_S = Y_R + EC\cos\omega\cos\varphi \\ Z_S = Z_R + EC\sin\omega \end{array}\right\} \qquad (9 - 10 - 1)$$

可见,同一的 EC 值,对不同朝向(不同 φ 角与不同 ω 角)的摄影机的摄影中心 S 的外方位直线元素值 (X_S, Y_S, Z_S),有不同的影响。

偏心常数的测定精度应高于外方位元素的测定精度,假设外方位元素需测定的精度为 m,偏心常数 EC 的测定中误差应满足 $m_{EC} \leqslant m/3$。

偏心常数 EC 的测定也存在于摄影经纬仪以及"摄像经纬仪"上。摄像经纬仪由某种 CCD 摄像机和普通经纬仪组成。此类仪器存在内外方位元素检校的问题,当然也就存在偏心常数 EC 的测定问题。

二、偏心常数 EC 的光学测定法

如图 9 - 10 - 2,装置由平行光管 A 与测微器 M 构成,被检测的仪器(UMK 20/1318 型)置于 A 与 M 之间。相对 UMK 物镜节点 S 移动 M,使无穷远点 G 清晰地构像在 M 上。采用卡尺等工具量测有关量,按下式检定偏心值 EC:

$$EC = l - f - d \qquad (9 - 10 - 2)$$

式中:

l——摄影机承片框与测微器测标面的间距;

f——给定的摄影机主距值;

d——摄影机承片框与摄影机竖轴的间距。

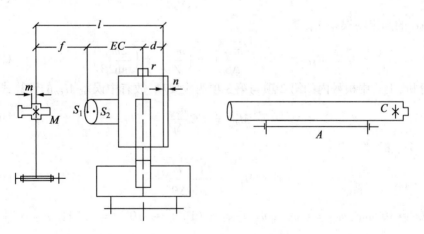

图 9 - 10 - 2　使用平行光管测定偏心值 EC

经测定,EC 值为 119.4mm ± 0.3mm。

三、偏心值 EC 的野外测定方法

在室外,将被检校摄影机的主光轴 S_1O 置平,并在垂直于主光轴的平面 M 内设置数个目标点($A, B, C, \cdots$),量测平面 M 至 R 的距离,量测各目标点的水平角 β_t,拍摄各目标的像片 P,如图 9 - 10 - 3。

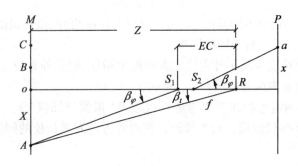

图 9 - 10 - 3 偏心值的野外测定法

由室外测量和摄影测量有关关系式可知:

$$\left.\begin{array}{l} X = Z\tan\beta_t \\ X = (Z - EC)\tan\beta_\varphi \end{array}\right\} \tag{9 - 10 - 3}$$

即有:

$$EC = \frac{Z(\tan\beta_\varphi - \tan\beta_t)}{\tan\beta_\varphi} = \frac{Z\sin(\beta_\varphi - \beta_t)}{\cos\beta_t \cdot \sin\beta_\varphi} \tag{9 - 10 - 4}$$

上式中的分子 $\Delta\beta = \beta_\varphi - \beta_t$ 是小角,分母可认为 $\beta_t = \beta_\varphi = \beta$,故有 EC 的实用计算式为:

$$EC = \frac{2Z\Delta\beta}{\sin2\beta} \tag{9 - 10 - 5}$$

因而有 EC 的测定中误差 M_{EC} 为:

$$M_{EC} = EC\sqrt{\left(\frac{m_{\Delta\beta}}{\Delta\beta}\right)^2 + \left(\frac{m_Z}{Z}\right)^2 + \left(\frac{2m_\beta}{\tan2\beta}\right)^2} \tag{9 - 10 - 6}$$

经分析,上式中根号内的第 2 项与第 3 项为次要项,故有中误差 M_{EC} 的计算式:

$$M_{EC} = EC\frac{m_{\Delta\beta}}{\Delta\beta} \tag{9 - 10 - 7}$$

当选择 n 个点时,有

$$M_{EC} = \frac{EC \cdot m_{\Delta\beta}}{\sqrt{n}\Delta\beta} \tag{9 - 10 - 8}$$

如 $EC \approx 100\text{mm}$, $m_{\Delta\beta} = (m_{\beta_\varphi}^2 + m_{\beta_t}^2)^{\frac{1}{2}} = \sqrt{(10'')^2 + (10'')^2} = \pm 14''$, $n = 6$ 时,$M_{EC} = \pm 1.0\text{mm}$。

§9.11 立体量测摄影机的实验场检校

购置的立体量测摄影机,如 §2.5 所述的仪器,偶经撞击需要重新进行检校,自制的立

体量测摄影机使用前也应进行检校。一般说来,立体量测摄影机的基线 B_X 方向定义为两摄影机摄影中心(S_1,S_2)的连线方向。

当以实验场法检校两摄影机时,如图 9 - 11 - 1,所测定的外方位元素($X°_S$,$Y°_S$,$Z°_S$,$\varphi°$,$\omega°$,$\kappa°$)均与物方空间坐标系有关,其中外方位直线元素($X°_S$,$Y°_S$,$Z°_S$)直接定义于该物方空间坐标系 $D - X°Y°Z°$,而外方位角元素($\varphi°$,$\omega°$,$\kappa°$)定义于过摄影中心的坐标系($S_1 - X°Y°Z°$)内,此 $S_1 - X°Y°Z°$ 的坐标轴与 $D - X°Y°Z°$ 的坐标轴两两平行,为此,立体量测摄影机的实验场检校,需要作以下两项变换。

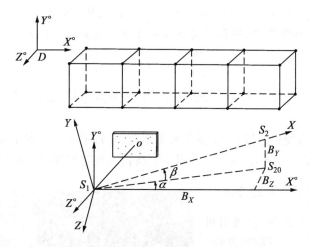

图 9 - 11 - 1　立体摄影机的实验场检校

一、把定义于 $S - X°Y°Z°$ 中的角元素($\varphi°$,$\omega°$,$\kappa°$)化算到定义于 $S - XYZ$ 中去,即把左影像和右影像的角元素值都进行如下的变换

$$
\begin{aligned}
\boldsymbol{R}_{\varphi\omega\kappa} &= \begin{bmatrix} a_1 & a_2 & a_3 \\ b_1 & b_2 & b_3 \\ c_1 & c_2 & c_3 \end{bmatrix} \\
&= \boldsymbol{R}_\beta \boldsymbol{R}_\alpha \boldsymbol{R}_{\varphi°\omega°\kappa°} \\
&= \begin{bmatrix} \cos\beta & -\sin\beta & 0 \\ \sin\beta & \cos\beta & 0 \\ 0 & 0 & 1 \end{bmatrix} \begin{bmatrix} \cos\alpha & 0 & -\sin\beta \\ 0 & 1 & 0 \\ \sin\alpha & 0 & \cos\alpha \end{bmatrix} \boldsymbol{R}_{\varphi°\omega°\kappa°} \\
&= \begin{bmatrix} \cos\beta\sin\alpha & -\sin\beta & -\cos\beta\sin\alpha \\ \sin\beta\cos\alpha & \cos\beta & -\sin\beta\sin\alpha \\ \sin\alpha & 0 & \cos\alpha \end{bmatrix} \boldsymbol{R}_{\varphi°\omega°\kappa°}
\end{aligned}
\tag{9 - 11 - 1}
$$

而且有:

$$
\left.\begin{aligned}
\tan\alpha &= \frac{B_{Z°}}{B_{Y°}} \\
\tan\beta &= \frac{B_{Y°}}{\sqrt{B_{X°}^2 + B_{Z°}^2}}
\end{aligned}\right\}
\tag{9 - 11 - 2}
$$

213

二、把定义于物方空间坐标系 $D - X°Y°Z°$ 中的直线元素值化算到基线坐标系 $S_1 - XYZ$ 中来

$$B_X = (B_{X°}^2 + B_{Y°}^2 + B_{Z°}^2)^{\frac{1}{2}} \Big\} \qquad (9-11-3)$$
$$B_Y = B_Z = 0$$

其中

$$B_{X°} = X°_{S_2} - X°_{S_1}, B_{Y°} = Y°_{S_2} - Y°_{S_1}, B_{Z°} = Z°_{S_2} - Z°_{S_1}$$

除立体量测摄影机外,那些有固定基线的立体视觉系统的检校,也可仿照上述方法进行。

§9.12 主距与主距差的测量与标定

对某些摄影机检校中,可以测定主距和主距差,并且把它们标定在摄影机镜头的适宜部位。当然,只能对那些机械结构稳定,并可保证高精度重复安置的摄影机,才进行此等标定。

一、主距与主距差的标定方法

在检定摄影机主距前,在摄影机物镜系统的固定部位和可旋转部位,使用圆刻线仪,将主距主尺和主距分划尺刻记在它们的接缝处。取决于所选的尺长和所用仪器的质量,可以 $\pm(0.02 \sim 0.05)$ mm 的精度刻记主距和主距变化值。

此方法可能会带来较大的主距零位问题。

二、摄影机主距差的测定方法

将摄影机竖直朝上安放在稳定平台上,如图 9-12-1,在其两侧安置两个千分表(可读至 μm 者),并使

图 9-12-1 主距差测定

其触头竖直向下顶着物镜可动部分适宜部位。按此法,可以检查各类摄影机主距差的标定精度。

§9.13 两台摄影机快门同步精度的检查与校正

动态目标运动状态的测定,需要两台或两台以上摄影机(或摄像机)的同步摄影。§4.7 中曾叙述过同步摄影的方法。

一、摄影的同步

对运动目标摄影时,在满足各摄影机间同步的情况下,处理某时间段获取的多个立体影像后,即解得时间段内此运动物体的位置或形状。运动物体多时刻的位置或形状的集合,即构成它的运动状态,包括运动轨迹、速度、加速度等等。

立体像对两影像曝光时刻若记作 t_1 与 t_2,此时刻的差别 Δt ($=t_2-t_1$) 在影像上引起的像点位移,对被测物体空间坐标的影响若可容忍,则认为两影像是同步的。因此,两摄影机的同步精度不是绝对一成不变的数字,而应随不同测量对象而变化。物方空间坐标测定精度越高,被测物体构像比例尺越大,同步精度要求越高。

二、检查两摄影机同步精度的简易方法

对机械同步快门和电子同步快门,都可以使用以下一种简易方法进行检查。

将两摄影机沿光轴一线排开,如图 9 - 13 - 1,露出承像平面,如将快门速度置于1/250s,随即启动快门,在光轴 O_1O_2 延长线上如能见到光源,则说明两摄影机同步精度不低于1/250s。随后再减少曝光时间,直到获得最佳同步精度。其间,可以调节机械同步快门触杆的长度,调节电子同步快门。

图 9 - 13 - 1   两台摄影机的同步精度检查

参 考 文 献

1　王之卓．摄影测量原理．北京：测绘出版社，1979

2　全国近景摄影测量学术讨论会论文集(一)、(二)、(三)．中国测绘学会摄影测量与遥感专业委员会．武汉，1987

3　第二届全国近景摄影测量学术研讨会论文集．中国测绘学会摄影测量与遥感专业委员会．武汉，1993

4　邵锡惠．军事工程摄影测量．北京：解放军出版社，1991

5　王文颖等．工程与近景摄影测量．北京：地质出版社，1994

6　丁睿辄，刘友光，张松波．工程与工业摄影测量．武汉：中国地质大学出版社，1995

7　李德仁，金为铣，尤兼善，朱宜萱．基础摄影测量学．北京：测绘出版社，1995

8　李德仁，郑肇葆．解析摄影测量学．北京：测绘出版社，1992

9　张祖勋，张剑清．数字摄影测量学．武汉：武汉测绘科技大学出版社，1996

10　李海鸿，田青．直接线性变换关系式解析．工程测量，1986(5)

11　王庆有．CCD应用技术．天津：天津大学出版社，2000

12　仝子一等．电视学基础．北京：国防工业出版社，1985

13　袁祥辉等．固体图像传感器及其应用．重庆：重庆大学出版社，1991

14　袁修桂等．摄影手册．北京：中国摄影出版社，1992

15　梁铨廷．物理光学．北京：机械工业出版社，1981

16　朱成磷，杨新宇．近景摄影测量交向摄影的最优构形．测绘学报，1983(2)

17　刘兴库．鱼眼全景像片光束法整体平差解法．测绘学报，1993(3)

18　唐务浩．区分经纬仪系列化型号级别的技术依据．武测科技，1993(3)

19　吴翼麟，孔祥元．特种精密工程测量．北京：测绘出版社，1993

20　袁修孝，朱宜萱．单站点无地面控制摄影机自检校．武汉测绘科技大学学报，1987(4)

21　米尔恩 P. H. 水下工程测量．肖士矽译．北京：海洋出版社，1992

22　陶本藻．自由网平差与变形分析．武汉：武汉测绘科技大学出版社，2001

23　杜鲍维克 A. C. 高速流逝过程摄影记录．黎雄等译．苏联科学出版社．1964

24　过静珺，王广志．电视塔模型三维震动动态位移测试方法的研究．测绘学报，1994(4)

25　陈龙飞．直接线性变换计算中 A 的初值的选择．测绘通报，1997(2)

26　龚祖同，张耀明．高速摄影总论与间隙式高速摄影．北京：科学出版社，1983

27　冯文灏，王明远，宣家斌．普通照相机在近景摄影测量中的应用．测绘通报，1997(2)

28　冯文灏，吴土金，严烈．普通照相机用于深水码头橡胶护舷变形测量．武汉测绘学院学报，1980(1)

29　冯文灏．非地形摄影测量．武汉测绘学院教材，1980

30　冯文灏等．近景摄影测量法测制古塑像等值线图的试验．测绘通报,1983(1)

31　冯文灏．建立微型控制系统的简易方法与试验．测绘通报,1983(3)

32　冯文灏．近景摄景测量中几个限差的关系式．测绘通报,1983(3)

33　冯文灏等．用近景摄影测量法测制藏经阁立面等值线图的试验．测绘技术,1983(3)

34　冯文灏．石刻精密等值线图的试测．测绘通报,1984(3)

35　冯文灏．近景像片的解析处理．武汉测绘学院教材,1985

36　冯文灏．非地形摄影测量．北京:测绘出版社,1985

37　冯文灏,王有年,李海鸿．悬垂式室内三维控制系统的建立．测绘通报,1986(4)

38　冯文灏．以共线条件方程式为基础的近景像片解析处理方法．工程测量,1987(4)

39　冯文灏等．非量测用摄影机的改装与检校．测绘通报,1988(1)

40　冯文灏等．多摄站近景摄影测量试验．测绘学报,1987(3)

41　冯文灏等．体育运动高速影像空间分析试验．工程测量,1988(5)

42　冯文灏,王有年．近景摄影测量的现状与展望．测绘通报,1988(3)

43　冯文灏．特殊摄影测量．武汉测绘科技大学教材,1990(7)

44　冯文灏．近景摄影测量(一)．武汉测绘科技大学教材,1990

45　冯文灏,孙立新．扫描电子显微镜立体照片在 BC_2 型解析测图仪上的快速处理．电子显微镜学报,1991(3)

46　冯文灏．关于移位视差法的一些理论说明．测绘通报,1991(6)

47　冯文灏．非地形摄影测量的几个应用与理论问题．武汉测绘科技大学教材,1992

48　冯文灏,白峰等．光成载面摄影测量及其试验与应用．武汉测绘科技大学学报,1992(4)

49　冯文灏,陈松山．单张 X 光片立体摄影测量试验．测绘通报,1992(4)

50　冯文灏等．体育运动中使用三类空间分析系统的试验报告．体育高教研究,1993(1)

51　冯文灏．回光反射标志的性能与使用．测绘通报,1993(4)

52　冯文灏,乔瑞亭,高新乔．古建筑古文物摄影测量中浅浮雕与壁画的影像表示法．测绘通报,1993(6)

53　冯文灏．立体视觉系统检校中引入制约条件的推演．武汉测绘科技大学学报,1994(2)

54　冯文灏．关于发展我国高精度工业摄影测量的几个问题．测绘学报,1994(2)

55　冯文灏,伍大洲,刘政荣．穆瓦条纹测量的应用试验．测绘学报,1994(4)

56　冯文灏,樊启斌,李欣．基于激光经纬仪的结构光摄影测量原理探讨．测绘学报,1995(1)

57　冯文灏．试论封闭构筑物测量．测绘学报,1996(2)

58　冯文灏,李欣,梅雪良,洪光祥．用于缺乏理目标的数字近景摄影测量系统．武汉测绘科技大学学报,1996(3)

59　冯文灏等．敦煌莫高窟近景摄影测量试验报告．敦煌研究,1996(1)

60　冯文灏,李欣．基于三旋转自由度激光经纬仪的结构光工程测量原理与应用．武汉测绘科技大学学报,1998(12)

61　冯文灏．工业测量中特高精度控制网的建立方法．武汉测绘科技大学学报,1999(2)

62　冯文灏等．建立特高精度工业测量控制网时高程的精密测量方法．武汉测绘科技大学

学报,2000(1)

63 冯文灏. 近景摄影测量限差的特殊性. 武汉测绘科技大学学报,2000(6)

64 冯文灏等. 近景摄影测量的标志与坐标传递件. 测绘信息与工程,2000(3)

65 冯文灏. 近景摄影测量的控制. 武汉测绘科技大学学报,2000(5)

66 冯文灏等. 用于工业部件检测与放样的特高精度工业控制网的建立. 测绘学报,
    2000(4)

67 冯文灏. 关于近景摄影机检校的几个问题. 测绘通报,2000(10)

68 冯文灏等. 近景摄影测量用于直接生成塑像施工图纸. 测绘学报,2001(2)

69 冯文灏. 近景摄影测量的基本技术提要. 测绘科学,2000(4)

70 冯文灏. 非量测摄影机在近景摄影测量中的应用. 铁路航测,1982(4):43~54

71 冯文灏. 摄影测量关系式总列. 高教研究,1987

72 冯文灏. 一种测定普通相机畸变差的方法. 测量员,1988(4)

73 冯文灏,王有年. 近景摄影测量的现状与展望. 测绘通报,1988(3):15~22

74 冯文灏等. 新课程近景摄影测量的开设与发展. 高教研究,1990(3):19~21

75 冯文灏等. TSS-1 型隧道工程测量系统研制报告. 铁路航测,1996(2):7~12

76 冯文灏. 一种基于无反射镜测距仪的测量系统. 测绘信息与工程,2001(1):45~50

77 冯文灏. V-STARS 型工业摄像测量系统介绍. 测绘信息与工程,2000(4):42~47

78 冯文灏. 关于工业测量的一些问题. 2000 新技术在工程建设中的应用研讨交流会论文
    集:中国测绘学会工程测量分会主办,福州,2000

79 冯文灏. 工业测量方法及其选用基本原则. 武汉大学学报(信息科学版),2001,26
    (4):331~336

80 冯文灏. 工业测量中获取特高精度的一项技术. 21 世纪我国工程测量技术发展研讨会
    论文集,银川,2001 年 9 月,第 4 卷第一集,62~67

81 冯文灏. 基于三旋转自由度激光经纬仪的结构光工业测量原理总论. 21 世纪我国工程
    测量技术发展研讨会论文集,银川,2001 年 9 月,第 4 卷第一集,367~373

82 李建松,冯文灏等. 大型钢结构部件的高精度检测与放样系统. 钢结构,2001,16(5):
    32~35

83 Abdel-Aziz, Y. I. and Karara, H. M.. Direct Linear Transformation from Comparator Coordi-
    nates into Object-Space Coordinates in Close-Range Photogrammetry. American Society of
    Photogrammetry, Falls Church Virginia, USA, 1971

84 Abdel-Aziz, Y. I. Accuracy of the Normal Case of Close-Range Photogrammetry. Photoram-
    metric Engineering and Remote Sensing. 1982,48(2):207~213

85 Ahmad A. and etc. Photogrametric Capabilities of the KODAK DC 40, DCS 420 and DCS
    460 Digital Cameras. The Photogrametric Record. October 1999

86 Atkinsn K. B. (Editor). Close Range Photogrammetry and Machine Vision. Department of
    Photogrammetry and Surveying. University of London, 1996

87 Atkinson, K. B. (Editor). Developments in Close-Range Photogrammetry-1. Applied Science
    Publishers, London,1980

88 Bammeke, A. A. Development of Mathematical Formulae for Predicting Accuracies of Multi-

station Networks. The Photogrammetric Record , October 1993

89   Beyer, H. A. Digital Photogrammetry in Industrial Applications. International Archives of Photogrammetry and Remote Sensing, 1995

90   Beyer, H. A. Linejitter and Geometric Calibration of CCD-Cameras. ISPRS Journal of Photogrammetry and Remote Sensing, 1990

91   Beyer, H. A. Some Aspects of the Geometric Calibration of CCD-Cameras. Proceedings of ISPRS Inter-Commission Conference on Fast Processing of Photogrammetric Data, Interlaken, Switzerland, 1987

92   Beyer, H. A. Geometric and Radiometric Analysis of a CCD-Camera Based Photogrammtric Close-Range System. Mitteliungen Nr. 51, Institute for Geodesy and Photogrammetry, 1992

93   Biostereometrcs 74. ASP, Falls Church. Virginia, USA

94   Bopp, H. and Krauss, H. An Orientation and Calibration Method for Non-Topogaphic Applications. Photogrammetric Engineering and Remote Sensing, 1978,44(9):1191~1196

95   Bopp, H. and Krauss, H. Extension of the 11-parameter Solution for on-the-Job Calibrations of Non-metric Cameras. International Archives of Photogrammetry, 1978

96   Bopp, H. and Krauss, H. A Simple and Rapidly Converging Orientation and Calibration Method for Non-topographic Applications. Proceedings of the American Society of Photogrammetry, Full Technical Meeting, 1997

97   Bopp, H. and Krauss, H. An Orientation Method for Non-Topographic Applications. PE&RS May, 1976

98   Brown, D. C. Application of Close-Range Photogrammetry to Measurement of Structure in Orbit. Volume 1, GSI Technical Report №80~012, September 15, 1980

99   Brown, D. C. A Large Format Microprocessor Controlled Flim Camera Optimized for Industrial Photogrammetry. Presented Paper, XV International Congress of Photogrammetry and Remote Sensing, Commission V, Rio de Janiero, 1984

100 Brown, D. C. Close-Range Camera Calibration Photogrammetric Engineering. 1971,37(8): 855~866

101 Brown, D. C. A Turnkey System for Close-Range Photogrammetry. International Archives of Photogrammetry. 1982. STARS,24(V/1):68~69, York, England

102 Brown, D. C. Unflatness of Plates a Source of Systematic Error in Close Range Photogrammetry. International Archives of Photogrammetry and Remote Sensing, 1984,25(A5):Unbound paper:29 pages

103 Brown, D. C. Decentering Distortion of Lenses. Photogrammetric Engineering, 1996,32 (3):444~462

104 Brown, D. C. Autoset, An Automated Monocomparator Optimized for Industrial Photogrammetry. Presented Paper, International Conference and Workshop on Analytical Instrumentation, Phoenix, AZ, 2~6 November, 1987

105 Bräger, S. and Chong, A. K. An Application of Close Range Photogrammetry in Dolphin Studies. The Photogrametric Record, October 1999

106 Büsemann, W. Photogrammetric Solutions for Industrial Automation and Process Control. The Photogrammetric Record, October 1998

107 Butler, J. B. and Lane, S. N. Assessmert of DEM Quality for Characteriging Surface Roughness Using Close Range Photogrammetry. The Photogrammetric Record, October 1998

108 Caronnell, M. and Egels, Y. New Developments in Architectural Photogrammetry at the Institut Geographique National. France, Photogrammetric Engineering and Remote Sensing, 1981,47(4):479~488

109 Carbonnell, M. and Dallas, R. W. The International Committee for Architectural Photogrammetry(CIPA):Aims, Achievements, Activities. Photogrammetria, 1985, 40(2):193 ~202

110 Clarke, T. A. The Development of Camera Calibration Methods and Models. The Photogrammetric Record, April 1998

111 Curry, S. and etc. Stereo-camera and Stereo X-ray Devices: Comparison of Biostereometric Measurements. PE&RS, October 1985

112 Dold, J. The Role of a Digital Intelligent Camera in Automating Industrial Photogrammetry. The Photogrammeric Record, October 1998

113 El-Hakim, S. F. Photogrammetric Measurement of Microwave Antenna. PE&RS, October 1985

114 El-Hakim, S. F. A Real-time System for Object Measurement With CCD Cameras. International Archives of Photogrammetry and Remote Sensing, 1986

115 Ethorg, U. Non-Metric Camera Calibration and Photo Orientation using Parallel and Perpendicular Lines of the Photographed Object. Photogrammetria, 1984, 39(1):13~22

116 Faig, W. Calibration of Close-Range Photogrammetric Systems: Mathematical Formulation. Photogrammetric Engineering and Remote Sensing, 1975, 41(2):1479~1486

117 Faig, W. Photogrammetric Potentials of Non-Metric Cameras. Report of ISP Working Group V/2, Photogrammetric Engineering and Remote Sensing, 1976, 42(1): 47~49

118 Faig, W. and El-Hakim, S. F. The Use of Distances as Object Space Control in Close-Range Photogrammetry. International Archives of Photogrammetry, 1982, 24(5/1):144~148

119 Fraser, C. S. Some Thoughts on The Emergence of Digital Close Range Photogrammetry. The Photogrammetric Record, April 1998

120 Fraser C. The Metric Impact of Reduction Optics in Digital Cameras. Photogrammetric Record, 1996, 15(87): 437~446

121 Fraser, C. S. A Resume of Some Industrial Applications of Photogrammetry. ISPRS Journal of Photogrammetry and Remote Sensing, 1993

122 Fraser, C. S. and Mallison, J. A. Dimensional Characterization of a Large Aircraft Structure by Photogrammetry. Photogrammetric Engineering and Remote Sensing, 1982

123 Fraser, C. S. Photogrammetric Measurement to One Pare in A Million. Photogrammetric

Engineering and Remote Sensing, 1992

124 Fraser, C. S. Gustafson, P. C. Industrial Photogrammetry Applied to Deformation Measurement. Geodetic Services, Inc. 1511 Riverview Drive Melbourne, Florida 32901

125 Fraser, C. S. Microwave Antenna Measurement by Photogrammetric Engineering and Remote Sensing, 1986,52(10):1627~1635

126 Fraser, C. S. Limiting Error Propagation in Network Design. Photogrammetric Engineering and Remote Sensing, 1987,53(5)487~493

127 Fraser, C. S. A Correction Model for Variation of Distortion within the photographic Field. Close-Range Photogrammetry Meets Machine Vision, Zurich, Switjerland,1990

128 Fraser, C. S. and Shortis, M. R. Metric Exploitation of Still Video Imagery. The Photogrammetric Record, April 1995

129 Fraser, Clive S. Brown, Duane C. Industrial Photogrammetry – New Developments and Recent Application. GSI Technical Report 85-004, Geodetic Services, Inc. 1511 Riverview Drive Melbourne, Florida 32901

130 Fraser, C. S. and Brown, D. C. Industrial Photogrammetry – New Developments and Recent Application. Photogrammetric Record, 1986,12(68):197~216

131 Fraser, C. S. and Shortis, M. R. Variation of Distortion within the Photographic Field. Photogrammertric Engineering and Remote Sensing, 1992

132 Frobin, W. and Hierholzer, E. Simplified Rasterstereography Using a Metric Camera. Photogrammetric Engineering and Remote Sensing, October 1985

133 Fryer, J. G. Lens Distortion and Film Flattening: Their Effect on Small Format Photogrammetry. International Archives of Photogrammetry and Remote Sensing, 1988

134 Fryer, J. G. and Fraser, C. S. On the Calibration of Underwater Cameras Photogrammetric Record. 1986

135 Fryer, J. G. and Brown, D. C. Lens Distortion for Close-Range Photogrammetey. Photogrammetric Engineering and Remote Sensing, 1986,52(1):51~58

136 Wenhao Feng, Younian Wang and Haihong Li. A Multistation Photogrammetric Test. Submitted to the Symposium of commission V of ISPRS, June 16~19,1986,Ottawa,Canada

137 Wenhao Feng, Younian Wang. Close-Range Photogrammetry in the Department of Photogrammetry and Remote Sensing of WTUSM. ACTA GEODETICA et CARTOGRAPHICA SINICA 1989/I(English Version),80~85

138 Wenhao Feng, Lixin Sun. Processing of Scanning Electron Microscope Image on WILD BC2 Analytical Plotter. Close-Range Photogrammetry Meets Machine Vision, Zurich, Switzerland,Volume 28, Part 5/1, 1990

139 Wenhao Feng, Huang Ying. A CCD Camera Based Sub-Real-Time Tracking System for Moving Subject with Strobe LED's. FIG, PC'91 Meeting and International Symposium, 20~25 May 1991,Beijing

140 Wenhao Feng, Li Xin. A Structure-Light Photogrammetric System Based on Laser Theodolite. Optical 3-D Measurement Techniques, Vienna, Austria,1995

141 Wenhao Feng. Deduction of Constraint Condition in the Calibration of Stereo-Vision System. Journal of WTUSM, Vol. 1, No1, 1998. 1, ISSN 1000-050X CODEN WCKXET:33 ~ 37

142 Wenhao Feng and others. A Digital Close-range Photogrammetric System Used for Texture-lacking Objects in Medicine. International Archives of Photogrammetry and Remote Sensing, Vol. 32, Part 5, ISPRS Com. V Symposium, June 2 ~ 5, 1998, Hakodate, Japan

143 Wenhao Feng, Li Xin. The Theory and Application of the structure Light Engineering Surveying Based on a laser Theodolite with Three Freedoms of Rotation. Geo-Spatial Information Science, Wuhan University Journal Press, 2001,4(1):28 ~ 36

144 Wenhao Feng. The Specific Character of Limit Errors in Close Range Photogrammetry. Geo-SPATIAL INFORMATION SCIENCE, Wuhan University Journal Press, 2001,4(3): 50 ~ 56

145 Wenhao Feng. Control Work in Close-range Photogrammetry. Geo-Spatial Information Science, Wuhan University Journal Press, 2001,4(4)

146 Wenhao Feng etc. Establishment of 3D Control Network with Extra-high Accuracy for Inspecting and Setting out of Industrial Components. ACTA GEODETICA et CARTOGRAPHICA SINICA, English Version, 2001

147 Gates, J. W. C., Oldfield, S., Forno, C., Scott, P. J. and Kyle, S. A. Factors Defining Precision in Close-Range Photogrammetry. International Archives of Photogrammetry, 24 (V/1)185 ~ 195, York, England, 1982

148 Ghosh, S. K. Some Photogrammetric Considerations in the Application of Scanning Electron -micrographs. Close-range Photogrammetric Systems. American Society of Photogrammetry, Falls Church, Virginia. Pages 321 ~ 334, 1975

149 CIPA. Optimum Practice in Architectural Photogrammetry Surveys. UNESCO, Paris, 1981

150 Gruen A. Towards Real-Time Photogrammetry. Institute of Geodesy and Photogrammetrym ETH-Honggerberg CH-8093, Zürich, Snitzerland

151 Gruen, A. and Baltsavias, E. Geometrically Constrained Multiphoto Matching. Photogrammetric Engineering and Remote Sensing, 1998

152 Gruen, A. Recent Advances of Photogrammetry in Robot Vision. ISPRS Journal of Photogrammetry and Remote Sensing, 1992

153 Gruen, A. Tracking Moving Objects with Digital Photogrammetric Systems. Photogrammetric Record, 1992

154 Gruen, A. and etc(Editors). Proceedings on Fast Processing of Photogrammetric dada. Interlaken, Switzerland, June, 1987

155 Grün, A. Precision and Reliability Aspects in Close-Range Photogrammetry, International Archives of Photogrammetry. Commission V, Hamburg Congress, 1980,23(B11):378 ~ 391

156 Grün, A. Digital Close-Range Photogrammetry – Progress through Automation. International Archives of Photogrammetry and Remote Sensing, 1994

157 Grün, A. Accuracy, Reliability and Statistics in Close Range Photogrammetry. Presented Paper, Inter-Congress Symposium of ISP Commission V, Stockholm, Unbound Paper:24p, 1978

158 Guangping He, Kurt Novak, Wenhao Feng. On the Integrated Calibration of a Digital Stereo Vision system. Vol,29 part B5, International Archives of Photogramnetry and Remote Sensing, Washington D. C. , USA, 1992:139 ~ 145

159 Guoqing Zhou, Ethrog Uzi and Wenhao Feng. CCD Camera Calibration Based on Natural Landmarks. Pattern Recognition, Vol. 31, No 11, 1715 ~ 1724, 1998, Great Britain

160 Haim B. Popo. Deformation Analysis by Close-Range Photogrammetry. PE&RS, October 1985

161 Haggrén Henrik. On System Development of Photogrammetric Stations for On-Line Manufacturing Control. ACTA POLYTECHNICA SCANDINAVICA, 1992

162 Hottier, P. 1976 Accuracy of Close-Range Analytical Restitution: Practical Experiments and Prediction. Photogrmmetric Engineering and Remote Sensing, 1976, 42(3):345 ~ 375

163 Guangping He, Novak Kurt , Wenhao Feng. . Stereo camera system calibration with Relative orientation constraints. Proceedings of SPIE-International society for optical Engineering V. 1820 15 ~ 16, 1992 ~ 1993

164 Karara, H. M. (Editor.). Non-Topographic Photogrammetry. Second Edition. American SOCIETY FOR Photogrammetry and Remote Sensing, Falls Church, Virginia, 1989

165 Karara, H. M. (Editor). Handbook of Non-Topographic Photogrammetry. American Society of Photogrammetry, Falls Church, Virginia, 1979

166 Karara, H. M. Aortic heart Valve Geometry. Photogrammetric Engineering, 1974, 40(12): 1393 ~ 1402

167 Karara, H. M. and Abdel-Aziz, Y. I. . Accuracy Aspects of Non-Metric Imageries. Photogram-metric Engineering, 1974, 40(9):1107 ~ 1117

168 Katowski R. and Peipe J. Optimizing the Photogrammetric Network to Record Mozart's Pianoforte. The Photogrammetric Record, April, 1994

169 Kenefick, J. F. Applications of Photogrammetry in Shipbuilding. PE&RS, September 1977

170 Lars, E. Lindholm etc. Position Sensitive Photodetectors with High Linearty. Si Tek Laboratories AB

171 Macklin, B. and etc. Engineering a Remote Survey of Jet's Divertor Structure under Conditions of Restricted Access Using Digital Photogrammetry. The Photogrammetric Record, October 1998

172 Mannul of Photogeammetry. 4th Edition, ASP, Falls Church, Virginia

173 Marzan, G. T. and Karara, H. M. A Computer Program for Direct Linear Transformation Solution of the Colinearity Condition and Some Applications of it. Proceedings of The American Society of Photogrammetry Symposium on Closs-Range Photogrammetric Systems, Champaign, Illinois. , 1975

174 Mason S. O. Conceptual Model of the Convergent Multistation Network Configuration Task.

The Photogrametric Record, October 1995

175 Mehajan S. K. Explicit Approach of Exterior Orientation. Surveying and Mapping Division

176 Mikhail, E. M. Relative Control for Extra-terrestrial Work. Photogrammetric Engineering, April 1970

177 Mitchell, H. L. , etc. Digital Photogrammetry and Microscope Photographs. The Photogrammetric Record, October 1999

178 Novak, K. Integration of a GPS-Receiver and a Stereo-Vision System in Vehicle, International Archives of Photogrammetry and Remote sensing, 1990,28(5/1):16~23

179 Novak K, and etc. Development and Application of the Highway Mapping System of OHIO State University. The Photogrammetric Record, 1995

180 Peipe, J. Photogrammetric Investigation of a 3000×2000 Pixel High Resolution Still Video Camera. International Archives of Photgrammetry and Remote Sensing, 1995,30(5W1): 36~39

181 Plassmann P. and etc. A Structured Light System for Measuring Wounds. The Photogrammetric Record, October 1995

182 Robson S. and Shortis M. R.. Practical Influences of Geometric and Radiometric Image Quality Provided by Different Digital Camera Systems. The Photogrammetric Record, October 1998

183 Scott, P. J. Measurement without Photographs. Photogrammetric Record, 1981,10(58): 435~446

184 Sheffer, D. B. and Herron, R. E. Biostereometrics, Chapter 21 in Non-topographic Photogrammetry (Ed. H. M. Karara). American Society for Photogrammetry and Pemot Sensing, Falls hurch, Virginia, 1989

185 Shortis M. R. and etc. Principal Point Behaviour and Calibration Parameter Models for Kodak DCS Cameras. The Photogrammetric Record, October 1998

186 Smith M. J. and etc. Measuring Dynamic Response of a Golf Club During Swing and Impact. The Photogrammetric Record, October 1998

187 Trinder, J. C. , Nade, S. and Vuillemin, A. Application of Photogrammetric Measurements in Meidicine. International Archives of Photogrammetry and Remote Sensing, 1994

188 Veress, S. A. , Jackson, N. C. and Hatzopoulos, J. N. Monitoring a Gabion Wall by Inclinometer and Photogrammetry. Photogrammetric Engineering and Remote Sensing, 1980

189 Veress, S. A. and Tiwari, R. S. Fixed-Frame Multiple-camera Systems for Close Range Photogrammetry. Photogrammetric Engineering and Remote Sensing, November 1975

190 Waldhaüsl, P. , Forkert, G. , Rasse, M. and Balogh, B. Photogrammetric Surveys of Human Faces for Medical Purposes. International Archives of Photogrammetry and Remote Sensing, 1990

191 Zhizhou Wang. Prociples of Photogrammetry (with Remote Sensing). Publishing House of Surveying and Mapping, Beijing, China,1990

192 Wong, K. W. , Ke, Y. , Slaughter, M. and Gretebeck, R. A Computer Vision System for

Mapping Human Bodies. International Archives of Photogrammetry and Remote Sensing, 1992

193　Wong, K. W. Mathematical Formulation and Digital Analysis in Close-Range Photogrammetry. Photogrammetric Engineering and Remote Sensing, 1975, 41(11): 1335 ~ 1373

194　Геодезия и аэросъёмка, т ом 10. Итоги и Техники. ВИНИТИ, Москва, 1975

195　Дубовик, А. С.. Фтографическая регистрация быстропротекающих процессов. издательство наука, 1964

196　Сердюков, В. М. Фотограмметрия в прмьшленно и гражданском строите - льстве. 1997

197　Dorrer E. und Peipe J. Motografie, Universität der Bundeswehr München. Deutschland, 1987

198　Wester-Ebbinghaus, W. Einzelstandpunkt-Selβstkalibriereng-Ein Beitrag zur Feldkalibriereng von Aufnahmekammeren. Institut für Photogrammetrie, Unviersität Bonn, 1983